최근 출제경향을 반영한 **국가기술자격시험 대비서**

건축일반시공
산업기사·기능장

정하정, 정삼술 박사 공저

BM (주)도서출판 **성안당**

고도의 경제 성장으로 인하여 인간의 생활 수준이 향상되고, 욕구가 다양해짐에 따라 이를 충족시켜 줄 수준 높은 건축 기술자가 많이 필요한 것이 현실이지만, 아직까지는 여러모로 부족한 실정이다. 특히, 경제가 어려운 상황에서 건축 분야의 자격증 즉, 건축일반시공산업기사 · 기능장 등의 자격증 취득은 취업의 필수 조건이라 하겠다.

필자는 30여 년간의 건축 분야의 현장 경력을 바탕으로 건축일반시공산업기사 · 기능장 시험을 준비하는 수험생들이 짧은 기간 내에 효율적으로 시험에 대비하는 데 중점을 두고 본서를 집필하였다. 따라서 이 책 한 권만 습득하면 누구든지 시험에 쉽게 합격할 수 있으리라는 신념을 갖고 집필하였다.

이 책의 특징을 보면 다음과 같다.

1. 한국산업인력공단의 출제기준에 따라 건축일반시공산업기사 · 기능장 시험 실기분야의 기본인 필답형 문제에 대하여 상세히 설명함으로써 필답형 실기의 기초를 단단히 할 수 있도록 하였다.

2. 작업형 실기분야의 공사 재료, 공사 방법, 공사 과정 및 공구의 사용법 등에 대한 사항을 상세히 설명하였다.

3. 출제기준에 의한 실기 습득에 만전을 기할 수 있도록 충분한 자료와 실습 순서 등을 나열함으로써 실기 분야에 대한 완전한 준비를 통해 자격증 취득이 가능하도록 구성하였다.

4. 최근 시행된 CBT 기출복원문제를 수록하여 최신의 경향을 한 눈에 파악할 수 있도록 하였다.

저자는 수험생 여러분이 시험에 효과적으로 대비할 수 있도록 집필에 최선을 다하였으나, 저자의 학문적인 역량이 부족하여 이 책에서 본의 아닌 오류가 발견될지도 모르겠으므로 차후 여러분의 조언과 지도를 받아서 완벽하게 만들어갈 것임을 약속드린다.

끝으로 이 책의 출판 기회를 주신 도서출판 성안당의 이종춘 회장님과 임직원 여러분, 그리고 편집과 교정에 수고해 주신 분들께 진심으로 감사를 표하는 바이다.

사무실에서 저자

출제기준

직무분야	건설	중직무분야	건축	자격종목	건축일반시공산업기사	적용기간	2023. 1. 1~2026. 12. 31

○ 직무내용 : 건축물의 벽, 천장, 바닥과 관련한 조적·미장·타일·석공 시공계획 수립 및 시공, 작업지시 및 지도하는 직무이다.

○ 수행준거 : 1. 배치도, 평면도, 입면도, 단면도, 상세도, 재료마감표 등 도면을 파악하고 현장현황을 확인한 후 시공상세도를 작성할 수 있다.
2. 조적 및 미장 작업의 원활한 진행을 위해 공사 착수 전에 현장을 확인하여 투입자재, 인원 및 장비, 안전시설 및 개인보호구를 준비할 수 있다.
3. 조적 미장작업의 품질과 원활한 진행을 위해 설계도에 따라 시공위치에 기준점을 표시하고 먹매김 및 규준틀을 제작, 설치, 관리할 수 있다.
4. 벽돌 쌓기 작업을 하기 위해 바닥을 고르고, 재료를 배합하여 벽돌을 쌓고, 틈새를 채워 넣을 수 있다.
5. 벽, 기둥 등의 모서리면 수직 및 넓은 벽면의 균열 방지 및 의장성 확보를 위하여 수직·수평을 보고, 먹매김을 한 후 비드를 미장바름 전에 부착할 수 있다.
6. 건축물의 내, 외부 벽면을 평활하게 하기 위하여 바탕면 정리하기, 초벌 바르기, 재벌 바르기, 정벌 바르기를 할 수 있다.
7. 부위별 마감특성을 고려하여 양질의 품질을 확보하기 위해 바탕처리하기, 재료의 배합, 바닥 미장 마무리하기를 통해 바닥을 바를 수 있다.
8. 배치도, 평면도, 입면도, 상세도를 보고 현장상황, 구조물의 형태, 구성재료 등 타일 석공시공 도면을 파악할 수 있다.
9. 안전보호구 착용, 안전시설물 설치, 불안전 시설물을 개선하여 위험요소로부터 근로자를 보호할 수 있다.
10. 작업지시서 확인, 자재 검수, 자재 가공, 가설재 설치, 운반·보관하기 등 작업 준비를 할 수 있다.
11. 바탕면을 정리하고 기준점 설정·줄눈 나누기 등 바탕면을 준비할 수 있다.
12. 타일을 벽·바닥 바탕에 각종 붙이기 시공법에 따라 시공할 수 있다.
13. 시공품질, 품질 기준을 검사하고 보수할 수 있다.

실기 검정방법	복합형	시험시간	9시간 30분 정도(필답형 1시간 30분, 작업형 8시간 정도)

실기과목명	주요항목	세부항목	세세항목
건축일반 시공실무	1. 조적미장시공 도면검토	(1) 도면 파악하기	① 조적미장시공 도면과 구조물의 배치도, 평면도, 입면도, 단면도, 상세도, 재료마감표를 검토할 수 있다.

실기과목명	주요항목	세부항목	세세항목
			② 조적미장시공 도면을 보고 필요한 재료를 종류별로 List화 할 수 있다.
			③ 조적미장시공 도면을 보고 보완해야 될 부분을 검토할 수 있다.
		(2) 현황 파악하기	① 건축도면을 보고 선 후행 공종을 확인할 수 있다.
			② 상세도에서 부위별 시공방법을 확인할 수 있다.
			③ 건축도면을 보고 구조물의 배치를 확인할 수 있다.
			④ 건축도면을 보고 구조물의 형상을 확인할 수 있다.
		(3) 시공상세도 작성하기	① 공종별 간섭되는 부분을 확인하고 도면화 할 수 있다.
			② 각종 개구부별 인방 설치방법에 대하여 도면화 할 수 있다.
			③ 앵커철물 설치위치를 확인하고 도면화 할 수 있다.
			④ 균열발생가능 부위에 대한 보강방법을 도면화 할 수 있다.
	2. 조적미장시공 작업준비	(1) 현장여건 확인하기	① 설계도서에 따라 현장시공 여건을 검토할 수 있다.
			② 설계도서에 따라 공사 중 민원의 발생요인을 사전 착안하여 공사진행 시 민원이 발생하지 않도록 조치할 수 있다.
			③ 현장의 온도, 습도를 파악하여 공사진행을 계획할 수 있다.
			④ 관련공사 관계자와 협조회의를 통해 공사진행을 계획할 수 있다.
		(2) 투입자재 준비하기	① 운반장비를 활용하여 파손 없이 재료를 운반할 수 있다.
			② 재료관리 및 보관계획에 따라 적치장소를 구획하고 지정할 수 있다.

실기과목명	주요항목	세부항목	세세항목
			③ 시방서 기준에 맞는 자재를 선정할 수 있다.
			④ 설계도서에 따라 공사에 필요한 자재를 선정하고 소요량을 산출할 수 있다.
			⑤ 자재별 시공관리계획서에 따라 자재투입 계획을 수립할 수 있다.
		(3) 인원 장비 준비하기	① 공정계획에 따라 시공에 필요한 소요인원을 산출할 수 있다.
			② 공사방법에 따라 투입장비를 산출할 수 있다.
			③ 현장여건에 따라 인원과 장비를 준비할 수 있다.
		(4) 작업안전 준비하기	① 조적 미장에 필요한 비계의 안전 상태를 점검할 수 있다.
			② 개인보호구를 선택하여 안전하게 착용할 수 있다.
			③ 전동공구가 안전하게 작동하는지 점검할 수 있다.
			④ 낙하물 방지망 등의 안전시설물을 점검할 수 있다.
			⑤ 시공 재료에 관한 물질안전보건 관련 사항을 점검할 수 있다.
			⑥ 작업현장을 점검하고 불안전한 시설물을 제거할 수 있다.
	3. 기준설정 및 규준틀 설치	(1) 기준점 표시하기	① 측정도구를 사용하여 시공 위치에 수평·수직 등의 기준점을 설정할 수 있다.
			② 현장 여건에 따라 기준점을 표시할 수 있다.
			③ 작업 단계별, 기준점의 이상 유무를 도구와 목측으로 점검할 수 있다.
		(2) 먹매김 하기	① 시공위치에 적합한 먹매김 도구의 종류와 특성을 파악할 수 있다.
			② 설정한 기준점에 따라 먹매김을 할 수 있다.
			③ 각도기. 선형자 등으로 먹매김 이상 유무를 확인할 수 있다.

실기과목명	주요항목	세부항목	세세항목
		(3) 규준틀 설치하기	① 현장여건을 확인하여 적합한 규준틀을 제작할 수 있다. ② 수직 · 수평 기준에 따라 규준틀을 고정 설치할 수 있다. ③ 시공 단계별 기준선, 마감선, 돌출부, 매설물 위치, 개구부 등의 필요한 표식을 실시할 수 있다.
	4. 벽돌 쌓기 작업	(1) 바탕처리하기	① 바탕 부위 요철 등을 점검하여 수평 · 수직을 맞출 수 있다. ② 선행되어야 할 작업의 시행상태를 확인할 수 있다. ③ 수평기를 이용하여 바닥 수평을 측정할 수 있다. ④ 방수턱 시공여부를 확인하고 시공할 수 있다.
		(2) 모르타르 만들기	① 모르타르 배합비에 따라 건비빔을 실시할 수 있다. ② 건비빔 모르타르와 혼합수를 쌓기 용도에 맞게 배합할 수 있다. ③ 본 배합 이전에 시험배합을 하여 쌓기에 적합한 모르타르를 만들 수 있다.
		(3) 일반 쌓기	① 기준실을 설치하고 벽돌 나누기, 쌓기를 할 수 있다. ② 도면에 따라 앵커철물을 설치할 수 있다 ③ 도면에 따라 홈벽돌을 설치할 수 있다. ④ 인방설치 기준에 따라 각종 개구부에 인방을 설치할 수 있다. ⑤ 시방서에 따라 벽돌쌓기 전 외기와 접한 부위에 대해 단열재를 설치할 수 있다.
		(4) 치장 쌓기	① 도면에 따라 앵커철물을 구조체에 설치할 수 있다. ② 나누기도에 따라 문양 장식부분의 치장쌓기를 할 수 있다. ③ 외부 창호부위에 대한 마감을 고려하여 창틀주변 마감을 할 수 있다.

7

실기과목명	주요항목	세부항목	세세항목
		(5) 벽돌조 줄눈넣기	① 비빔 도구를 이용하여 줄눈용 모르타르를 배합할 수 있다. ② 충전 도구를 사용하여 보 또는 슬래브와 접하는 부위에 빈틈없이 충전할 수 있다. ③ 줄눈 부위를 밀실하고 미려하게 모르타르 충전을 할 수 있다. ④ 적벽돌 쌓기 작업 시, 치장줄눈 시공부위는 경화되기 전에 줄눈파기를 하고 벽면을 청소할 수 있다.
	5. 모서리 및 벽면 비드설치	(1) 수직 수평보기	① 벽체 쌓기 작업 후, 비드설치가 필요한 부위를 파악할 수 있다. ② 측정도구를 사용하여 벽면의 수직·수평을 측정할 수 있다. ③ 수직·수평의 보완이 필요한 부위에, 모르타르 채우기를 할 수 있다.
		(2) 먹매김하기	① 비드를 설치할 부위에, 바탕처리를 실시할 수 있다. ② 비드를 설치할 부위에, 먹매김을 실시할 수 있다. ③ 코너비드를 설치할 경우, 다림추를 이용하여 기준실을 설치할 수 있다. ④ 먹매김한 부위에, 측정도구를 사용하여 수평을 확인할 수 있다.
		(3) 비드부착하기	① 배합기준에 따라 비드 부착용 모르타르를 배합할 수 있다. ② 먹매김과 기준실에 맞추어 비드 부착용 모르타르를 바를 수 있다. ③ 용도에 맞는 비드를 부착하고, 비드보호 모르타르를 바를 수 있다. ④ 작업완료 후 현장을 정리 정돈할 수 있다.
	6. 모르타르 벽미장	(1) 바탕처리하기	① 전동그라인더를 사용하여 콘크리트 표면에 부착되어 있는 거푸집박리제, 레이턴스 등의 이물질들을 제거할 수 있다.

실기과목명	주요항목	세부항목	세세항목
			② 절단공구를 사용하여 콘크리트 표면에 붙은 벽체거푸집 폼타이, 나무조각, 콘크리크, 철근 등의 이물질을 제거할 수 있다. ③ 정과 망치를 이용하여 돌출된 부분은 평탄하게, 매끈한 면은 거칠게 쪼아 부착력을 높일 수 있다. ④ 할석 도구와 모르타르를 사용하여 표면을 충진과 평활하게 할 수 있다. ⑤ 물축임 등으로 초벌바름 부위를 습한 상태로 만들 수 있다.
		(2) 초벌 바르기	① 제품사양에 따라 접착 증강제를 사용할 수 있다. ② 초벌 바름 전 재벌 바름 두께를 고려하여 마감기준선을 설치할 수 있다. ③ 개구부 주변 사인장 균열을 방지할 수 있도록 라스를 설치할 수 있다. ④ 쇠갈퀴 등을 사용하여 면을 거칠게 만들 수 있다.
		(3) 재벌 바르기	① 재벌 바름 전 모르타르의 건조와 수축 균열이 충분히 진행되었는지 확인할 수 있다. ② 기준면을 설정하여 재벌 바름 두께를 결정할 수 있다. ③ 알루미늄 또는 나무잣대를 사용하여 바탕면을 만들 수 있다. ④ 경화 상태를 확인하고 흙손으로 고름질을 할 수 있다.
		(4) 정벌 바르기	① 정벌 바름 전 모르타르의 건조와 수축 균열이 충분히 진행되었는지 확인할 수 있다. ② 부착된 비드와 기준면에 맞도록 정벌 바르기를 할 수 있다. ③ 알루미늄 또는 나무잣대로 사용하여 바탕면을 만들 수 있다. ④ 흙손을 사용하여 기포를 제거하고 평활하게 할 수 있다.

실기과목명	주요항목	세부항목	세세항목
	7. 모르타르 바닥미장	(1) 바탕처리하기	① 도구를 사용하여 시공할 바탕면을 청소하고 이물질을 제거할 수 있다. ② 정과 망치로 돌출된 부분은 평탄하게, 매끈한 면은 거칠게 쪼아 낼 수 있다. ③ 바닥 두께에 먹매김을 하여 기준점을 표시할 수 있다. ④ 시멘트 모르타르의 접착력 증대를 위해, 바탕면에 물축임을 할 수 있다. ⑤ 바닥 미장면 균열방지를 위해 균열 예상부위에 완충제, 메쉬 등을 설치할 수 있다. ⑥ 콘크리트면과 만나는 부위에 대한 완충재를 설치할 수 있다.
		(2) 시멘트 모르타르 바르기	① 시공계획서의 시멘트 모르타르 배합비에 따라 배합할 수 있다. ② 레벨기를 통한 적정 두께 및 수평의 평활도를 조정할 수 있다. ③ 시공기준에 따라 시멘트 모르타르를 적정 두께로 바를 수 있다. ④ 재료의 물성에 따라 작업시간을 준수할 수 있다.
		(3) 바닥미장 마무리하기	① 알루미늄 잣대로 표면을 평활하게 만들고 나무흙손으로 고르기 할 수 있다. ② 나무흙손 고르기 후, 물빠짐 상태에 따라 쇠흙손으로 마무리할 수 있다. ③ 묽은 비빔의 기계 미장 시 시멘트 모르타르 경화 정도에 따라 마감 미장 시기를 조절하여 평활도를 마무리할 수 있다. ④ 쇠흙손 마감부위와 기계마감부위에 대한 시공기준에 따라 마무리를 할 수 있다.
	8. 타일석공시공 도면파악	(1) 도면기본지식 파악하기	① 타일석공시공 도면에 따라 기능과 용도를 파악할 수 있다. ② 타일석공시공 도면에서 지시하는 내용을 파악할 수 있다.

실기과목명	주요항목	세부항목	세세항목
			③ 타일석공시공 도면에 표기된 각종 기호의 의미를 파악할 수 있다.
		(2) 기본도면 파악하기	① 타일석공시공 도면에 따라 구조물의 배치도, 평면도, 입면도, 단면도, 상세도를 구분할 수 있다. ② 타일석공시공 도면에 따라 재료의 종류를 구분하고 가공위치 및 가공방법을 파악할 수 있다. ③ 타일석공시공 도면에 따라 재료의 종류별로 시공해야 할 부분을 파악할 수 있다.
		(3) 현황 파악하기	① 타일석공시공 도면에 따라 현장의 위치를 파악할 수 있다. ② 타일석공시공 도면에 따라 현장의 형태를 파악할 수 있다. ③ 타일석공시공 도면에 따라 구조물의 배치를 파악할 수 있다. ④ 타일석공시공 도면에 따라 구조물의 형상을 파악할 수 있다.
	9. 타일석공시공 현장안전	(1) 안전보호구 착용하기	① 현장안전수칙에 따라 안전보호구를 올바르게 사용할 수 있다. ② 현장 여건과 신체조건에 맞는 보호구를 선택 착용할 수 있다. ③ 타일석공시공 현장안전을 위하여 안전에 부합하는 작업도구와 장비를 휴대할 수 있다. ④ 타일석공시공 현장안전을 위하여 작업안전 보호구의 종류별 특징을 파악할 수 있다. ⑤ 타일석공시공 현장안전을 위하여 안전 시설물들을 파악할 수 있다.
		(2) 안전시설물 설치하기	① 산업안전보건법에서 정한 시설물설치기준에 따라 안전시설물을 설치할 수 있다. ② 안전보호구를 유용하게 사용할 수 있는 필요장치를 설치할 수 있다.

실기과목명	주요항목	세부항목	세세항목
			③ 타일석공시공 현장안전을 위하여 안전시설물의 종류별 설치위치, 설치기준을 파악할 수 있다.
			④ 타일석공시공 현장안전을 위하여 안전시설물 설치계획도를 숙지할 수 있다.
			⑤ 타일석공시공 현장안전을 위하여 구조물 시공계획서를 숙지할 수 있다.
			⑥ 타일석공시공 현장안전을 위하여 시설물 안전점검 체크리스트를 작성할 수 있다.
		(3) 불안전시설물 개선하기	① 타일석공시공 현장안전을 위하여 기설치된 시설을 정기 점검을 통해 개선할 수 있다.
			② 측정장비를 사용하여 안전시설물이 제대로 유지되고 있는지를 확인하고 유지되고 있지 않을 시 교체할 수 있다.
			③ 타일석공시공 현장안전을 위하여 불안전한 시설물을 조기 발견 및 조치할 수 있다.
			④ 타일석공시공 현장안전을 위하여 불안전한 행동을 줄일 수 있는 방법을 강구할 수 있다.
			⑤ 타일석공시공 현장안전을 위하여 안전관리요원의 교육을 실시할 수 있다.
	10. 바탕면 준비	(1) 바탕면 고르기	① 작업지시서에 따라 공구를 사용하여 돌출된 부분을 평탄하게 작업할 수 있다.
			② 작업지시서에 따라 배관 주변을 충진·보강할 수 있다.
			③ 작업지시서에 따라 레벨, 고름자, 수준기를 사용하여 바탕면의 높이나 수평, 요철을 확인할 수 있다.
			④ 작업지시서에 따라 측정공구 등을 사용하여 수직여부를 확인할 수 있다.
			⑤ 작업지시서에 따라 공구를 사용하여 시멘트 페이스트 이물질을 제거할 수 있다.

실기과목명	주요항목	세부항목	세세항목
			⑥ 작업지시서에 따라 매끈한 면은 공구를 사용하여 거칠게 할 수 있다.
			⑦ 작업지시서에 따라 바탕면의 접착 증강제를 바를 수 있다.
			⑧ 작업지시서에 따라 바탕이 패인 부위는 보강 모르타르를 사용하여 밀실하고 평활하게 할 수 있다.
			⑨ 작업지시서에 따라 바탕면 처리 후 잔재물을 청소할 수 있다.
			⑩ 작업지시서에 따라 마감재의 두께 · 부착방법을 고려하여 바탕면을 바르거나 고를 수 있다.
			⑪ 작업지시서에 따라 바탕면의 들뜸, 균열을 검사하고 불량 부분은 보수할 수 있다.
			⑫ 작업지시서에 따라 바닥면은 물매에 맞추어 수평, 경사를 만들 수 있다.
		(2) 기준점 설정하기	① 작업지시서에 따라 측정기를 사용하여 기준점을 잡고 수직, 수평 기준점을 표시할 수 있다.
			② 작업지시서에 따라 측정기를 사용하여 줄눈나누기를 실시할 수 있다.
			③ 작업지시서에 따라 다른 마감재료 연결 부위를 고려하여 기준점을 설정할 수 있다.
		(3) 줄눈 나누기	① 작업지시서에 따라 직각자를 이용하여 작업에 필요한 길이로 절단할 수 있다.
			② 작업지시서에 따라 직각자를 대고 바탕면에 선을 그을 수 있다.
			③ 작업지시서에 따라 규준자를 대고 붙이고자하는 마감재 한 장의 길이와 높이를 바탕면에 표시할 수 있다.
			④ 작업지시서에 따라 바탕면의 수축팽창에 의한 균열 · 박리를 방지할 수 있도록 신축줄눈 위치를 표시할 수 있다.

13

실기과목명	주요항목	세부항목	세세항목
11. 타일붙임	(1) 떠붙이기		① 작업지시서에 따라 타일뒷면에 붙임모르타르를 흙손으로 떠 얹고 모르타르가 흘러내리지 않도록 하면서 타일을 바탕에 문질러 눌러 붙일 수 있다. ② 작업지시서에 따라 붙임모르타르의 두께는 기준규격에 따라 설정할 수 있다. ③ 작업지시서에 따라 타일면 평활도 유지를 위하여 나무망치나 고무망치로 두드려 위치를 조정하면서 기준실에 맞춰서 타일을 붙일 수 있다. ④ 작업지시서에 따라 줄눈 간격재를 설치할 수 있다.
	(2) 압착 붙이기		① 붙임모르타르의 두께는 타일 두께의 반 이상으로 하고, 기준 규격을 표준으로 하여 바를 수 있다. ② 모르타르의 경화속도·작업성을 고려하여 타일의 붙임면적을 결정하고 붙임모르타르를 바를 수 있다. ③ 기준실에 맞추어 타일을 한 장씩 붙이고 나무망치로 두들겨 타일이 붙임모르타르 안에 박혀 타일의 줄눈부위에 모르타르가 타일두께의 기준규격 이상 올라오게 할 수 있다. ④ 작업지시서에 따라 어긋난 타일은 규정된 시간 내에 수정할 수 있다.
	(3) 접착 붙이기		① 작업지시서에 따라 바탕면의 건조상태를 확인할 수 있다. ② 작업지시서에 따라 바탕면에 접착제의 바름 면적은 기준규격을 준수하여 접착제용 흙손으로 눌러 바를 수 있다. ③ 작업지시서에 따라 표면 접착성, 경화정도를 확인 후 타일을 붙일 수 있다.

실기과목명	주요항목	세부항목	세세항목
		(4) 바닥타일 붙이기	① 작업지시서에 따라 타일을 바닥 붙임 모르타르 위에 올려놓고 고무망치로 두들겨 평평하게 할 수 있다. ② 작업지시서에 따라 타일 붙임면적이 클 때, 규준타일을 먼저 붙여 이에 따라 붙여 나갈 수 있다. ③ 바닥의 모서리 구석과 기타 부분의 물매에 유의하며, 줄눈을 맞추어 평탄하게 붙일 수 있다. ④ 작업지시서에 따라 접착붙이기의 경우 흙손으로 평탄하게 바르고, 빗흙손을 사용해서 필요한 높이로 고를 수 있다. ⑤ 작업지시서에 따라 접착붙이기의 경우 건조경화형의 접착제는 주어진 경화시간에 유의해서 타일을 붙일 수 있다.
		(5) 줄눈 넣기	① 작업지시서에 따라 타일면과 줄눈의 여분 모르타르 이물질을 제거 · 청소할 수 있다. ② 작업지시서에 따라 줄눈 부위를 습윤 상태로 유지할 수 있다. ③ 작업지시서에 따라 줄눈 흙손으로 줄눈 부분에 줄눈재를 눌러 채울 수 있다. ④ 작업지시서에 따라 타일면에 붙은 여분의 재료를 부드러운 브러시로 털어낼 수 있다. ⑤ 작업지시서에 따라 마른걸레 스펀지로 타일면에 시멘트 자국이 남지 않도록 닦아낼 수 있다.
	12. 검사 보수	(1) 품질기준 확인하기	① 설계도서에 따라 입고된 자재의 외관 · 규격을 검사하여 품질기준에 미달한 자재를 선별할 수 있다. ② 설계도서에 따라 입고된 접착제, 시멘트, 기성배합모르타르, 앵커세트 부자재의 품질을 확인할 수 있다. ③ 설계도서에 따라 붙임 후 시방서 기준에 의거하여 접착력 시험할 수 있으며, 시험 결과를 판정할 수 있다.

실기과목명	주요항목	세부항목	세세항목
			④ 설계도서에 따라 석재·타일 시공의 줄눈 간격 적정여부를 확인할 수 있다.
		(2) 시공품질 확인하기	① 설계도서에 따라 측정기를 이용하여 석재·타일이 수직·수평하게 시공되었는지 확인할 수 있다. ② 설계도서에 따라 석재·타일에 줄눈이 품질에 기준에 맞게 시공되었는지 확인할 수 있다. ③ 설계도서에 따라 붙임 모르타르가 경화된 후 검사봉으로 석재·타일 표면을 두들겨 부착상태를 검사할 수 있다. ④ 설계도서에 따라 들뜸, 균열 등 하자에 대한 소리와 울림으로 확인할 수 있다. ⑤ 설계도서에 따라 모르타르 줄눈시공 후 충전성을 확인할 수 있다.
		(3) 보수하기	① 설계도서에 따라 주위의 타 자재가 파손되지 않도록 보수할 수 있다. ② 설계도서에 따라 분진·소음을 방지할 수 있다. ③ 하자에 따른 보수계획을 수립할 수 있다. ④ 설계도서에 따라 동일자재 수급계획을 수립할 수 있다. ⑤ 설계도서에 따라 바탕면의 기능을 확보할 수 있다.
	13. 작업 준비	(1) 작업지시서 확인하기	① 작업지시서에 따라 물량·종류·치수를 파악할 수 있다. ② 작업지시서에 따라 자재마감 상태를 파악할 수 있다. ③ 시공 우선순위에 따라 작업 순서를 결정할 수 있다.
		(2) 자재 검수하기	① 작업지시서에 따라 생산된 자재의 불량품을 선별할 수 있다. ② 작업지시서에 따라 가공된 수량·종류·치수·표면가공 상태를 검수할 수 있다. ③ 작업지시서에 따라 자재의 품질관리, 인증품 여부를 검사할 수 있다.

실기과목명	주요항목	세부항목	세세항목
			④ 작업지시서에 따라 불량품들을 다른 자재와 구분하여 처리할 수 있다.
		(3) 자재 가공하기	① 작업지시서에 따라 가공위치를 표시할 수 있다. ② 재질 모양에 따라 절단기를 이용하여 자재를 가공할 수 있다. ③ 작업지시서에 따라 석재 중 판재일 경우 표면 마감 후 2차로 자재를 가공할 수 있다. ④ 작업지시서에 표기된 마감 사양에 따라 석재를 다듬을 수 있다. ⑤ 작업지시서에 따라 콘크리트 드릴 날을 핸드 드릴에 부착하여 사용할 수 있다.
		(4) 가설재 설치하기	① 공사 규모에 따라 필요한 가설재를 선정할 수 있다. ② 작업지시서에 따라 선정된 가설재 물량을 산출할 수 있다. ③ 작업지시서에 따라 가설재위 자재 · 부속자재를 적재할 수 있다. ④ 작업지시서에 따라 가설재를 이용하여 자재를 인양할 수 있다. ⑤ 작업지시서에 따라 가설재를 옮겨서 작업할 수 있다.
		(5) 운반 보관하기	① 작업지시시에 따라 운반 중 자재의 파손 확인 · 불량품을 선별할 수 있다. ② 작업지시서에 따라 반입된 자재는 시공이 용이하도록 시공장소 근처에 배치할 수 있다. ③ 작업지시서에 따라 부자재를 재료별로 별도로 보관할 수 있다. ④ 작업지시서에 따라 자재 보관시 재료가 훼손, 오염되지 않도록 보관창고를 유지 · 관리할 수 있다.

직무 분야	건설	중직무 분야	건축	자격 종목	건축일반시공기능장	적용 기간	2022. 1. 1~2025. 12. 31

○ 직무내용 : 건축시공에 관한 최상급 숙련기능을 가지고 시공계획 수립, 시공 및 현장 안전관리와 지도·감독 등을 수행하는 직무이다.

○ 수행준거 : 1. 공사내역 검토, 도면 검토 등을 통해 조적, 미장 및 타일공사 시공계획을 수립할 수 있다.
　　　　　　 2. 작업준비, 기준설정, 규준틀 설치, 쌓기 작업, 마무리 작업을 할 수 있다.
　　　　　　 3. 수평 및 수직측정, 바탕처리, 모서리 및 벽면 비드 설치, 각종 미장 바름 공사를 할 수 있다.
　　　　　　 4. 바탕처리, 기준잡기, 시멘트 모르타르 배합, 타일 가공, 타일 붙임, 줄눈 채움 작업을 할 수 있다.
　　　　　　 5. 조적, 미장 및 타일 공사 후 보양 및 검사작업을 할 수 있다.

실기 검정방법	복합형	시험시간	17시간 정도(필답형 2시간, 작업형 15시간 정도)

실기과목명	주요항목	세부항목	세세항목
조적, 미장, 타일작업	1. 도면 파악	(1) 도면기본지식 파악하기	① 도면의 기능과 용도를 파악할 수 있다. ② 도면에서 지시하는 내용을 파악할 수 있다. ③ 도면에 표기된 각종 기호의 의미를 파악할 수 있다.
		(2) 기본도면 파악하기	① 도면을 보고 구조물의 배치도, 평면도, 입면도, 단면도, 상세도를 구분할 수 있다. ② 도면을 보고 재료의 종류를 구분하고 가공위치 및 가공방법을 파악할 수 있다. ③ 도면을 보고 재료의 종류별로 시공해야 할 부분을 파악할 수 있다.
		(3) 현황 파악하기	① 도면을 보고 현장의 위치를 파악할 수 있다. ② 도면을 보고 현장의 형태를 파악할 수 있다. ③ 도면을 보고 구조물의 배치를 파악할 수 있다. ④ 도면을 보고 구조물의 형상을 파악할 수 있다.
	2. 현장안전	(1) 안전보호구 착용하기	① 현장안전수칙에 따라 안전보호구를 올바르게 사용할 수 있다.

실기과목명	주요항목	세부항목	세세항목
			② 현장여건과 신체조건에 맞는 보호구를 선택 착용할 수 있다.
			③ 현장안전을 위하여 안전에 부합하는 작업도구와 장비를 휴대할 수 있다.
			④ 현장안전을 위하여 작업안전보호구의 종류별 특징을 파악할 수 있다.
			⑤ 현장안전을 위하여 안전시설물들을 파악할 수 있다.
		(2) 안전시설물 설치하기	① 산업안전보건법에서 정한 시설물설치기준을 준수하여 안전시설물을 설치할 수 있다.
			② 안전보호구를 유용하게 사용할 수 있는 필요 장치를 설치할 수 있다.
			③ 현장안전을 위하여 안전시설물의 종류별 설치위치, 설치기준을 파악할 수 있다.
			④ 현장안전을 위하여 안전시설물설치계획도를 숙지할 수 있다.
			⑤ 현장안전을 위하여 구조물시공계획서를 숙지할 수 있다.
			⑥ 현장안전을 위하여 시설물안전점검 체크리스트에 따라 점검할 수 있다.
		(3) 불안전시설물 개선하기	① 현장안전을 위하여 기설치된 시설을 정기점검을 통해 개선할 수 있다.
			② 측정장비를 사용하여 안전시설물이 제대로 유지되고 있는지를 확인하고, 유지되고 있지 않을 시 교체할 수 있다.
			③ 현장안전을 위하여 불안전한 시설물을 조기발견 및 조치할 수 있다.
			④ 현장안전을 위하여 불안전한 행동을 줄일 수 있는 방법을 강구할 수 있다.
			⑤ 현장안전을 위하여 안전관리요원의 교육을 실시할 수 있다.
	3. 시공계획 수립	(1) 설계도서 검토하기	① 설계도를 검토하여 설계상의 구조형태, 공간구획 최종 마감형태를 파악할 수 있다.

19

실기과목명	주요항목	세부항목	세세항목
			② 시방서를 검토하여 자재 선정 등의 추구하고 자 하는 목표를 설정할 수 있다.
			③ 설계도서를 검토하여 미장·조적형태분류 와 시행방법을 검토할 수 있다.
			④ 내역서를 검토하여 공사의 규모와 범위를 검토할 수 있다.
			⑤ 설계도서를 검토하여 가설계획, 안전계획, 공정관리계획을 수립할 수 있다.
		(2) 공정관리계획하기	① 프로젝트 전체공정계획에 부합하는 공정계 획서를 작성할 수 있다.
			② 공사의 종류에 따라 우선순위에 의하여 공정 관리를 계획할 수 있다.
			③ 공사환경여건을 검토하여 공정관리를 계 획할 수 있다.
			④ 내·외부공사를 구분하고 연관공정을 고려 하여 공정계획을 관리할 수 있다.
			⑤ 작업조건을 검토하여 공정관리계획을 수립 할 수 있다.
		(3) 품질관리계획하기	① 설계도서에서 요구하는 품질의 수준을 파악 할 수 있다.
			② 품질 확보를 위해 기본품질을 검토하여 사용 하는 자재를 선정할 수 있다.
			③ 품질 확보를 위해 시공부위에 대하여 시험방 법과 횟수를 규정할 수 있다.
			④ 품질관리계획에 따라 참여기술자의 품질교 육을 실시할 수 있다.
			⑤ 품질 확보를 위해 참여기술자의 명부를 작성 하여 관리할 수 있다.
		(4) 안전관리계획하기	① 공사의 규모에 따라 안전계획을 수립하고 관리할 수 있다.
			② 근로자의 건강을 관리할 수 있는 안전교육 계획을 수립할 수 있다.
			③ 위해요소가 우려되는 부분은 별도로 관리할 수 있다.

실기과목명	주요항목	세부항목	세세항목
			④ 안전점검협의체를 구성하여 안전관리계획을 보완할 수 있다.
		(5) 환경관리계획하기	① 환경 관련법에 따라서 환경관리계획을 수립할 수 있다. ② 환경오염 방지를 위한 시설 및 기구설치계획을 수립할 수 있다. ③ 유해폐기물로 인하여 2차 오염이 발생되지 않도록 관리할 수 있다. ④ 환경 관련법에서 규정하고 있는 폐기물은 별도로 관리할 수 있다.
	4. 작업준비	(1) 현장확인하기	① 설계도서에 따라 현장시공여건을 검토할 수 있다. ② 설계도서에 따라 공사 중 민원의 발생요인을 사전 착안하여 공사진행 시 민원이 발생하지 않도록 조치할 수 있다. ③ 현장주변여건을 파악하여 교통혼잡시간을 회피하여 공사진행을 계획할 수 있다. ④ 생산공장을 방문하여 생산능력을 확인할 수 있다. ⑤ 연관공사관계자와 협조회의를 통해 공사진행을 계획할 수 있다.
		(2) 투입자재준비하기	① 운반장비를 활용하여 파손 없이 재료를 운반할 수 있다. ② 재료관리 및 보관계획에 따라 적치장소를 구획하고 지정할 수 있다. ③ 재료의 구성요소에 따라 재료를 관리할 수 있다. ④ 시방서기준에 맞는 자재를 선정할 수 있다. ⑤ 설계도서에 따라 공사에 필요한 자재를 선정하고 소요량을 산출할 수 있다. ⑥ 자재별 시공관리계획서에 따라 자재투입계획을 수립할 수 있다.

실기과목명	주요항목	세부항목	세세항목
		(3) 인원장비준비하기	① 공정계획에 따라 소요인원을 산출할 수 있다. ② 공정계획에 따라 투입장비를 산출할 수 있다. ③ 설계도서분석결과에 따라 인원과 장비를 준비할 수 있다.
	5. 기준설정 및 규준틀 설치	(1) 수직 · 수평기준점 표시하기	① 측정도구를 사용하여 시공위치에 수평기준점을 표시할 수 있다. ② 측정도구를 사용하여 시공위치에 수직기준점을 표시할 수 있다. ③ 작업 전 · 중 · 후 기준의 이상 유무를 도구와 목측으로 확인하고 유지관리할 수 있다.
		(2) 먹줄치기	① 측정기를 사용하여 수직 · 수평기준을 표시하고 먹줄을 넣을 수 있다. ② 재료별. 위치별 수직 · 수평먹에 나누기 점을 표시할 수 있다. ③ 각도, 선형 등으로 먹매김 이상 유무를 확인할 수 있다. ④ 중요부위의 식별이 쉽게 페인팅 등을 표시할 수 있다.
		(3) 규준틀 설치하기	① 현장여건을 확인하여 규준틀의 시공계획을 수립할 수 있다. ② 수직 · 수평기준 확보 및 변형이 없도록 규준틀을 고정 설치할 수 있다. ③ 수직 · 수평기준에 맞춰 모르타르 바르기, 나누기, 개구부 등에 필요한 표식을 실시할 수 있다.
	6. 벽돌쌓기 작업	(1) 바탕처리하기	① 바탕부위 요철 등을 점검하여 수평 · 수직을 맞출 수 있다. ② 선행되어야 할 작업의 시행상태를 확인할 수 있다. ③ 수평기를 이용하여 바닥 수평을 측정할 수 있다.

실기과목명	주요항목	세부항목	세세항목
			④ 수평이 맞지 않는 바닥은 수평작업을 실시할 수 있다.
		(2) 재료배합하기	① 모르타르배합비에 따라 건비빔을 실시할 수 있다.
			② 건비빔 모르타르와 혼합수를 쌓기 용도에 맞게 배합할 수 있다.
			③ 본배합 이전에 시험배합을 하여 쌓기에 적합한 모르타르를 만들 수 있다.
		(3) 벽돌쌓기	① 다림추를 이용하여 기준실을 설치하고 벽돌나누기를 표시할 수 있다.
			② 세로규준틀 및 기준실에 있는 벽돌나누기 표시점을 활용하여 수평실을 띄울 수 있다.
			③ 시공계획서에 따라 부속철물과 상 · 하인방을 설치하며 벽돌을 쌓을 수 있다.
			④ 적벽돌쌓기 작업 시 치장줄눈시공부위는 경화되기 전에 줄눈파기를 하고 벽면을 청소할 수 있다.
			⑤ 적벽돌쌓기 작업 시 수분을 조기에 배출할 수 있는 수분조절시스템을 설치할 수 있다.
			⑥ 적벽돌쌓기 작업 시 벽체균열예방을 위한 수직 · 수평 신축줄눈을 설치할 수 있다.
			⑦ 적벽돌쌓기 작업 시 일일쌓기 후 수분의 침투를 방지하기 위하여 비닐 또는 보호재를 설치할 수 있다.
			⑧ 일일쌓기 기준에 따라 작업종료 시 층단쌓기와 벽돌에 묻은 모르타르를 굳기 전에 제거할 수 있다.
		(4) 줄눈넣기	① 비빔도구를 이용하여 줄눈용 모르타르를 배합할 수 있다.
			② 충전도구를 사용하여 보 또는 슬래브와 접하는 부위에 빈틈없이 충전할 수 있다.
			③ 벽돌과 벽돌 사이 줄눈부위는 틈새가 보이지 않도록 충전할 수 있다.

실기과목명	주요항목	세부항목	세세항목
	7. 블록쌓기 작업	(1) 바탕처리하기	① 바탕의 평활상태를 점검하여 쌓기 작업에 적합한 바탕처리를 실시할 수 있다. ② 건비빔한 모르타르와 비빔용수를 혼합하여 바탕의 습윤상태에 따라 배합할 수 있다. ③ 시공계획서에 따라 쇠흙손을 사용하여 바탕모르타르를 수평으로 바를 수 있다.
		(2) 보강철근 설치하기	① 설계도서에 따라 보강철근설치위치에 보강철근을 배근할 수 있다. ② 결속도구를 사용하여 결속선이 풀리지 않도록 단단히 결속할 수 있다. ③ 보강철근이 움직이지 않도록 모르타르를 충분히 채워 넣고 다짐할 수 있다.
		(3) 재료배합하기	① 모르타르배합비에 따라 건비빔을 실시할 수 있다. ② 건비빔 모르타르와 혼합수를 쌓기 용도에 맞게 배합할 수 있다. ③ 조적용 레미탈 사용 시 물의 양에 따라 모르타르반죽질기를 조절할 수 있다. ④ 본배합 전에 시험배합을 하여 쌓기에 적당한 모르타르를 만들 수 있다.
		(4) 줄눈넣기	① 줄눈용 흙손을 사용하여 쌓기 직후 모르타르가 굳기 전에 줄눈규격에 맞추어 줄눈누르기, 정리를 실시할 수 있다. ② 치장줄눈의 경우 줄눈용 흙손을 사용하여 쌓기 직후 모르타르가 굳기 전에 줄눈규격에 맞추어 줄눈파기를 실시할 수 있다. ③ 줄눈용 흙손을 사용하여 줄눈파기를 한 곳에 줄눈용 모르타르를 빈틈없이 채워 넣을 수 있다.
	8. 모서리 및 벽면 비드설치	(1) 수직·수평보기	① 쌓기 작업 후 비드설치가 필요한 부위를 파악할 수 있다. ② 측정도구를 사용하여 벽면의 수직·수평을 측정할 수 있다.

실기과목명	주요항목	세부항목	세세항목
			③ 수직 · 수평의 보완이 필요한 경우 모르타르채우기를 통해 보완할 수 있다.
		(2) 먹매김하기	① 비드를 설치할 부위에 바탕처리를 실시할 수 있다. ② 비드를 설치할 부위에 먹매김을 실시할 수 있다. ③ 코너비드를 설치할 경우 다림추를 이용하여 기준실을 설치할 수 있다. ④ 먹매김한 부위에 측정도구를 사용하여 수평을 확인할 수 있다.
		(3) 비드 부착하기	① 비드 부착용 모르타르를 배합할 수 있다. ② 먹매김과 기준실이 설치된 자리에 비드 부착용 모르타르를 바를 수 있다. ③ 설치부위에 맞는 비드를 부착하고 비드보호 모르타르를 바를 수 있다.
	9. 시멘트모르타르 벽미장	(1) 바탕처리하기	① 콘크리트표면에 부착되어 있는 거푸집박리제, 레이턴스 등을 그라인더를 사용하여 제거할 수 있다. ② 콘크리트표면에 붙은 벽체거푸집 폼타이, 나무조각, 콘크리크홈, 돌출된 전선, 철근 등을 제거할 수 있다. ③ 징과 망치로 돌출된 부분은 평탄하게, 매끈한 면은 거칠게 쪼아 부착력을 높일 수 있다. ④ 오목한 부분은 시멘트모르타르로 평활하게 충전할 수 있다. ⑤ 콘크리트바탕 등에 이물질이 붙어있는 경우 초벌 바름작업 전날 물축임 등으로 청소할 수 있다.
		(2) 초벌 바르기	① 초벌 바름 전 재벌 바름두께를 고려한 기준을 설치한 후 콘크리트나 PC판넬 등에 접착증강제, 시멘트풀 등을 바를 수 있다. ② 초벌 바름 전 재벌 바름두께를 고려하여 기준을 설치할 수 있다.

25

실기과목명	주요항목	세부항목	세세항목
			③ 설치된 기준에 따라 콘크리트나 PC판넬 등에 접착증강제, 시멘트풀 등을 바를 수 있다.
			④ 시멘트와 모래를 배합한 모르타르로 재벌 바름두께를 남겨두고 바를 수 있다.
			⑤ 바름 후 전면을 쇠갈퀴 등으로 거칠게 만들어 양생할 수 있다.
			⑥ 초벌 바름두께가 기준을 초과하여 바르기를 할 경우 나누어 바를 수 있다.
		(3) 재벌 바르기	① 초벌 모르타르의 건조와 수축균열이 충분히 진행되도록 1주 이상 양생시킬 수 있다.
			② 초벌 바름 전 코너 등에 비드가 설치되지 않았을 경우는 재벌 바름두께를 고려하여 기준잣대를 붙일 수 있다.
			③ 바름바탕에 위에서부터 아래로 고르게 물뿌리기를 한 후 시멘트와 모래를 배합한 모르타르를 바를 수 있다.
			④ 알루미늄 또는 나무잣대로 표면을 평활하게 만들고 요철이 발생하지 않도록 흙손으로 고르기할 수 있다.
			⑤ 흙손고르기 후 경화상태를 확인하여 흙손으로 마무리할 수 있다.
		(4) 정벌 바르기	① 재벌모르타르의 건조와 수축균열이 진행되도록 양생 후 재벌 바르기를 실시할 수 있다.
			② 부착된 비드와 수준에 맞도록 정벌 바르기를 실시할 수 있다.
			③ 바름바탕에 위에서부터 아래로 고르게 물뿌리기를 한 후 시멘트와 모래를 배합한 모르타르를 바를 수 있다.
			④ 알루미늄 또는 나무잣대로 표면을 평활하게 만들고 요철이 발생하지 않도록 흙손으로 고르기할 수 있다.
			⑤ 흙손고르기 후 경화상태를 확인하여 흙손으로 마무리할 수 있다.

실기과목명	주요항목	세부항목	세세항목
10. 단열모르타르바름	(1) 바탕처리하기	① 벽면의 부착력을 높이기 위하여 프라이머를 롤러로 발라줄 수 있다. ② 콘크리트표면에 부착되어 있는 거푸집박리제, 레이턴스 등을 그라인더 또는 와이어브러시로 제거할 수 있다. ③ 콘크리트표면에 붙은 벽체거푸집 폼타이, 나무조각, 콘크리크홈, 돌출된 전선, 철근 등을 제거할 수 있다. ④ 정과 망치로 돌출된 부분은 평탄하게, 매끈한 면은 거칠게 쪼아 부착력을 높일 수 있다. ⑤ 오목한 부분은 시멘트모르타르로 평활하게 충전할 수 있다. ⑥ 콘크리트바탕 등에 이물질이 붙어있는 경우 초벌 바름작업 전날 물축임 등으로 청소할 수 있다.
	(2) 재료배합하기	① 접착이 잘 되도록 공장에서 만들어진 배합재료를 비빔할 수 있다. ② 배합한 모르타르로 정벌 바름두께를 남겨두고 바를 수 있다. ③ 현장배합 시 시공법에 맞게 혼화재료를 배합하여 비빔할 수 있다.
	(3) 초벌 바르기	① 초벌 바름 전 재벌 바름두께를 고려하여 기준을 설치할 수 있다. ② 설치된 기준에 따라 콘크리트나 PC판넬 등에 접착증강제, 시멘트풀 등을 바를 수 있다. ③ 바름 후 전면을 쇠갈퀴 등으로 거칠게 만들어 양생한 후 발생한 균열, 처짐 등의 변화를 파악할 수 있다. ④ 초벌 바름은 적정두께로 천천히 압력을 주입하여 기포가 생기지 않도록 바를 수 있다.

실기과목명	주요항목	세부항목	세세항목
			⑤ 지붕에 바탕 단열층으로 바름할 경우는 신축줄눈을 설치할 수 있다.
		(4) 정벌 바르기	① 초벌모르타르의 건조와 수축균열이 진행되도록 양생 후 정벌 바르기를 실시할 수 있다. ② 부착된 비드 및 기준에 맞도록 정벌 바르기를 실시할 수 있다. ③ 단열모르타르 바름이 마감 바름면이 되는 경우에는 면고르기 작업과 질감을 내는 작업을 한 번에 연속적으로 하여 질감이 차이가 나거나 얼룩지지 않게 할 수 있다.
		(5) 보강모르타르 바르기	① 정벌모르타르의 건조와 수축균열이 충분히 진행되도록 1주 이상 양생시킬 수 있다. ② 정벌 바름 전 재벌 바름두께를 고려하여 비드를 설치할 수 있다. ③ 설치된 기준에 따라 콘크리트나 PC판넬 등에 접착증강제, 각종 혼화재료 등을 바를 수 있다. ④ 단열모르타르에 표면정리나 강도보정이 요구되는 경우는 강화모르타르를 바를 수 있다.
	11. 시멘트모르타르 바닥미장	(1) 바탕처리하기	① 시공할 바탕면을 청소 및 이물질을 제거할 수 있다. ② 정과 망치로 돌출된 부분은 평탄하게, 매끈한 면은 거칠게 쪼아낼 수 있다. ③ 바닥두께에 먹매김을 하여 기준점을 표시할 수 있다. ④ 시멘트모르타르의 접착력 증대를 위해 바탕면에 물축임을 할 수 있다. ⑤ 바닥미장면 균열 방지를 위해 균열예상부위에 완충제, 메시 등을 설치할 수 있다.
		(2) 시멘트모르타르 바르기	① 시공계획서의 시멘트모르타르배합비에 따라 배합할 수 있다.

28

실기과목명	주요항목	세부항목	세세항목
			② 배합된 시멘트모르타르를 적정두께로 바를 수 있다.
			③ 재료의 물성에 따라 작업시간을 준수하여 마무리할 수 있다.
		(3) 바닥미장 마무리하기	① 알루미늄잣대로 표면을 평활하게 만들고 나무흙손으로 고르기 할 수 있다.
			② 나무흙손고르기 후 물빠짐상태에 따라 쇠흙손으로 마무리할 수 있다.
			③ 묽은 비빔의 기계미장 시 시멘트모르타르 경화 정도에 따라 마감미장시기를 조절하여 평활도를 마무리할 수 있다.
	12. 바탕면준비	(1) 바탕면고르기	① 작업지시서에 따라 공구를 사용하여 돌출된 부분을 평탄하게 작업할 수 있다.
			② 작업지시서에 따라 배관 주변을 충진 · 보강할 수 있다.
			③ 작업지시서에 따라 레벨, 고름자, 수준기를 사용하여 바탕면의 높이나 수평, 요철을 확인할 수 있다.
			④ 작업지시서에 따라 측정공구 등을 사용하여 수직 여부를 확인할 수 있다.
			⑤ 작업지시서에 따라 공구를 사용하여 시멘트페이스트 이물질을 제거할 수 있다.
			⑥ 작업지시서에 따라 매끈한 면은 공구를 사용하여 거칠게 할 수 있다.
			⑦ 작업지시서에 따라 바탕면의 접착증강제를 바를 수 있다.
			⑧ 작업지시서에 따라 바탕이 패인 부위는 보강모르타르를 사용하여 밀실하고 평활하게 할 수 있다.
			⑨ 작업지시서에 따라 바탕면처리 후 잔재물을 청소할 수 있다.
			⑩ 작업지시서에 따라 마감재의 두께 · 부착방법을 고려하여 바탕면을 바르거나 고를 수 있다.

실기과목명	주요항목	세부항목	세세항목
			⑪ 작업지시서에 따라 바탕면의 들뜸, 균열을 검사하고 불량 부분은 보수할 수 있다.
			⑫ 작업지시서에 따라 바닥면은 물매에 맞추어 수평, 경사를 만들 수 있다.
		(2) 기준점 설정하기	① 작업지시서에 따라 측정기를 사용하여 기준점을 잡고 수직·수평기준점을 표시할 수 있다.
			② 작업지시서에 따라 측정기를 사용하여 줄눈나누기를 실시할 수 있다.
			③ 작업지시서에 따라 다른 마감재료 연결부위를 고려하여 기준점을 설정할 수 있다.
		(3) 줄눈나누기	① 작업지시서에 따라 직각자를 이용하여 작업에 필요한 길이로 절단할 수 있다.
			② 작업지시서에 따라 직각자를 대고 바탕면에 선을 그을 수 있다.
			③ 작업지시서에 따라 규준자를 대고 붙이고자 하는 마감재 한 장의 길이와 높이를 바탕면에 표시할 수 있다.
			④ 작업지시서에 따라 바탕면의 수축팽창에 의한 균열·박리를 방지할 수 있도록 신축 줄눈위치를 표시할 수 있다.
	13. 타일붙임	(1) 떠붙이기	① 작업지시서에 따라 타일 뒷면에 붙임모르타르를 흙손으로 떠 얹고 모르타르가 흘러내리지 않도록 하면서 타일을 바탕에 문질러 눌러 붙일 수 있다.
			② 작업지시서에 따라 붙임모르타르의 두께는 기준규격에 따라 설정할 수 있다.
			③ 작업지시서에 따라 타일면 평활도 유지를 위하여 나무망치나 고무망치로 두드려 위치를 조정하면서 기준실에 맞춰서 타일을 붙일 수 있다.
			④ 작업지시서에 따라 줄눈간격재를 설치할 수 있다.

실기과목명	주요항목	세부항목	세세항목
		(2) 압착붙이기	① 붙임모르타르의 두께는 타일두께의 반 이상으로 하고 기준규격을 표준으로 하여 바를 수 있다. ② 모르타르의 경화속도 · 작업성을 고려하여 타일의 붙임면적을 결정하고 붙임모르타르를 바를 수 있다. ③ 기준실에 맞추어 타일을 한 장씩 붙이고 나무망치로 두들겨 타일이 붙임모르타르 안에 박혀 타일의 줄눈부위에 모르타르가 타일두께의 기준규격 이상 올라오게 할 수 있다. ④ 작업지시서에 따라 어긋난 타일은 규정된 시간 내에 수정할 수 있다.
		(3) 접착붙이기	① 작업지시서에 따라 바탕면의 건조상태를 확인할 수 있다. ② 작업지시서에 따라 바탕면에 접착제의 바름면적은 기준규격을 준수하여 접착제용 흙손으로 눌러 바를 수 있다. ③ 작업지시서에 따라 표면접착성, 경화 정도를 확인 후 타일을 붙일 수 있다.
		(4) 바닥타일붙이기	① 작업지시서에 따라 타일을 바닥붙임모르타르 위에 올려놓고 고무망치로 두들겨 평평하게 할 수 있다. ② 작업지시서에 따라 타일붙임면적이 클 때 규준타일을 먼저 붙여 이에 따라 붙여나갈 수 있다. ③ 바닥의 모서리 구석과 기타 부분의 물매에 유의하며 줄눈을 맞추어 평탄하게 붙일 수 있다. ④ 작업지시서에 따라 접착붙이기의 경우 흙손으로 평탄하게 바르고 빗흙손을 사용해서 필요한 높이로 고를 수 있다. ⑤ 작업지시서에 따라 접착붙이기의 경우 건조경화형의 접착제는 주어진 경화시간에 유의해서 타일을 붙일 수 있다.

실기과목명	주요항목	세부항목	세세항목
		(5) 줄눈넣기	① 작업지시서에 따라 타일면과 줄눈의 여분 모르타르 이물질을 제거·청소할 수 있다. ② 작업지시서에 따라 줄눈부위를 습윤상태로 유지할 수 있다. ③ 작업지시서에 따라 줄눈 흙손으로 줄눈부분에 줄눈재를 눌러 채울 수 있다. ④ 작업지시서에 따라 타일면에 붙은 여분의 재료를 부드러운 브러시로 털어낼 수 있다. ⑤ 작업지시서에 따라 마른걸레, 스펀지로 타일면에 시멘트자국이 남지 않도록 닦아낼 수 있다.
	14. 석재타일 붙임	(1) 습식붙이기	① 설계도서에 따라 분할기준점의 기준이 되는 점을 인식하고 석재타일을 설치할 수 있다. ② 설계도서에 따라 모르타르배합비율을 맞추어 접착력을 증대시킬 수 있다. ③ 석재타일 하중을 고려하여 일일붙임높이를 확인할 수 있다. ④ 설계도서에 따라 석재타일 표면의 오염된 부위를 줄눈파기를 할 수 있다. ⑤ 설계도서에 따라 수평자나 기준실과 같은 것으로 수평 정도를 확인할 수 있다.
		(2) 건식붙이기	① 설계도서에 따라 측량기를 이용하여 벽면 기준선에 먹매김을 하고 드릴로 구멍을 뚫어 앵커를 설치할 수 있다. ② 설계도서에 따라 석재타일을 기준실·수평기를 이용하여 수직, 수평을 확인하고 설치할 수 있다. ③ 설계도서에 따라 설치한 앵커를 완전하게 조이고 앵커면과 석재타일을 고정하는 핀 사이에 충전재로 고정할 수 있다. ④ 설계도서에 따라 인접한 석재타일과의 사이에 줄눈두께의 쐐기를 끼울 수 있다.
		(3) 줄눈넣기	① 설계도서에 따라 줄눈용 자재를 준비할 수 있다.

실기과목명	주요항목	세부항목	세세항목
			② 설계도서에 따라 줄눈재를 채워 넣을 수 있다.
			③ 설계도서에 따라 석재타일 오염을 방지하기 위해 코킹재가 묻어나지 않도록 테이프를 붙일 수 있다.
			④ 설계도서에 따라 테이프를 제거하고 석재타일 면을 청소할 수 있다.
	15. 검사보수	(1) 품질기준 확인하기	① 설계도서에 따라 입고된 자재의 외관 · 규격을 검사하여 품질기준에 미달한 자재를 선별할 수 있다.
			② 설계도서에 따라 입고된 접착제, 시멘트, 기성배합모르타르, 앵커세트 부자재의 품질을 확인할 수 있다.
			③ 설계도서에 따라 붙임 후 시방서기준에 의거하여 접착력을 시험할 수 있으며 시험결과를 판정할 수 있다.
			④ 설계도서에 따라 석재 · 타일시공의 줄눈 간격 적정 여부를 확인할 수 있다.
		(2) 시공품질 확인하기	① 설계도서에 따라 측정기를 이용하여 석재 · 타일이 수직 · 수평하게 시공되었는지 확인할 수 있다.
			② 설계도서에 따라 타일에 줄눈이 품질 기준에 맞게 시공되었는지 확인할 수 있다.
			③ 설계도서에 따라 붙임모르타르가 경화된 후 검사봉으로 타일표면을 두들겨 부착상태를 검사할 수 있다.
			④ 설계도서에 따라 들뜸, 균열 등 하자에 대한 소리와 울림으로 확인할 수 있다.
			⑤ 설계도서에 따라 모르타르줄눈시공 후 충전성을 확인할 수 있다.
		(3) 보수하기	① 설계도서에 따라 주위의 타 자재가 파손되지 않도록 보수할 수 있다.
			② 설계도서에 따라 분진 · 소음을 방지할 수 있다.

실기과목명	주요항목	세부항목	세세항목
			③ 하자에 따른 보수계획을 수립할 수 있다.
			④ 설계도서에 따라 동일자재수급계획을 수립할 수 있다.
			⑤ 설계도서에 따라 바탕면의 기능을 확보할 수 있다.
	16. 청소 보양	(1) 청소하기	① 재료의 성질에 따라서 청소방법을 선택할 수 있다.
			② 작업지시서에 따라 계면활성제·중성세제를 사용하여 타일 면을 청소할 수 있다.
			③ 작업지시서에 따라 재료나 철물류가 오염되지 않도록 보양할 수 있다.
			④ 작업지시서에 따라 마감면이 건조하기 전에 물을 뿌려 씻어낼 수 있다.
			⑤ 작업지시서에 따라 보양을 하기 전에 이물질을 제거할 수 있다.
		(2) 보양방법계획하기	① 재료의 성질에 따라 보양방법·재료를 준비할 수 있다.
			② 작업지시서에 따라 주변기구에 보호재를 사용하여 부식·오염을 방지할 수 있다.
			③ 작업지시서에 따라 모서리, 돌출부에 필요한 보호재를 준비할 수 있다.
			④ 작업지시서에 따라 보양재의 파손 여부를 점검할 수 있다.
		(3) 보양하기	① 작업지시서에 따라 바닥보행용 보양재를 바닥에 설치할 수 있다.
			② 작업지시서에 따라 난방기를 이용하여 실내온도를 유지할 수 있다.
			③ 작업지시서에 따라 보호용 피막을 이용하여 보양할 수 있다.
			④ 시방서에 따라 지정한 기간 동안 보양할 수 있다.

차 례

PART 01 필답형 문제풀이

PART 02 작업형 실습이해

Chapter 02. 미장 공사

Chapter 03. 타일 공사

부 록   필답형 최근 과년도 출제문제

PART 1 필답형 문제풀이

Ⅰ. 가설 공사

001

실내건축재료의 선정 및 요구 성능의 일반사항을 기술하시오.

> ✓ **정답 및 해설** 실내건축재료의 선정 및 요구 성능

㉠ 재료의 선정

재료의 선정에는 건축물의 종류, 용도 등의 조건, 건축재료의 조건(요구 성능의 조건), 시공성 및 작업성의 조건, 외형적인 조건(색채, 질감, 형태 등) 등이 있다.

㉡ 재료의 요구 성능

역학적 성능, 물리적 성능, 내구 성능, 화학적 성능, 방화·내화 성능, 감각적 성능 및 생산 성능 등이 있다.

002

가설 공사 항목 중 공통 가설과 직접 가설 항목을 [보기]에서 골라 기호로 쓰시오.

보기

㉮ 가설 건물   ㉯ 규준틀   ㉰ 용수설비   ㉱ 공사용 동력
㉲ 방호선반   ㉳ 먹매김   ㉴ 운반   ㉵ 콘크리트 양생

① 공통 가설 :
② 직접 가설 :

> ✓ **정답 및 해설** 공통 가설과 직접 가설

㉠ **공통(간접) 가설 공사** : 공사 전반에 공통된 것으로 공사에 관한 간접적인 역할을 하는 것으로서 가설 울타리, 가설 운반로, 가설 건물, 조사 및 시험, 동력, 전등설비, 용수설비, 운반, 기계기구설비, 주변 매설물, 인접 건축물의 보양 및 보상 등을 말한다.

㉡ **직접 가설 공사** : 공사에 직접적으로 활용되는 가설물로서 대지 측량과 정리, 수평 규준틀, 비계(비계 발판, 비계다리, 비계 등), 먹매김, 건축물 보양, 보호막 설치, 낙하물 방지막 및 건축물의 현장 정리 등을 말한다.

① 공통 가설 공사 : ㉮(가설 건물), ㉰(용수설비), ㉱(공사용 동력), ㉴(운반)
② 직접 가설 공사 : ㉯(규준틀), ㉲(방호선반), ㉳(먹매김), ㉵(콘크리트 양생)

003

다음 [보기]에서 직접 가설비와 간접 가설비를 구분하여 기호로 쓰시오.

보기

㉮ 양중 · 하역설비 　　㉯ 숙소 　　㉰ 급 · 배수설비
㉱ 운반설비 　　㉲ 현장사무소 　　㉳ 공사용 전기설비
㉴ 안전설비 　　㉵ 기자재 창고

① 직접 가설비 :
② 간접 가설비 :

✔ **정답 및 해설**

① 직접 가설비 : ㉮(양중 · 하역설비), ㉱(운반설비)
② 간접 가설비 : ㉯(숙소), ㉰(급 · 배수설비), ㉲(현장사무소), ㉳(공사용 전기설비), ㉴(안전설비), ㉵(기자재 창고)

004

다음 ( ) 안의 물음에 해당되는 답을 쓰시오.

(1) 가설 공사 중에서 강관비계 기둥의 간격은 (①)m이고, 간사이 방향으로 (②)m로 한다.
(2) 가새의 수평 간격은 (③)m 내외로 하고, 각도는 (④)°로 걸쳐 대고 비계 기둥에 결속한다.
(3) 띠장의 간격은 (⑤)m 내외로 하고, 지상 제1띠장은 (⑥)m 이하의 위치에 설치한다.

✔ **정답 및 해설** 가설 공사

① 1.5~1.8, ② 0.9~1.5, ③ 14, ④ 45, ⑤ 1.5, ⑥ 2

005

가설 설비계획의 입안 시 유의해야 할 사항을 3가지 쓰시오.

✔ 정답 및 해설 가설 공사

가설 공사는 공사 목적물의 완성을 위한 임시 설비로서 본 공사를 능률적으로 실시하기 위해 필요한 가설적인 제반 시설 및 수단을 말하고, 공사가 완료되면 해체, 철거, 정리되는 임시적으로 행해지는 공사로서 계획 시 유의사항은 다음과 같다.

① 본 공사에 지장을 주지 않도록 설치 위치를 설정할 것
② 본 공사의 공정과 맞추어 가설물의 설치 시기를 조정할 것
③ 가설 설비의 규모가 적정하도록 할 것
④ 가설 설비의 조립, 해체가 용이할 것
⑤ 반복 사용으로 전용성을 높일 것

006

직접 가설 공사 항목 중 낙하물에 대한 위험방지물이나 방지시설을 3가지 쓰시오.

✔ 정답 및 해설 용어 설명

① 방호시트
　㉮ 재료의 인장강도와 신율의 곱이 500kg·mm 이상의 것을 사용하고, 난연 처리를 한 것이어야 한다.
　㉯ 방호시트 둘레 및 네 모서리와 잡아매는 구멍에는 천을 대거나 그 밖의 방법으로 보강한다.
　㉰ 구조체에 45cm 이하의 간격으로 틈새가 없도록 설치하고, 시트 상호 간에 틈새가 없도록 겹친다.
② 방호선반
　㉮ 시공하는 부분의 높이가 20m 이하인 경우에는 1단 이상, 20m 이상인 경우에는 2단 이상 설치한다.
　㉯ 방호선반의 내민 길이는 비계 발판 외측에서 3m 이상으로 하고, 수평면과 선반이 이루는 각도는 20°~30°로 한다.
③ 방호철망
　철망은 호칭 #13~#16의 것을 사용하고, 아연 도금한 철선으로 지름 0.9mm 이상의 것을 사용하여야 하며, 이음부는 15cm 이상 겹쳐대고 60cm 이내의 간격으로 긴결하여 틈이 생기지 않도록 한다.
① 방호시트, ② 방호선반, ③ 방호철망

007

시멘트를 창고에 저장 시 바닥에 접한 면에서 떨어지게 하여 시멘트를 저장하는 목적, 구조 및 재료를 각각 구분하여 간략하게 서술하시오.

✔ 정답 및 해설 시멘트를 바닥에 접한 면에서 떨어지게 저장하는 목적, 구조 및 재료

① 목적 : 시멘트의 풍화를 방지하기 위한 방습을 목적으로 한다.

② 구조

    ㉮ 바닥 : 마루널 위에 루핑, 철판 깔기 등이고, 지면으로부터 30cm 이상 높이에 설치

    ㉯ 지붕 및 외벽 등 : 비가 새지 않는 구조로서 골함석, 골슬레이트 붙임 등

③ 재료 : 루핑, 철판 등

008

시멘트의 창고 저장 시 저장 및 관리 방법에 관한 내용이다. ( ) 안을 채우시오.

① 시멘트 저장 시 창고는 방습적이어야 하고 바닥에서 ( )cm 이상 떨어져 쌓아야 한다.

② 단시일 사용분 이외의 것을 ( )포대 이상을 쌓아서는 안 된다.

✔ 정답 및 해설 시멘트의 창고 저장 시 저장 및 관리 방법

① 30, ② 13

009

시멘트 창고의 관리 방법을 쓰시오.

✔ 정답 및 해설 시멘트 창고의 구조 기준

구분		A종	B종
구조	바닥	마루널 위 철판깔기	마루널
	주위벽	골함석 또는 골슬레이트 붙임	널판이나 골함석 또는 골슬레이트 붙임
	지붕	골함석 또는 골슬레이트 이음	루핑, 기타 비가 새지 않는 것
비고		① 주위에 배수 도랑을 두고 우수침입을 방지한다. ② 바닥은 지반에서 30cm 이상의 높이로 한다. ③ 필요한 출입구 및 채광창 외에 공기 유통을 막기 위하여 될 수 있는 대로 개구부를 설치하지 아니한다.		

① 벽과 지붕 및 천장은 통풍이 안되도록 기밀하게 하고, 창은 채광을 목적으로 한다.

② 바닥은 습기를 없게 하고, 마루 높이는 지면에서 30cm 이상 높히며, 창고의 주위에는 배수 도랑을 두어 우수의 침입을 방지한다.

③ 반입구와 반출구를 따로 두어 먼저 쌓은 것부터 사용하고, 시멘트 쌓기의 높이는 13포대를 기준으로 하며, 마루 면적 1m²에 약 50포대를 적재한다.

010

다음은 어느 현장의 사용장비들의 소비전력을 제시하고 변전소 면적과 하루 10시간 사용 기준으로 한달 전기 사용량을 묻는 문제이다. [보기]를 이용하여 다음을 구하시오.

보기

A장비 20HP 10개, 130W 전등 10개, B장비 5HP 2개

① 동력소 면적 :
② 1개월 소요 전력량 :

✓ 정답 및 해설 동력소의 면적 및 소요 전력량

① 동력소의 면적 $=3.3\sqrt{kWh}$ 이고, 1Hp $=0.746$kW이다.

그런데, 총전력량 $=(20\times10\times0.746)+(0.13\times10)+(5\times2\times0.746)=157.96$kWh

그러므로, 동력소의 면적 $=3.3\sqrt{kWh}=3.3\sqrt{157.96}=41.475$m²

② 1개월의 소요 전력량 $=157.96$kWh$\times10$시간$\times30$일$=47,388$kWh

---

011

건축 공사에서 기준점(bench mark)의 정의 및 설치 위치를 설정함에 있어 고려하여야 할 주의사항을 쓰시오.

✓ 정답 및 해설 기준점(표고 ; bench mark)

① 정의 : 공사 중의 높이의 기준을 삼고자 설정하는 것으로 일반적으로 설계 시 건축물의 지반선은 현지에 지정하거나, 입찰 전 현장 설명 시에 지정한다.

② 설치 위치 설정 시 고려하여야 할 사항

㉮ 바라보기 좋고 공사에 지장이 없는 곳에 설정한다.

㉯ 공사기간 중에 이동될 우려가 없는 인근 건축물, 벽돌담 등을 이용한다.

㉰ 이동 또는 기타 관계로 소멸될 것을 고려하여 건축물의 각 부에서 알아보기 쉽도록 2개소 이상 여러 곳에 표시하여 둔다.

㉑ 대지 주위에 적당한 물체가 없을 때에는 공사에 지장이 없고 건축물의 지표가 될 수 있는 곳에 기준점을 따로 설치한다.

㉮ 10~15cm 각 정도의 나무, 돌, 콘크리트제로 하여 침하 또는 이동이 없게 깊이 매설하고, 주위에 보양 울타리를 만들어 보호한다.

㉯ 지정 지반면에서 0.5~1.0m 위에 두고 그 높이를 기준표 밑에, 또한 현장 기록부에 기록하여 둔다.

012

세로 규준틀에 기입해야 할 사항을 4가지 쓰시오.

✔ 정답 및 해설 세로 규준틀

조적공사(벽돌, 블록, 돌공사)에 있어서 고저 및 수직면의 규준으로 세로 규준틀을 설치하며, 세로 규준틀은 뒤틀리거나 휠 우려가 없는 곧은 9cm 각 정도의 각재를 대패질하여 벽돌, 블록의 매 켜마다 줄눈을 먹으로 표시하고, 나무 벽돌, 볼트, 창문틀의 위치, 기타 관계 사항을 기입하며, 수평 규준틀에 맞추어 고저를 명확히 하여 가새, 버팀대, 말뚝 등으로 견고히 설치한다.

① 줄눈의 위치, ② 나무 벽돌의 위치, ③ 볼트의 위치, ④ 창문틀의 위치

013

조적 공사에서 시공 시 기준이 되는 세로 규준틀의 설치 위치 1개소와 기입사항 2가지를 쓰시오.

① 설치 위치 :

② 기입사항 :

✔ 정답 및 해설

① 설치 위치 : 수평 규준틀 중 귀규준틀은 건축물의 벽의 모서리와 교차부에 설치하고, 평규준틀은 벽체의 중간부에 설치한다.

② 기입사항 : 줄눈의 위치, 나무 벽돌의 위치, 볼트의 위치 및 창문틀의 위치 등

014 가설 공사의 수평 규준틀 설치 목적을 2가지 적으시오.

①
②

✔ 정답 및 해설 **수평 규준틀의 설치 목적**

① 건축물의 각 부 위치와 높이를 정확히 결정하기 위함이다.
② 건축물의 기초의 너비와 길이 등을 정확히 결정하기 위함이다.

015 재료에 대한 비계의 종류를 나열하시오.

✔ 정답 및 해설 **재료에 대한 비계의 종류**

① 통나무비계, ② 강관틀비계, ③ 강관파이프비계

016 건축 공사용 비계의 종류 5가지를 쓰시오.

✔ 정답 및 해설 **건축 공사용 비계의 종류**

① 외줄비계, ② 쌍줄비계, ③ 틀비계, ④ 달비계, ⑤ 말비계(발돋음)

017 공사 규모에 따른 외부 비계의 종류 3가지를 쓰시오.

✔ 정답 및 해설 **외부 비계의 종류**

① 외줄비계, ② 쌍줄비계, ③ 겹비계

018

다음의 비계와 용도가 서로 관련 있는 것끼리 번호로 연결하시오.

① 외줄비계   ㉮ 고층 건물의 외벽에 중량의 마감 공사
② 쌍줄비계   ㉯ 설치가 비교적 간단하고 외부 공사에 이용
③ 틀비계   ㉰ 45m 이하의 높이로 현장조립이 용이
④ 달비계   ㉱ 외벽의 청소 및 마감 공사에 많이 이용
⑤ 말비계(발돋음)   ㉲ 내부 천장 공사에 많이 이용
⑥ 수평비계   ㉳ 이동이 용이하며 높지 않은 간단한 내부 공사

✔ **정답 및 해설** 비계의 용도

① - ㉯, ② - ㉮, ③ - ㉰
④ - ㉱, ⑤ - ㉳, ⑥ - ㉲

019

비계의 용도에 대하여 3가지를 쓰시오.

✔ **정답 및 해설** 비계의 용도

① 본 공사의 원활한 작업과 작업의 용이
② 각종 재료의 운반
③ 작업자의 작업 통로

020

다음은 비계에 관한 설명이다. 알맞은 용어를 쓰시오.

① 두 개의 기둥을 세우고 두 개의 띠장을 댄 비계
② 하나의 기둥에 두 개의 띠장을 댄 비계
③ 건물에 고정된 돌출보 등에서 밧줄로 매달은 비계
④ 두 개의 같은 모양의 사다리를 상부에서 핀으로 결합시켜 개폐시킬 수 있도록 하여 발판 역할을 하도록 만든 비계

✔ **정답 및 해설** 비계의 명칭

① 쌍줄비계, ② 겹비계, ③ 달비계, ④ 안장비계

021

다음 [보기]에서 설명하는 비계 명칭을 쓰시오.

보기

① 건물 구조체가 완성된 다음 외부 수리 등에 쓰이며, 구조체에서 형강재를 내밀어 로프로 작업대를 고정한 비계 : (   )
② 도장 공사, 기타 간단한 작업을 할 때 건물 외부에 한 줄 기둥을 세우고 멍에를 기둥 안팎에 매어 발판 없이 발 디딤을 할 수 있는 비계 : (   )
③ 철관을 미리 사다리 또는 우물 정자 모양으로 만들어 현장에서 짜 맞추는 비계 : (   )

✔ 정답 및 해설 **비계의 명칭**

① 달비계, ② 겹비계, ③ 강관틀비계

022

다음 (   ) 안에 알맞은 말을 쓰시오.

① 가설 공사 중에서 강관비계기둥의 간격은 띠장 방향으로 (㉮)이고 간사이 방향으로 (㉯)로 한다.
② 가새의 수평 간격은 (㉰) 내외로 하고 각도는 (㉱)로 걸쳐대고 비계기둥에 결속한다.
③ 띠장의 간격은 (㉲) 내외로 하고 지상 제1띠장은 지상에서 (㉳) 이하의 위치에 설치한다.

✔ 정답 및 해설

㉮ 1.5~1.8m, ㉯ 0.9~1.5m, ㉰ 14m, ㉱ 45°, ㉲ 1.5m, ㉳ 2m

023

다음 그림과 같은 통나무비계의 명칭을 쓰시오.

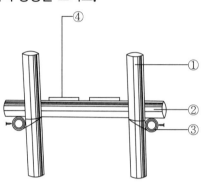

✔ 정답 및 해설 **통나무비계의 명칭**

① 비계기둥, ② 장선, ③ 띠장, ④ 비계발판

024

다음은 통나무비계에 관한 설명이다. ( ) 안에 알맞은 말을 쓰시오.

비계의 재료에 따른 분류 중 통나무비계의 가새는 (①) 방향으로 설치하고, 간격은 수평거리 (②)m 내외, 벽체와의 연결 간격은 수평 (③)m, 수직 (④)m 이내로 한다.

✔ 정답 및 해설 **통나무비계**

① 45°, ② 14, ③ 7.5, ④ 5.5

025

다음은 통나무비계에 관한 설명이다. ( ) 안에 알맞은 말을 쓰시오.

비계용 통나무는 길이 (①)mm, 끝마구리 지름은 (②)cm 정도로 썩음, 갈램 및 굽지 않은 (③) 등을 사용하며 결속선은 (④)을 사용한다.

✔ 정답 및 해설

① 7,200, ② 3.5, ③ 낙엽송, 삼나무, ④ 아연도금철선 #8~10

026

가설 공사 중 통나무비계에 관한 시공 순서를 [보기]에서 골라 번호를 쓰시오.

보기

① 장선   ② 비계기둥   ③ 발판
④ 가새 및 버팀대   ⑤ 띠장

✔ 정답 및 해설 통나무비계의 시공 순서

통나무비계의 시공 순서는 비계기둥 → 띠장 → 가새 및 버팀대 → 장선 → 발판의 순이다.
즉, ② → ⑤ → ④ → ① → ③의 순이다.

027

파이프비계에 있어서 ( ) 안에 알맞은 용어를 써넣으시오.

파이프비계에서 그 부속품 중에서 베이스는 (①), (②)가 있고 파이프비계의 종류
에는 (③), (④)가 있다.

✔ 정답 및 해설 파이프비계

① 고정형, ② 조절형, ③ 강관파이프비계, ④ 강관틀비계

028

가설 공사 중 단관파이프로 외부 쌍줄비계를 설치하고자 한다. 일반적인 공사 순서를 [보기]에
서 골라 번호를 나열하시오.

보기

① Base plate 설치   ② 비계기둥 설치
③ 장선 설치   ④ 바닥 고르기
⑤ 소요자재의 현장 반입   ⑥ 띠장 설치

✔ 정답 및 해설 외부 쌍줄비계의 공사 순서

소요자재의 현장 반입 → 바닥 고르기 → 베이스 플레이트 설치 → 비계기둥의 설치 → 띠장의 설치 →
장선 설치의 순이다.
즉, ⑤ → ④ → ① → ② → ⑥ → ③의 순이다.

029

파이프비계의 연결철물 종류 3가지를 쓰시오.

✔ **정답 및 해설** **파이프비계의 연결철물**

① 마찰형, ② 전단형, ③ 조임형

030

다음은 강관파이프비계의 설치에 관한 설명이다. 빈칸에 알맞은 용어를 쓰시오.

- (①) : 간격은 간사이 방향 0.9~1.5m, 도리방향 1.5~1.8m, 최상단으로부터 31m 를 넘는 부분의 기둥은 2개의 강관으로 겹쳐 세운다.
- (②) : 간격은 1.5m 이내로 하여 띠장에 결속시킨다.
- (③) : 수평 간격은 14m 내외, 각도 40~60°로 결속시킨다.
- (④) : 제1띠장은 2m, 그 윗부분은 1.5m 이내 간격으로 배치한다.

✔ **정답 및 해설**

① 비계기둥, ② 장선, ③ 가새, ④ 띠장

031

강관비계를 수직 · 수평 · 경사 방향으로 연결 또는 이음 고정시킬 때 사용하는 부속철물의 명칭을 3가지 쓰시오.

✔ **정답 및 해설** **강관비계의 부속철물**

㉠ **연결철물(일자형 이음관)** : 강관의 직선 연결에 사용하는 철물로서 마찰형과 전단형 등이 있다.

㉡ **결속철물(수직, 수평관 맞춤관)** : 강관의 이음과 맞춤에 사용하는 결속용 철물로 직교형과 자재형 등이 있다.

㉢ **클램프(고정형 및 자재형)**

㉣ **받침철물(베이스 철물)** : 침하(내려감)나 미끄러짐을 방지하는 받침용 철물로 두께 6mm 이상, 면적 144cm^2 이상, 일변의 길이 12cm 이상인 철판이다.

① 연결철물(일자형 이음관)

② 결속철물(수직, 수평관 맞춤관)

③ 클램프(고정형 및 자재형)

032 강관파이프비계의 연결철물 종류와 기둥 하단 설치 철물을 쓰시오.

① 연결철물 종류 :

② 기둥 하단 설치 철물 :

✔ **정답 및 해설** 강관파이프비계의 철물

① 연결철물의 종류 : 커플러, 가새 등

② 기둥 하단의 설치 철물 : 조절형, 고정형 등

033 파이프비계에 있어서 이음 철물 종류 2가지와 베이스 종류 2가지를 쓰시오.

✔ **정답 및 해설** 파이프비계의 이음 및 베이스 철물

① 이음 철물 : 커플러, 가새 등

② 베이스 철물 : 조절형, 고정형 등

034 강관비계 설치 시 필요한 부속 철물 종류 3가지만 쓰시오.

✔ **정답 및 해설** 강관비계의 철물

강관틀 비계의 주요 구성 철물과 부속 철물을 나눈다면, 주요 구성 철물에는 수평틀(수평 연결대), 수직틀(단위틀), 교차 가새 등으로 볼 수 있고, 이에 따르는 부속철물이라고 하면, 베이스, 커플링(연결칠물), 이음철물 등으로 나눌 수 있다.

① 베이스, ② 커플링(연결철물), ③ 이음철물

035 강관틀비계의 설치에 관한 다음 설명 중 ( ) 안에 적합한 숫자를 적으시오.

"세로틀은 수직 방향 (①)m, 수평 방향 (②)m 내외의 간격으로 건축물의 구조체에 견고하게 긴결해야 하며, 높이는 원칙적으로 (③)m를 초과할 수 없다."

✔ **정답 및 해설**

① 6, ② 8, ③ 45

036

실제 시공에서 간단히 조립할 수 있는 강관틀비계의 중요 부품을 3가지만 쓰시오.

✔ **정답 및 해설** 강관틀비계의 중요 부품

① 수평틀(수평연결대), ② 수직틀(단위틀), ③ 교차 가새 등

037

달비계(Hanging scaffolding)에 대하여 설명하시오.

✔ **정답 및 해설** 달비계(Hanging scaffolding)

달비계는 높은 곳에서 실시되는 철골의 접합 작업, 철근의 조립, 도장 및 미장 작업 등에 사용되는 것으로, 와이어로프를 매단 권양기에 의해 상하로 이동하는 비계이다.

038

다음은 비계다리에 대한 설명이다. 괄호 안에 적당한 숫자를 쓰시오.

가설 공사의 비계다리는 너비 (①)cm 이상으로 하고, 참의 높이는 (②)m 이하로 하며, 높이 (③)cm의 손스침을 설치한다. 또한, 경사도는 (④)° 이하로 한다.

✔ **정답 및 해설** 비계다리

① 90, ② 7, ③ 75, ④ 30

039

소운반에 관한 내용이다. 빈칸을 채우시오.

건설공사 표준품셈의 품에서 규정된 소운반이라 함은 (①)m 이내를 말하며 소운반이 포함된 품에 있어서 소운반 거리가 (②)m를 초과할 경우에는 초과분에 대하여 이를 별도 계상하며, 경사면의 소운반 거리는 직고 1m를 수평거리 (③)m의 비율로 본다.

✔ **정답 및 해설**

① 20, ② 20, ③ 6

040

다음은 가설 공사에 대한 용어이다. 이 용어에 대한 설명을 쓰시오.

① 기준점 :
② 방호선반 :

✔ **정답 및 해설**

① 기준점 : 건축 공사 중 높이의 기준을 삼고자 설정하는 것으로 이동할 염려가 없는 곳에 설치한다.
② 방호선반 : 공사 현장에서 낙하물에 의한 위험 요소, 즉 주출입구, 리프트 출입구 상부 등에 설치하여 낙하물에 의한 피해를 방지하는 선반이다.

041

가설 공사에 사용되는 다음 용어를 설명하시오.

① 달비계 :
② 커플링(coupling) :

✔ **정답 및 해설** 용어 설명

① 달비계 : 달비계는 높은 곳에서 실시되는 철골의 접합 작업, 철근의 조립, 도장 및 미장 작업 등에 사용되는 비계로서 와이어로프를 매단 권양기에 의해 상하로 이동하는 비계이다.
② 커플링 : 단관파이프비계 설치 시 비계기둥, 띠장, 가새 등을 연결할 때 사용하는 강관비계의 부속철물(강관비계의 연결철물)이다.

042

평판 측량과 레벨 측량의 기구를 [보기]에서 각각 골라 기호를 쓰시오.

보기

| ㉮ 엘리데이드 | ㉯ 평판 | ㉰ 다림추 | ㉱ 구심기 |
| ㉲ 자침기 | ㉳ 스태프(staff) | ㉴ 레벨 | |

① 평판 측량 :
② 레벨 측량 :

✅ **정답 및 해설**

① 평판 측량 : ㉮(엘리데이드), ㉯(평판), ㉰(다림추), ㉱(구심기), ㉲(자침기)

② 레벨 측량 : ㉳(스태프), ㉴(레벨)

Ⅱ. 조적 공사

001

벽돌쌓기 규격에 관한 내용이다. 빈칸에 알맞은 내용을 쓰시오.

구분	길이	마구리	높이
기존형 벽돌	(①)	(②)	(③)
표준형 벽돌	(④)	(⑤)	(⑥)
내화벽돌	(⑦)	(⑧)	(⑨)

✅ **정답 및 해설** 벽돌쌓기의 재료량

① 210mm, ② 100mm, ③ 60mm, ④ 190mm, ⑤ 90mm, ⑥ 57mm, ⑦ 230mm, ⑧ 114mm, ⑨ 65mm

002

시멘트벽돌의 압축강도 시험 결과 벽돌이 142kN, 140kN, 138kN에서 파괴되었다. 이때 시멘트벽돌의 평균 압축강도를 구하시오. (단, 벽돌의 단면적은 190×90mm)

✅ **정답 및 해설** 시멘트벽돌의 압축강도 시험

① $\sigma_1 = \dfrac{압축강도}{단면적} = \dfrac{142,000}{190 \times 90} = 8.30\text{N/mm}^2 = 8.3\text{MPa}$

② $\sigma_2 = \dfrac{압축강도}{단면적} = \dfrac{140,000}{190 \times 90} = 8.19\text{N/mm}^2 = 8.19\text{MPa}$

③ $\sigma_3 = \dfrac{압축강도}{단면적} = \dfrac{138,000}{190 \times 90} = 8.07\text{N/mm}^2 = 8.07\text{MPa}$

그러므로, ①, ② 및 ③에 의해서

벽돌의 평균 압축강도$(\sigma) = \dfrac{\sigma_1 + \sigma_2 + \sigma_3}{3} = \dfrac{8.3 + 8.19 + 8.07}{3} = 8.19\text{N/mm}^2 = 8.19\text{MPa}$이다.

003

다음 벽돌벽에 홈파기에서 ( ) 안에 알맞은 숫자를 쓰시오.

가로 홈의 깊이는 벽 두께의 (①) 이하로 하며, 가로 홈의 길이는 (②)m 이하로
한다. 세로 홈의 길이는 층높이의 (③) 이하로 하며, 깊이는 벽 두께의 (④) 이하
로 한다.

✓ 정답 및 해설 벽돌벽 홈파기

① $\frac{1}{3}$, ② 3, ③ $\frac{3}{4}$, ④ $\frac{1}{3}$

004

외벽이 1.0B, 내벽이 0.5B, 단열재가 50mm일 때 벽체의 총 두께는 얼마인가?

✓ 정답 및 해설 벽돌벽의 두께

벽돌벽의 두께＝1.0B＋50mm＋0.5B＝190mm＋50mm＋90mm＝330mm이다.

005

다음 벽돌쌓기면에서 보이는 모양에 따라 붙여지는 쌓기명을 쓰시오.

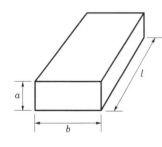
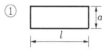

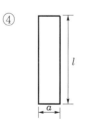

✓ 정답 및 해설

① 길이쌓기, ② 마구리쌓기, ③ 옆세워쌓기, ④ 길이세워쌓기

006

다음 벽돌 구조에서 벽돌의 마름질 토막의 명칭을 쓰시오.

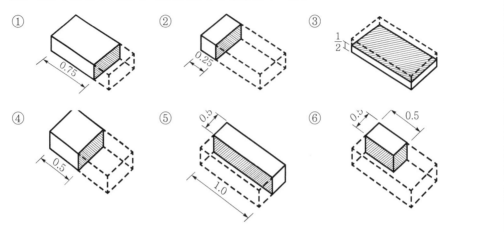

✔ 정답 및 해설

① 칠오토막, ② 이오토막, ③ 반격지, ④ 반토막, ⑤ 반절, ⑥ 반반절

007

벽돌쌓기 형식을 4가지 쓰시오.

✔ 정답 및 해설 **벽돌쌓기 형식**

① 영식 쌓기, ② 네덜란드(화란)식 쌓기, ③ 불식 쌓기, ④ 미식 쌓기

008

다음은 벽돌쌓기에 관한 설명이다. 괄호 안에 알맞은 용어를 쓰시오.

한 켜는 마구리 다음 켜는 길이쌓기로 하고 모서리 끝에 이오토막을 쓰는 것을 영식 쌓기라 하며, 영식 쌓기와 같고 모서리 벽에 칠오토막을 쓰는 것을 (①)라 하고, 매 켜에 길이쌓기와 마구리쌓기를 번갈아 쓰는 것을 (②)라 한다.

✔ 정답 및 해설

① 네덜란드(화란)식 쌓기, ② 불(프랑스)식 쌓기

009

벽돌의 쌓기법에 대한 설명이다. 해당하는 답을 써넣으시오.

① 마구리쌓기와 길이쌓기를 번갈아 쌓으며, 이오토막과 반절을 이용 : (　　)
② 길이쌓기 5단, 마구리쌓기 1단 : (　　)
③ 한 켜에 마구리쌓기와 길이쌓기를 동시에 사용 : (　　)
④ 마구리쌓기와 길이쌓기를 번갈아 쌓으며, 칠오토막을 이용하는 가장 일반적인 방법
　: (　　)

✔ **정답 및 해설** 벽돌쌓기 방법

① 영식 쌓기, ② 미식 쌓기, ③ 불식 쌓기, ④ 네덜란드(화란)식 쌓기

010

벽돌쌓기의 종류(형식) 4가지를 쓰시오.

✔ **정답 및 해설** 벽돌쌓기의 종류(형식)

① 영식 쌓기, ② 화란식(네덜란드) 쌓기, ③ 불식(프랑스) 쌓기, ④ 미식 쌓기

011

다음 벽돌쌓기법에 대하여 설명하시오.

① 영식 쌓기 :
② 화란식 쌓기 :

✔ **정답 및 해설** 벽돌쌓기 방법

① 영식 쌓기 : 서로 다른 아래·위 켜(입면상으로 한 켜는 마구리쌓기, 다음 한 켜는 길이쌓기로 번갈아)로 쌓고, 통줄눈이 생기지 않으며 내력벽을 만들 때에 많이 이용되는 벽돌쌓기법이다. 특히, 모서리 부분에 반절, 이오토막 벽돌을 사용하며 통줄눈이 생기지 않게 하려면 반절을 사용하여야 한다. 가장 튼튼한 쌓기 방법이다.
② 화란(네덜란드)식 쌓기 : 한 면의 모서리 또는 끝에 칠오토막을 써서 길이쌓기의 켜를 한 다음에 마구리쌓기를 하여 마무리하고 다른 면은 영국식 쌓기로 하는 방식으로, 영식 쌓기 못지않게 튼튼하다.

012

일반적인 벽돌쌓기의 순서를 [보기]에서 골라 기호로 쓰시오.

보기

① 기준쌓기　② 물축이기　③ 보양　④ 벽돌 나누기
⑤ 벽돌면 청소　⑥ 줄눈 파기　⑦ 중간부 쌓기　⑧ 치장줄눈
⑨ 줄눈 누르기　⑩ 세로 규준틀 설치　⑪ 모르타르 건비빔

✔ 정답 및 해설

⑤(벽돌면 청소) → ②(물축이기) → ⑪(모르타르 건비빔) → ⑩(세로 규준틀 설치) → ④(벽돌 나누기) → ①(기준쌓기) → ⑦(중간부 쌓기) → ⑨(줄눈 누르기) → ⑥(줄눈 파기) → ⑧(치장줄눈) → ③(보양)

013

세로 규준틀이 설치되어 있는 벽돌조 건축물의 벽돌쌓기 순서를 [보기]에서 골라 번호를 쓰시오.

보기

① 규준쌓기　② 벽돌물축이기　③ 보양
④ 벽돌 나누기　⑤ 재료 건비빔　⑥ 벽돌면(접착면) 청소
⑦ 줄눈 파기　⑧ 중간부 쌓기　⑨ 치장줄눈
⑩ 줄눈 누름

✔ 정답 및 해설

⑥[벽돌면(접착면) 청소] → ②(벽돌물축이기) → ⑤(재료 건비빔) → ④(벽돌 나누기) → ①(규준쌓기) → ⑧(중간부 쌓기) → ⑩(줄눈 누름) → ⑦(줄눈 파기) → ⑨(치장줄눈) → ③(보양)

014

벽돌쌓기 방식 중 영식 쌓기의 특성을 간단히 설명하시오.

✔ 정답 및 해설　영식 쌓기

① 한 켜는 마구리쌓기, 다음 켜는 길이쌓기만으로 되어 있고, 통줄눈이 생기는 곳이 없다.
② 벽의 모서리나 끝에는 마름질한 벽돌(반절, 이오토막)을 사용하여 상하가 일치되도록 하며, 특히 통줄눈이 생기지 않도록 하려면 반절을 사용하여야 한다.
③ 벽돌쌓기 방법 중 가장 튼튼한 쌓기법이다.

015

조적 공사의 벽돌 치장쌓기 중 엇모쌓기에 대하여 간략히 설명하시오.

✔ 정답 및 해설 **엇모쌓기**

엇모쌓기는 45° 각도로 모서리가 면에 나오도록 쌓고, 담이나 처마 부분에 사용하고, 벽면에 변화감을 주며, 음영 효과를 낼 수 있다.

016

영롱쌓기에 대하여 간략히 쓰시오.

✔ 정답 및 해설 **영롱쌓기**

영롱쌓기는 벽돌 면에 구멍을 내어 쌓고, 장막벽이며, 장식적인 효과가 있다.

017

바닥 벽돌 깔기법 3가지를 쓰시오.

✔ 정답 및 해설 **바닥 벽돌 깔기법**

① 평(면)깔기, ② 옆세워(마구리)깔기, ③ 반절(모서리)깔기

018

보강블록벽 쌓기 시 와이어메시(wire mesh)의 역할을 3가지 쓰시오.

✔ 정답 및 해설

보강블록조에 있어서 와이어메시의 역할은 다음과 같다.
① 벽체의 신축 및 균열을 방지한다.
② 횡력 및 편심하중에 안전하도록 하중을 분포시킨다.
③ 모서리 부분과 교차 부분을 보강하는 역할을 한다.

019 조적조 공간쌓기에 대하여 설명하시오.

✓ 정답 및 해설 조적조의 공간쌓기

공간쌓기는 중공벽과 같은 벽체로서 단열, 방음, 방습 등의 목적으로 효과가 우수하도록 벽체의 중간에 공간을 두어 이중벽으로 쌓은 벽체이다.

020 벽돌 공사에서 공간쌓기의 효과 3가지를 쓰시오.

✓ 정답 및 해설 벽돌의 공간쌓기의 효과

① 단열, ② 방습, ③ 방음

021 벽돌벽을 이중벽으로 하여 공간쌓기로 하는 목적을 3가지 쓰시오.

✓ 정답 및 해설 공간쌓기의 목적

① 단열에 의한 에너지의 절약
② 방수 및 방습
③ 벽체의 결로 방지
④ 냉·난방 시간의 단축
⑤ 방음 및 차음

022 다음 괄호 안을 알맞은 용어와 규격으로 채우시오.

벽돌조 조적 공사 시 창호 상부에 설치하는 (①)는 좌우 벽면에 (②) 이상 겹치도록 한다.

✓ 정답 및 해설 벽돌 공사

① 인방보, ② 20cm

023

블록 구조에서 인방보를 설치하는 방법 3가지를 기술하시오.

✔ **정답 및 해설** 인방보를 설치하는 방법

① 인방 블록을 사용
② 제자리 콘크리트를 부어 넣어 설치
③ 기성 콘크리트 부재를 사용

024

조적조에서 테두리보를 설치하는 목적 3가지만 쓰시오.

✔ **정답 및 해설** 테두리보를 설치하는 목적

① 수직 균열의 방지와 수직 철근의 정착
② 하중을 균등히 분포
③ 집중하중을 받는 조적재의 보강

025

다음 ( ) 안에 해당되는 용어를 쓰시오.

벽돌쌓기 시 마구리만 보이게 쌓는 것을 (①)쌓기, (②)쌓기, 길이만 나오게 쌓는 것을 (③)쌓기, (④)쌓기라 한다.

✔ **정답 및 해설** 벽돌쌓기 방법

① 마구리, ② 옆세워, ③ 길이, ④ 길이세워

026

다음 설명에 해당하는 벽돌쌓기 명칭을 쓰시오.

① 벽돌벽의 교차부에 벽돌 한 켜 걸름으로 1/4B~1/2B 정도 들여쌓는 것 : (   )
② 긴 벽돌벽 쌓기의 경우 벽 중간 일부를 쌓지 못하게 될 때 차츰 길이를 줄여오는 방법 : (   )

✔ 정답 및 해설 벽돌쌓기 방법

① 켜걸름들여쌓기, ② 층단떼어쌓기

027

다음은 벽돌쌓기에 관한 기술이다. 다음 괄호 안에 적당한 말을 써넣으시오.

> ① 한 켜는 마구리쌓기, 다음 켜는 길이쌓기로 하고 모서리에 이오토막을 사용하는 것을 (   )라 한다.
> ② 1.0B의 표준형 벽돌은 1m²당 (   )이다.
> ③ 벽돌의 하루 쌓기 최대 높이는 (   )m이다.
> ④ 벽돌 벽면에서 내쌓기할 때 최대 (   )B 내쌓기로 한다.

✔ 정답 및 해설 벽돌쌓기

① 영국식 쌓기, ② 149매, ③ 1.5, ④ 2.0

028

다음은 벽돌벽 쌓기 방법이다. (   ) 안에 알맞은 숫자를 쓰시오.

> 벽돌벽은 가급적 건물 전체를 균일한 높이로 쌓고 하루 쌓기의 높이는 (①)m를 표준으로 하고, 최대 (②)m 이하로 한다.

✔ 정답 및 해설 벽돌벽 쌓기 방법

① 1.2, ② 1.5

029

다음 (   ) 안에 해당되는 규격을 숫자로 쓰시오.

> 하루 벽돌쌓기의 높이는 (①)m, 보통 (②)m로 하고, 공간쌓기 시 내·외벽 사이의 간격은 (③)cm 정도로 한다.

✔ 정답 및 해설 벽돌쌓기

① 1.2~1.5, ② 1.2, ③ 5

030 다음 벽돌쌓기 시 주의사항 5가지를 쓰시오.

✔ **정답 및 해설** 벽돌쌓기 시 주의사항

① 벽돌을 쌓기 전에 충분히 물을 축여 놓아 모르타르가 잘 붙어 굳는 데 지장이 없도록 하여야 한다. 단, 시멘트벽돌은 미리 축여 놓으면 손상될 수 있으므로 축여 놓은 후 말려서 사용한다.

② 하루 벽돌의 쌓는 높이는 1.5m(20켜) 이하 보통 1.2m(17켜) 정도로 하고, 모르타르가 굳기 전에 큰 압력이 가해지지 않도록 하여야 한다.

③ 하루 일이 끝날 때에 켜가 차이가 나면 층단 들여쌓기로 하여 다음 날의 일과 연결이 가능하도록 한다.

④ 모르타르는 정확한 배합으로 시멘트와 모래만 잘 섞고, 쓸 때마다 물을 부어 잘 반죽하여 쓰도록 하며 굳기 시작한 모르타르는 사용하지 않아야 한다.

⑤ 규준틀에 의해 가로 벽돌 나누기를 정확히 하되, 토막 벽돌이 나오지 않도록 하고, 고정 철물을 미리 묻어둔다.

031 치장 벽돌쌓기 순서를 [보기]에서 골라 번호를 쓰시오.

> **보기**
>
> ① 줄눈 파기   ② 규준 쌓기   ③ 세로 규준틀 설치
> ④ 보양   ⑤ 중간부 쌓기   ⑥ 물축임

> 벽돌 및 바탕 청소 → (㉮) → 건비빔 → (㉯) → 벽돌 나누기 → (㉰) →
> 수평실 치기 → (㉱) → 줄눈 누름 → (㉲) → 치장줄눈 → (㉳)

✔ **정답 및 해설** 치장 벽돌쌓기 순서

벽돌 및 바탕 청소 → 물축임 → 건비빔 → 세로 규준틀 설치 → 벽돌 나누기 → 규준 쌓기 → 수평실 치기 → 중간부 쌓기 → 줄눈 누름 → 줄눈 파기 → 치장줄눈 → 보양의 순이다.

㉮ – ⑥, ㉯ – ③, ㉰ – ②, ㉱ – ⑤, ㉲ – ①, ㉳ – ④

032

다음은 조적조의 치장줄눈을 나타낸 것이다. 각각의 명칭을 쓰시오.

① ② ③
④ ⑤ ⑥

✔ 정답 및 해설 **조적조의 치장줄눈**

① 평줄눈, ② 내민줄눈, ③ 내민볼록원줄눈, ④ 엇빗줄눈, ⑤ 실오금줄눈, ⑥ 민줄눈

033

다음 아래의 그림은 벽돌의 줄눈 형태이다. 알맞은 명칭을 쓰시오.

① ② ③

✔ 정답 및 해설 **조적 줄눈의 명칭**

① 볼록줄눈, ② 내민줄눈, ③ 엇빗줄눈

034

다음 아래 그림은 조적조 줄눈의 형태이다. 해당하는 명칭을 쓰시오.

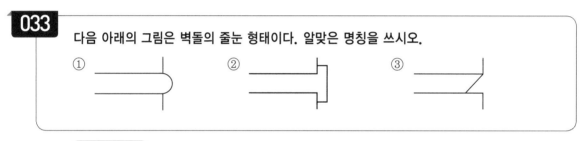

① ② ③
④ ⑤

✔ 정답 및 해설 **조적조 줄눈의 명칭**

① 평줄눈, ② 내민줄눈, ③ 엇빗줄눈, ④ V형줄눈, ⑤ 내민둥근줄눈

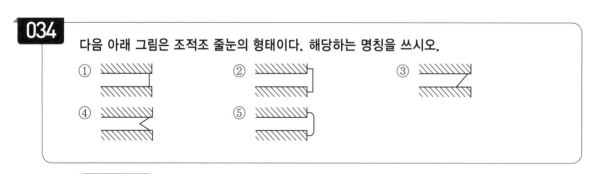

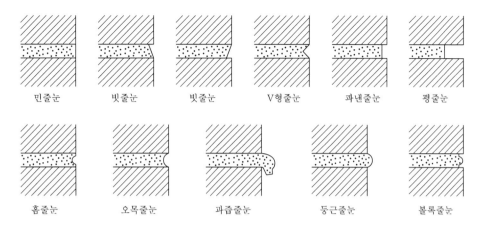

| 민줄눈 | 빗줄눈 | 빗줄눈 | V형줄눈 | 파낸줄눈 | 평줄눈 |

| 홈줄눈 | 오목줄눈 | 과줍줄눈 | 둥근줄눈 | 볼록줄눈 |

035

조적 공사에서 사용되는 치장줄눈의 종류 5가지를 쓰시오.

✔ **정답 및 해설** 치장줄눈의 종류

① 평줄눈, ② 민줄눈, ③ 볼록줄눈, ④ 오목줄눈, ⑤ 빗줄눈, ⑥ 엇빗줄눈, ⑦ 내민줄눈

036

다음 아래 [보기]는 치장줄눈의 종류이다. 상호 관계 있는 것을 고르시오.

보기

평줄눈 볼록줄눈 오목줄눈 민줄눈 내민줄눈

용도	의장성	형태
벽돌의 형태가 고르지 않은 경우	질감(Texture)의 거침	①
면이 깨끗하고, 반듯한 벽돌	순하고 부드러운 느낌, 여성적 선의 흐름	②
벽면이 고르지 않은 경우	줄눈의 효과를 확실히 함	③
면이 깨끗한 벽돌	약한 음영, 여성적 느낌	④
형태가 고르고, 깨끗한 벽돌	질감을 깨끗하게 연출하며, 일반적인 형태	⑤

✔ **정답 및 해설** 치장줄눈의 용도 및 의장성

① 평줄눈, ② 볼록줄눈, ③ 내민줄눈, ④ 오목줄눈, ⑤ 민줄눈

037 조적조 벽돌벽의 균열 원인 중 설계(계획) · 시공상의 문제점 4가지를 쓰시오.

✔ 정답 및 해설 **벽돌벽의 균열 원인**

(1) 설계(계획)상 결함
　　① 기초의 부동 침하
　　② 건물의 평면 · 입면의 불균형 및 벽의 불합리 배치
　　③ 불균형 또는 큰 집중하중 · 횡력 및 충격
　　④ 벽돌벽의 길이 · 높이 · 두께와 벽돌 벽체의 강도
　　⑤ 문꼴 크기의 불합리 · 불균형 배치
(2) 시공상 결함
　　① 벽돌 및 모르타르의 강도 부족과 신축성
　　② 벽돌벽의 부분적 시공 결함
　　③ 이질재와의 접합부
　　④ 장막벽의 상부
　　⑤ 모르타르 바름의 들뜨기

038 ( ) 안에 알맞은 말을 쓰시오.

건물의 상부 하중을 받아 기초에 전달하는 벽을 (①), 자체의 하중만 받는 벽을 (②), 공간을 띄우고 방음, 방습, 단열을 위해 이중으로 설치하는 벽을 (③)이라 한다.

✔ 정답 및 해설

① 내력벽, ② 장막벽(칸막이벽), ③ 중공벽(이중벽)

039 조적조에서 내력벽과 장막벽, 중공벽을 구분하여 기술하시오.

　　① 내력벽 :
　　② 장막벽 :
　　③ 중공벽 :

용어 설명

① 내력벽 : 수직하중(위층의 벽, 지붕, 바닥 등)과 수평하중(풍압력, 지진하중 등) 및 적재하중(건축물에 존재하는 물건 등)을 받는 중요한 벽체이다.

② 장막벽(커튼월, 칸막이벽) : 내력벽으로 하면 벽의 두께가 두꺼워지고 평면의 모양 변경 시 불편하므로, 이를 편리하도록 하기 위하여 상부의 하중(수직, 수평 및 적재하중 등)을 받지 않고 벽체 자체의 하중만을 받는 벽체이다.

③ 중공벽 : 공간쌓기와 같은 벽체로서 단열, 방음, 방습 등의 목적으로 효과가 우수하도록 벽체의 중간에 공간을 두어 이중벽으로 쌓은 벽체이다.

040

다음 용어를 간략히 설명하시오.

① 방습층 :
② 벽량 :
③ 백화 현상 :

용어 설명

① 방습층 : 지면에 접하는 벽돌벽은 지중의 습기가 조적 벽체의 상부로 상승하는 것을 방지하기 위하여 설치하는 것이다.

② 벽량 : 내력벽의 가로 또는 세로 방향의 길이의 총합계를 그 층의 건물 면적으로 나눈 값. 즉, 단위 면적에 대한 그 면적 내에 있는 내력벽 길이의 비를 말한다.

③ 백화 현상 : 시멘트 모르타르 중 알칼리 성분이 벽돌의 탄산나트륨 등과 반응을 일으켜 발생시키는 현상으로, 벽돌 및 블록벽의 표면에 하얀 가루가 나타나는 현상이다.

041

다음 설명에 해당되는 용어를 쓰시오.

① 보의 응력은 일반적으로 기둥과 접합부 부근에서 크게 되어 단부의 응력에 맞는 단면으로 보 전체를 설계하면 현저하게 비경제적이기 때문에 단부에만 단면적을 크게 하여 보강한 것을 무엇이라 하는가? (　　)
② 조적조 건물에서 내력벽 길이의 합(cm)을 그 층의 바닥면적(m^2)으로 나눈 값을 무엇이라고 하는가? (　　)
③ 조적조에서 벽체의 길이를 규제하기 위해 설정한 것으로 서로 마주 보는 벽을 무엇이라고 하는가? (　　)

✔ 정답 및 해설 **용어 해설**

① 헌치 : 보의 응력은 일반적으로 기둥과 접합부 부근에서 크게 되어 단부의 응력에 맞는 단면으로 보 전체를 설계하면 현저하게 비경제적이기 때문에 단부에만 단면적을 크게 하여 보강한 것으로 높이를 크게 한 것을 수직헌치, 너비를 크게 한 것을 수평헌치라고 한다.
② 벽량 : 조적조 건축물에 있어서 내력벽 길이의 합(cm)을 그 층의 바닥면적(m^2)으로 나눈 값을 말한다.
③ 대린벽 : 서로 이웃하여 맞붙은 2개의 다른 벽(부축벽이 있는 경우 그 높이가 부축벽이 접합되는 벽 높이의 $\frac{1}{3}$ 이상인 때에는 그 부축벽으로 나누어지는 양측의 벽을 포함)을 말한다.

① 헌치, ② 벽량, ③ 대린벽

042

벽돌벽의 표면에 생기는 백화 현상의 정의와 대책 3가지를 간략하게 쓰시오.

① 정의 :
② 대책 :

✔ 정답 및 해설 **백화 현상의 정의와 대책**

① 정의 : 시멘트 중의 수산화칼슘이 공기 중의 이산화탄소와 반응하여 생기는 것으로써 벽돌벽 외부에는 공사 완료 후에 흰가루가 돋는 현상이다.
② 대책
　㉮ 흡수율이 적고, 질이 좋으며, 소성이 잘 된 벽돌을 사용하여야 한다.
　㉯ 줄눈에 방수제를 바르거나, 파라핀 도료 및 실리콘 뿜칠 등을 하여야 한다.
　㉰ 벽돌의 줄눈사춤도 빈틈없이 다져 넣어 벽돌면에 빗물이 침입하지 않도록 하여야 한다.
　㉱ 차양, 돌림띠, 기타의 방법으로 직접 빗물이 흘러내리지 않게 비막이를 하여야 한다.

043 벽돌벽 표면의 백화 현상의 발생 원인과 대책을 각각 2가지씩 쓰시오.

✔ 정답 및 해설 백화 현상

① 정의 : 벽돌벽 외부에 공사 완료 후 흰가루가 돋는 현상을 말한다.

② 원인 : 탄산소다 또는 황산고토류로서 벽돌의 성분과 모르타르 성분이 결합하여 생기는 것으로 주로 다음의 경우에 발생한다.

　　㉮ 벽에 물이 스며들어갈 때 새로운 벽에 많이 발생한다.

　　㉯ 벽돌의 품질 및 시공이 불량한 경우에 발생한다.

③ 대책

　　㉮ 흡수율이 적고, 질이 좋으며 소성이 잘 된 벽돌을 사용하여야 한다.

　　㉯ 줄눈에 방수제를 바르거나, 파라핀 도료 및 실리콘 뿜칠 등을 하여야 한다.

　　㉰ 벽돌의 줄눈사춤도 빈틈없이 다져 넣어 벽돌면에 빗물이 침입하지 않도록 하여야 한다.

　　㉱ 차양, 돌림띠, 기타의 방법에 의하여 직접 빗물이 흘러내리지 않게 비막이를 하여야 한다.

044 구멍이 있는 시멘트블록의 규격 3가지를 쓰시오.

✔ 정답 및 해설 시멘트블록의 규격

① 390mm×190mm×190mm

② 390mm×190mm×150mm

③ 390mm×190mm×100mm

045 다음 블록의 명칭을 쓰시오.

① 용도에 의해 블록의 형상이 기본 블록과 다르게 만들어진 블록의 총칭 : (　　)
② 창문틀의 위에 쌓아 철근과 콘크리트를 다져 넣어 보강하게 된 U자형 블록 : (　　)
③ 기건 비중이 1.9 이상인 속빈 콘크리트블록 : (　　)
④ 창문틀 옆에 잘 맞게 제작된 특수형 블록 : (　　)

✔ 정답 및 해설 블록의 명칭

① 이형블록, ② 인방블록, ③ 중량블록, ④ 창쌤블록

046

다음 명칭을 쓰시오.

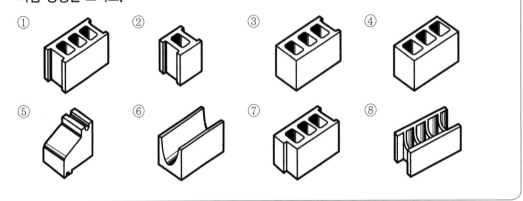

① ② ③ ④

⑤ ⑥ ⑦ ⑧

✅ **정답 및 해설**

① 기본블록, ② 반블록, ③ 한마구리평블록, ④ 양마구리평블록
⑤ 창대블록, ⑥ 인방블록, ⑦ 창쌤블록, ⑧ 가로근용 블록

047

다음 블록 구조에 대해 설명하시오.

① 블록장막벽 :
② 보강블록조 :
③ 거푸집블록조 :

✅ **정답 및 해설** 용어 설명

① **블록장막벽** : 주체 구조체(철근 콘크리트조나 철골 구조 등)에 블록을 쌓아 벽을 만들거나 단순히 칸을 막는 정도로 쌓아 상부에서의 힘을 직접 받지 않는 벽으로, 라멘 구조체의 벽에 많이 사용한다.
② **보강블록조** : 블록의 빈 속에 철근과 콘크리트를 부어 넣은 것으로서, 수직하중·수평하중에 견딜 수 있는 구조로 가장 이상적인 블록 구조이며 4~5층의 대형 건물에도 이용한다.
③ **거푸집블록조** : ㄱ자형, ㄷ자형, T자형, ㅁ자형 등으로 살 두께가 얇고 속이 없는 블록을 콘크리트의 거푸집으로 사용하고, 블록 안에 철근을 배근하여 콘크리트를 부어 넣어 벽체를 만든 것이다.

048

다음 이형블록의 사용 위치를 간략히 쓰시오.

① 창대블록 – (   )
② 인방블록 – (   )
③ 창쌤블록 – (   )

✔ **정답 및 해설** 이형블록의 사용 위치

① 창틀 아래, ② 창틀 위, ③ 창틀 옆

049

보강블록조 시공 시 반드시 사춤모르타르를 채워 넣어야 할 부위 4곳을 쓰시오.

✔ **정답 및 해설** 사춤모르타르의 사용처

① 벽체의 끝부분, ② 벽의 모서리, ③ 벽의 교차부, ④ 개구부의 주위(문꼴의 갓둘레)

050

블록 공사에서 모르타르 및 콘크리트를 사춤하는 시공법을 설명한 다음의 (   ) 안에 적합한 숫자를 쓰시오.

① 모르타르 또는 콘크리트 사춤하는 높이는 (㉮)켜 이내로 하고 이어붓는 위치는 블록의 윗면에서 (㉯)cm 정도 밑에 둔다.
② 모르타르 또는 콘크리트 사춤할 때의 보강 철근은 정확히 유지하여 이동 변형이 없게 하고 또한 피복두께는 (㉰)cm 이상으로 한다.

✔ **정답 및 해설**

㉮ 3, ㉯ 5, ㉰ 2

051 블록쌓기 공사에서 시공도에 기입할 사항을 5가지 쓰시오.

✔ **정답 및 해설** 블록쌓기 공사에서 시공도에 기입할 사항

① 블록의 평면·입면 나누기 및 블록의 종류
② 벽 중심 간의 치수
③ 창문틀 기타 개구부의 안목치수
④ 철근의 삽입 및 이음위치·철근의 지름 및 개수
⑤ 콘크리트의 사춤 개소
⑥ 나무벽돌·앵커볼트의 위치
⑦ 배수관·전기배선관 등의 위치 및 박스의 크기 등이다.

052 다음은 블록조 시공 순서이다. ( ) 안에 해당되는 말을 써넣으시오.

> 청소 및 물축이기 → 건비빔 → (①) → (②) → 규준 블록쌓기 → (③) → 중간
> 부 쌓기 → 줄눈 누르기 → 줄눈 파기 → (④) → 보양

✔ **정답 및 해설** 블록조 시공 순서

청소 및 물축이기 → 건비빔 → 세로 규준틀 설치 → 블록 나누기 → 규준 블록쌓기 → 수평실 치기 →
중간부 쌓기 → 줄눈 누르기 → 줄눈 파기 → 치장줄눈 넣기 → 보양의 순이다.
① 세로 규준틀 설치, ② 블록 나누기, ③ 수평실 치기, ④ 치장줄눈 넣기

053 콘크리트 블록 설치 시 ( ) 안에 알맞은 말을 쓰시오.

> 1일 쌓기 높이는 (①)m, (②)켜, (③)의 살이 위로 가게 하며, 쌓기용 모르타르
> 배합비는 (④)이다.

✔ **정답 및 해설** 콘크리트 블록 설치

① 1.5, ② 7, ③ 두꺼운 쪽, ④ 1 : 3

054

다음은 블록 공사에 대한 설명이다. ( ) 안에 알맞은 말을 쓰시오.

현재 사용하고 있는 기본형 블록의 규격은 길이 390mm이고, 높이는 (①)mm이다. 블록 소요량은 줄눈 간격을 10mm로 할 때 정미량은 1m²당 (②)매이며, 할증률을 포함할 경우 (③)매이다.

✔ 정답 및 해설 블록 공사

① 190, ② 12.5, ③ 13

055

블록쌓기 시 줄눈의 두께는 얼마가 적당한가?

✔ 정답 및 해설 줄눈의 두께

블록쌓기 시 줄눈의 두께는 10mm이다.

056

390×190×150mm인 압축강도 시험에서 블록에 대한 가압면적(mm²)을 구하고 그 가압면에 대한 하중 속도를 매초 0.2MPa로 할 때 압축강도 10MPa인 블록은 몇 초에서 붕괴(파괴)되겠는지 붕괴시간(초)을 구하시오.

① 가압면적 :
② 붕괴시간 :

✔ 정답 및 해설 블록의 가압면적과 붕괴시간

① 가압면적 : 블록의 공간도 포함하므로 150mm×390mm=58,500mm²
② 붕괴시간 : 1초당 0.2MPa=0.2N/mm²이다.

$$\therefore \ 붕괴시간 = \frac{10}{0.2} = 50초$$

057

다음 블록의 압축강도 시험의 가압면적과 붕괴시간을 구하시오.

① 규격이 390×190×190mm인 속빈 블록의 압축강도 시험에서 블록에 대한 가압면적
② 압축강도 12MPa인 블록이 하중속도를 0.2MPa/s로 할 때의 붕괴시간

✔ 정답 및 해설

① 가압면적 $= 390 \times 190 = 74,100 \text{mm}^2$
② 붕괴시간 $= \dfrac{압축강도}{하중속도} = \dfrac{12}{0.2} = 60초 = 1분$

058

블록 벽체의 결함 중 습기 및 빗물 침투현상의 원인을 4가지만 쓰시오.

✔ 정답 및 해설 블록벽의 습기 및 빗물 침투 원인과 대책

㉠ 블록 자체의 흡수성 : 처마, 차양을 길게 내밀어 빗물에 덜 접촉하고, 빗물이 흘러내리지 않도록 하며, 표면 수밀재 붙임이나 표면 방수처리를 철저히 한다.
㉡ 불완전한 줄눈의 시공 : 치장줄눈을 방수적으로 철저히 시공한다.
㉢ 창문틀 및 개구부 주위의 모르타르 충진 부족과 물처리 : 수밀하게 하고, 차양 위에서 새들어 오는 빗물막이에 유의하여야 하며, 물흘림, 물끊기의 시공을 철저히 한다.
㉣ 기타 이질재와의 접합부 주위의 모르타르 충진 부족 : 수밀하게 하고, 차양 위에서 새들어 오는 빗물막이에 유의하여야 한다.
블록 자체의 흡수성, 불완전한 줄눈의 시공, 창문틀 및 개구부 주위의 모르타르 충진 부족, 물처리의 불량

059

블록 구조의 외부 벽체에 대한 직접 방수처리 방법 3가지를 쓰시오.

✔ 정답 및 해설 블록벽의 습기 및 빗물 침투 원인과 대책

㉠ 블록 자체의 흡수성 : 처마, 차양을 길게 내밀어 빗물에 덜 접촉하고, 빗물이 흘러내리지 않도록 하며, 표면 수밀재 붙임이나 표면 방수처리를 철저히 한다.
㉡ 불완전한 줄눈의 시공 : 치장줄눈을 방수적으로 철저히 시공한다.
㉢ 창문틀 및 개구부 주위의 모르타르 충진 부족 : 수밀하게 하고, 차양 위에서 새들어 오는 빗물막이에 유의하여야 한다.

ⓔ 기타 이질재와의 접합부 주위의 모르타르 충진 부족 : 수밀하게 하고, 차양 위에서 새들어 오는 빗물막이에 유의하여야 한다.

ⓜ 벽돌을 쌓을 때 비계 장선 등의 구멍 : 빈틈없이 구멍을 모르타르로 메운다.

ⓗ 차양 등의 돌출부 상부의 물이 괴는 부분에 접촉되는 벽 : 빗물이 급속히 빠지도록 하고, 바닥판의 높이 차와 수밀한 콘크리트의 두둑을 설치한다.

ⓢ 직접적으로 방수를 하는 방법에는 시멘트 액체 방수, 실베스터 방수 및 파라핀 도료 등을 도포한다.

① 시멘트 액체 방수, ② 실베스터 방수, ③ 파라핀 도료

060

거푸집블록조의 콘크리트 부어넣기에 있어서 일반 RC 구조와 비교할 때 시공 및 구조적으로 불리한 점을 4가지만 쓰시오.

✔ 정답 및 해설 **거푸집블록조의 불리한 점**

① 블록 내의 작은 빈 속에 콘크리트를 부어 넣어야 하므로 다짐이 불량하면 줄눈으로 시멘트 물이 흘러내려 곰보가 될 우려가 많다.

② 블록은 살이 얇고, 쌓은 것이 불안정하며 콘크리트를 부어 넣으면 볼록하게 내밀게 되므로 충분히 다짐을 할 수 없다.

③ 목재 거푸집처럼 제거되지 아니하므로 그 결과의 판단이 불분명하고 철근 콘크리트의 접착 피복이 불안전하다.

④ 콘크리트를 여러 차례로 나누어 부어 넣으므로 부어 넣기 이음새가 많아지고 강도가 좋지 않다.

061

건축 공사의 단열 공법에서 단열 부위 위치에 따른 벽 단열 공법의 종류를 쓰시오.

✔ 정답 및 해설 **단열 공법의 종류와 특징**

㉠ 외단열 공법 : 구조체의 외측에 단열재를 설치하므로 시공이 까다로우나, 결로 방지에 유리하다.

㉡ 중단열 공법 : 구조체의 중간 부분에 단열재를 설치하므로 내부 결로의 우려가 적으나, 공사비가 비싼 단점이 있다.

㉢ 내단열 공법 : 구조체의 내부에 단열재를 설치하므로 시공이 간단하고, 공사비가 저렴하나, 내부 결로의 우려가 있다.

내단열 공법, 중단열 공법, 외단열 공법

062

단열재의 요구 조건에 대하여 4가지를 쓰시오.

✔ 정답 및 해설 단열재의 요구 조건

① 공간을 많이 함유하므로 비중이 작아야 한다.
② 열전도를 방지하기 위하여 열전도율이 작아야 한다.
③ 흡습과 흡수성이 작아야 한다.
④ 내화성이 크고, 화학적으로 안정되어야 한다.

063

다음 내용에 알맞은 용어를 [보기]에서 골라 기호를 기입하시오.

보기

㉮ 시험체의 단면적   ㉯ 최대 하중   ㉰ 시험체의 전단면적

① 벽돌의 압축강도 $= \dfrac{(\quad)}{(\quad)}$

② 블록의 압축강도 $= \dfrac{(\quad)}{(\quad)}$

✔ 정답 및 해설 벽돌 및 블록의 압축강도

① 벽돌의 압축강도 $= \dfrac{\text{최대 하중}}{\text{시험체의 단면적}} = \dfrac{(\text{㉯})}{(\text{㉮})}$ 이다.

② 블록의 압축강도 $= \dfrac{\text{최대 하중}}{\text{시험체의 전단면적(구멍 부분을 포함)}} = \dfrac{(\text{㉯})}{(\text{㉰})}$ 이다.

064

다음에서 설명하고 있는 석재의 명칭을 쓰시오.

① 석회석이 변화되어 결정한 것으로 강도는 높지만 내화성이 낮고 풍화되기 쉬우며 산에 약하기 때문에 실외용으로 적합하지 않다. (   )
② 수성암의 일종으로 함유광물의 성분에 따라 암석의 질, 내구성, 강도에 현저한 차이가 있다. (   )
③ 강도, 경도, 비중이 크고, 내화력도 우수하여 구조용 석재로 쓰이지만 조직 및 색조가 균일하지 않고 석리가 있기 때문에 채석 및 가공이 용이하지만 대재를 얻기 어렵다. (   )

✔ **정답 및 해설** 석재의 명칭

① 대리석, ② 사암, ③ 안산암

065

다음 [보기]의 암석 종류를 성인별로 찾아 그 번호를 쓰시오.

보기

① 점판암   ② 화강암   ③ 대리석   ④ 석면
⑤ 현무암   ⑥ 석회암   ⑦ 안산암

• 화성암 :
• 수성암 :
• 변성암 :

✓ 정답 및 해설 성인에 의한 분류

성인에 의한 분류		암질에 의한 종별		석재
화성암	심성암	화강암 섬록암		화강암
	화산암	안산암	휘석안산암 각섬안산암 운모안산암 석영안산암	안산암
		석영조면암		경석
수성암	쇄설암	이판암 점판암		점판암
		사암 역암		사암
		응회암	응회암 사질응회암 각력질응회암	응회암
	유기암	석회암		석회석
	침적암	석고		
변성암	수성암계	대리석		대리석
	화성암계	사문석		사문석

* 석면은 사문암 또는 각석암이 열과 압력을 받아 변질(변성암)되어 섬유 모양의 결정질이 된 것으로서 유일한 천연결정섬유이다.
• 화성암 : ②(화강암), ⑤(현무암), ⑦(안산암)
• 수성암 : ①(점판암), ⑥(석회암)
• 변성암 : ③(대리석), ④(석면)

066
건축재료 중 석재의 대표적인 장점 2가지를 쓰시오.

✓ 정답 및 해설 석재의 장점
① 압축강도가 크고, 불연성, 내구성, 내마멸성, 내수성이 있다.
② 아름다운 외관과 풍부한 양이 생산된다.

067

( ) 안에 알맞은 특성의 석재를 [보기]에서 찾아 쓰시오.

보기

점판암, 화강암, 사암, 응회암, 화산암, 대리석

(가) 산이나 열에 약해서 실외 용도로는 사용하지 못한다. (①)
(나) 화산이 분출하여 응고된 것으로 가공은 용이하나 강도가 작다. (②)
(다) 진흙이 침전하여 압력을 받아 경화된 것으로 지붕 등에 쓰인다. (③)

✔ **정답 및 해설** 석재의 특성

① 대리석, ② 응회암, ③ 점판암

068

( ) 안에 알맞은 말을 [보기]에서 찾아 그 번호를 쓰시오.

보기

① 점판암　　　　② 대리석　　　　③ 화강암
④ 사암　　　　　⑤ 응회암　　　　⑥ 안산암

(가) 석회석이 변화한 것으로 실내 장식용으로 많이 사용하는 것 : ( )
(나) 내구성 및 강도가 강하고 대재를 얻기 힘든 것 : ( )
(다) 재질이 치밀하고 지붕 외부에 사용하는 것 : ( )

✔ **정답 및 해설** 석재의 특성

(가) - ②(대리석), (나) - ⑥(안산암), (다) - ①(점판암)

069

( ) 안에 알맞은 말을 [보기]에서 찾아 쓰시오.

> **보기**
>
> 화강암, 편마암, 대리석, 응회암, 점판암

① 석회석이 변화되어 결정화한 것으로 강도는 매우 높지만 내화성이 낮고 풍화되기 쉬우며 산에 약하기 때문에 실외용으로 적합하지 않다. ( )
② 석질이 치밀하고 박판으로 채취할 수 있으므로 슬레이트 지붕, 외벽 등에 쓰인다. ( )
③ 화산에서 분출된 마그마가 급속히 냉각되어 가스가 방출하면서 응고된 다공질의 유리질로 부석이라고 불리며 경량콘크리트, 골재, 단열재로 사용된다. ( )

✓ 정답 및 해설 석재의 특성

① 대리석, ② 점판암, ③ 응회암

070

다음 [보기]에서 석재의 흡수율과 강도가 큰 순서대로 그 번호를 쓰시오.

> **보기**
>
> ① 화강석 ② 응회암 ③ 대리석
> ④ 안산암 ⑤ 사암

㈎ 흡수율 :
㈏ 강도 :

✓ 정답 및 해설 석재의 흡수율과 강도가 큰 순서

㈎ 흡수율 : ②(응회암) → ⑤(사암) → ④(안산암) → ①(화강석) → ③(대리석)
㈏ 강도 : ①(화강석) → ③(대리석) → ④(안산암) → ⑤(사암) → ②(응회암)

071

돌공사 시 치장줄눈의 종류 4가지만 쓰시오.

✔ **정답 및 해설** 돌공사의 치장줄눈

① 맞댄줄눈, ② 실줄눈, ③ 평줄눈, ④ 빗줄눈, ⑤ 둥근줄눈, ⑥ 면회줄눈

072

돌붙임 공사의 시공 순서를 번호대로 바르게 나열하시오.

① 돌나누기   ② 청소   ③ 보양
④ 탕개줄 또는 연결철물 설치   ⑤ 모르타르 사춤   ⑥ 돌붙이기
⑦ 치장줄눈

✔ **정답 및 해설** 돌붙임 공사의 시공 순서

①(돌나누기) → ④(탕개줄 또는 연결철물 설치) → ⑥(돌붙이기) → ⑤(모르타르 사춤) → ⑦(치장줄눈)
→ ③(보양) → ②(청소)

073

다음은 조적 공사 중 돌쌓기에 대한 설명이다. [보기]에서 골라 그 번호를 바르게 연결하시오.

보기

① 층지어쌓기   ② 바른층쌓기   ③ 허튼층쌓기

㈎ 돌쌓기의 1켜는 모두 동일한 것을 쓰고 수평줄눈이 일직선으로 연결되게 쌓는 것
: (   )
㈏ 면이 네모진 돌을 수평줄눈이 부분적으로만 연속되게 쌓으며, 일부상하 세로줄눈
이 통하게 된 것 : (   )
㈐ 막돌, 둥근돌 등을 중간켜에서는 돌의 모양대로 수직, 수평줄눈에 관계없이 흐트
려 쌓고, 2~3켜마다 수평줄눈이 일직선으로 연속되게 쌓는 것 : (   )

✔ **정답 및 해설**

㈎ – ②(바른층쌓기), ㈏ – ③(허튼층쌓기), ㈐ – ①(층지어쌓기)

074 다음 그림에 맞는 돌쌓기의 종류를 쓰시오.

①

②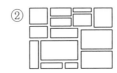

③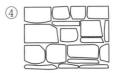

④

✔ **정답 및 해설** 돌쌓기의 종류

① 막돌쌓기, ② 마름돌허튼층쌓기, ③ 마름돌바른층쌓기, ④ 막돌허튼층쌓기

075 돌쌓기의 종류 5가지를 쓰시오.

✔ **정답 및 해설** 돌쌓기의 종류

① 바른층쌓기, ② 허튼층쌓기, ③ 층지어쌓기, ④ 막쌓기, ⑤ 완자쌓기

076 석공사에 사용되는 다음 용어를 간략히 설명하시오.

① 메쌓기 :
② 찰쌓기 :

✔ **정답 및 해설** 용어 설명

① 메(건)쌓기 : 돌과 돌 사이에 모르타르, 콘크리트를 사춤쳐 넣지 않고 뒤고임돌만 다져 넣은 것으로, 뒤고임돌을 충분히 다져 넣어야 한다.
② 찰쌓기 : 돌과 돌 사이에 모르타르를 다져 넣고 뒤고임에도 콘크리트를 채워 넣은 것으로, 표면 돌쌓기와 동시에 안(흙과 접촉되는 부분)에 잡석쌓기를 하고 그 중간에 콘크리트를 채워 넣은 것이다.

077

바닥돌깔기의 형식 및 문양에 따른 명칭을 5가지 쓰시오.

✔ **정답 및 해설** 바닥돌깔기의 형식과 문양에 따른 명칭

① 자연석깔기, ② 일자깔기, ③ 원형깔기, ④ 오늬무늬깔기, ⑤ 마름모깔기

078

조적조 벽체의 시공에서 control joint를 두어야 하는 위치를 [보기]에서 모두 골라 그 번호를 쓰시오.

보기

① 최상부 테두리보
② 벽의 높이가 변하는 곳
③ 창문의 창대틀 하부벽
④ 콘크리트 기둥과 접하는 곳
⑤ 벽의 두께가 변하는 곳
⑥ 모든 문 개구부의 인방 상부벽의 중앙

✔ **정답 및 해설** 조적조 벽체의 컨트롤 조인트(Control Joint)의 설치 위치

㉠ 벽의 높이가 변하는 곳
㉡ 콘크리트 기둥(붙임 기둥)과 접하는 곳
㉢ 벽의 두께가 변하는 곳
㉣ 벽체와 기둥의 패인 부분
㉤ 비내력벽과 내력벽의 접합부
㉥ 연약한 기초의 상부벽 등
②(벽의 높이가 변하는 곳)
④(콘크리트 기둥과 접하는 곳)
⑤(벽의 두께가 변하는 곳)

079

줄눈대의 사용 및 설치 목적 2가지를 쓰시오.

✔ **정답 및 해설** 줄눈의 사용 및 설치 목적

① 균열의 분산 및 방지
② 치장적인(외부의 미려함) 효과

080

벽돌 공사에서 사용 용도와 서로 연관 있는 모르타르 용적 배합비를 고르시오.

용도	모르타르 용적 배합비
① 조적용	㉮ 1 : 3~1 : 5
② 아치용	㉯ 1 : 1
③ 치장용	㉰ 1 : 2

✔ **정답 및 해설** 모르타르 배합비

종류	사용성	배합비
일반쌓기용	내력벽 및 장막벽	1 : 3
특수쌓기용	아치 및 특수 부분	1 : 1~1 : 2
치장줄눈용	치장쌓기	1 : 1

① – ㉮(1 : 3~1 : 5), ② – ㉰(1 : 2), ③ – ㉯(1 : 1)

081

다음 석공사에 사용되는 손다듬기 방법 4가지를 쓰시오.

✔ **정답 및 해설** 석공사의 손다듬기 방법

① 혹두기(쇠메), ② 정다듬(정), ③ 도드락다듬(도드락망치), ④ 잔다듬(양날망치)

082

다음은 석재 가공 순서의 공정이다. 그 순서를 바르게 나열하시오.

① 잔다듬	② 정다듬	③ 도드락다듬
④ 혹두기 또는 혹떼기	⑤ 물갈기	

✔ **정답 및 해설** 석재의 가공 순서

혹두기(쇠메) → 정다듬(정) → 도드락다듬(도드락망치) → 잔다듬(양날망치) → 물갈기(숫돌, 기타) 순이다.

즉, ④ → ② → ③ → ① → ⑤의 순이다.

083

다음은 석재의 가공 순서이다. 각 단계별 필요 공구를 괄호 안에 써넣으시오.

> 혹두기/(①) → 정다듬/(②) → 도드락다듬/(③) → 잔다듬/(④) →
> 물갈기/(⑤)

✔ **정답 및 해설** 석재의 가공 단계별 필요 공구

혹두기(쇠메) → ② 정다듬(정) → ③ 도드락다듬(도드락망치) → ④ 잔다듬(양날 망치) → ⑤ 물갈기(숫돌, 기타) 순이다.
① 쇠메, ② 정, ③ 도드락망치, ④ 양날망치, ⑤ 숫돌

084

석재의 가공 순서를 나열하시오.

✔ **정답 및 해설** 석재의 가공 순서

혹두기(메다듬, 쇠메) → 정다듬(정) → 도드락다듬(도드락망치) → 잔다듬(양날망치) → 물갈기(숫돌, 기타) 순이다. 또는 세로 톱반(Gang Saw) 절단 → 표면 처리 → 자르기 → 마무리 → 운반의 순이다.

085

석재 가공법의 종류 3가지와 그 방법을 간략하게 쓰시오.

✔ **정답 및 해설** 석재 가공법의 종류 및 방법

① **혹두기** : 쇠메망치로 돌의 면을 대강 다듬는 것
② **정다듬** : 혹두기의 면을 정으로 곱게 쪼아 표면에 미세하고 조밀한 흔적을 내어, 평탄하고 거친 면으로 만드는 것
③ **도드락다듬** : 도드락망치로 거친 정다듬한 면을 더욱 평탄하게 다듬는 것
④ **잔다듬** : 양날망치로 정다듬한 면을 평행 방향으로 정밀하게 곱게 쪼아 표면을 더욱 평탄하게 만드는 것
⑤ **물갈기** : 와이어톱, 다이아몬드톱, 그라인더톱, 원반톱, 플레이너, 그라인더로 잔다듬한 면에 금강사를 뿌려 철판, 숫돌 등으로 물을 뿌리며 간 다음, 산화 주석을 헝겊에 묻혀서 잘 문지르면 광택이 난다.

086 인조석 표면 마감 방법 3가지를 쓰시오.

✔ 정답 및 해설 인조석 표면 마감 방법

① 인조석 갈기, ② 인조석 잔다듬, ③ 인조석 씻어내기

087 석재의 표면 형상에 모치기의 종류를 쓰시오.

①    ② 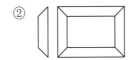   ③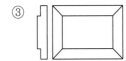

✔ 정답 및 해설 석재 모치기의 종류

① 혹두기
② 빗모치기
③ 두모치기

088 다음은 석재를 가공할 때 쓰이는 특수 공법이다. 간략히 설명하시오.

① 모래분사법 :
② 버너구이법 :
③ 플래너마감법 :

✔ 정답 및 해설 용어 설명

① 모래분사법 : 석재의 표면을 곱게 마무리하기 위하여 석재의 표면에 모래를 고압으로 뿜어내는 것
② 버너구이법 : 톱으로 켜낸 돌면을 산소 불로 굽고, 찬물을 끼얹어 돌 표면의 엷은 껍질이 벗겨지게
한 면을 마무리재로 사용하는 것
③ 플래너마감법 : 철판을 깎는 기계로 돌표면을 대패질하듯 훑어서 평탄하게 마무리하는 것

089 석재를 가공할 때 쓰이는 특수 공법의 종류 3가지를 쓰시오.

✔ 정답 및 해설 석재의 특수 가공 방법

㉠ 모래분사법 : 석재의 표면을 곱게 마무리하기 위하여 석재의 표면에 모래를 고압으로 뿜어내는 것

㉡ 버너구이법 : 톱으로 켜낸 돌면을 산소 불로 굽고, 찬물을 끼얹어 돌 표면의 엷은 껍질이 벗겨지게 한 면을 마무리재로 사용하는 것

㉢ 플래너마감법 : 철판을 깎는 기계로서 돌표면을 대패질하듯 훑어서 평탄하게 마무리하는 것

모래분사법, 버너구이법, 플래너마감법

090 석재의 표면 마감에서 혹두기, 정다듬, 도드락다듬, 잔다듬, 갈기의 기존 공법 외에 특수가공 공법의 종류를 2가지만 쓰고 설명하시오.

✔ 정답 및 해설

① 버너다듬(제트다듬, 플레일다듬) : 석재의 표면에 화염을 방사하여 가열한 다음, 이를 급랭시켜 돌의 표층 부분을 박리시켜 조면으로 다듬는 것

② 플래너다듬 : 돌 표면을 대패질 하듯이 하여 돌의 표면을 평탄하게 다듬는 것

③ 모래분사법 : 모래를 공기 압력을 이용하여 분출시켜 면을 다듬는 것

④ 착색돌 : 석재의 침투성을 이용하여 색소 안료를 석재의 내부까지 착색시키는 것

091 건축공사 표준 시방서에 의한 석재의 물갈기 마감공정을 순서대로 쓰시오.

✔ 정답 및 해설

건축공사 표준 시방서에 의한 석재의 물갈기 마감공정의 순서는 거친 갈기 → 물갈기 → 본갈기 → 정갈기의 순이다. 또한, 수동 물갈기에서는 메탈 #60, 레진 #1,500, 레진 #3,000 및 광판(광내기)을 사용하고, 자동 물갈기에서는 마석 #3, 마석 #14, 마석 #15 및 P.P(파우더)를 사용한다.

092 석공사에 석재의 접합에 사용되는 연결철물의 종류 3가지를 쓰시오.

✔ 정답 및 해설 석재의 연결철물

① 촉, ② 꺾쇠, ③ 은장

093 석재 가공 시 가공 및 시공상 주의사항 4가지를 쓰시오.

✔ 정답 및 해설 석재 가공 및 시공상의 주의사항
① 크기의 제한, 운반상의 제한 등을 고려하여 최대 치수를 정한다.
② 석재를 다듬어 쓸 경우에는 그 질이 균일한 것을 써야 한다.
③ 내화가 필요한 곳에서는 열에 강한 석재를 사용한다.
④ 휨, 인장강도가 약하므로 압축력을 받는 장소에 사용한다.
⑤ 중량이 큰 석재는 아랫부분에, 작은 석재는 윗부분에 사용한다.

094 석재 가공이 완료되었을 때 가공 검사 항목 4가지를 쓰시오.

✔ 정답 및 해설 석재의 가공 완료 후 검사 항목
① 직각 바르기(모서리와 측면 등) 검사
② 전면의 평활도 검사
③ 다듬기 면의 상태 검사
④ 마무리 치수의 정확도 검사

095 석재의 가공이 완료되었을 때 가공 검사의 내용에 대하여 4가지만 쓰시오.

✔ 정답 및 해설 석재 가공 완료 시 검사 내용
① 마무리 치수가 정확할 것
② 모서리는 각이 바르고, 면밀하게 될 것
③ 다듬기가 일매지고, 솜씨가 일정할 것
④ 면이 평탄, 평활하고 우묵진 곳이 없을 것
⑤ 석재의 재질, 색조, 석리 등의 불리한 점이 없을 것

096 조적 공사 시 세로 규준틀에 기입해야 할 사항 4가지를 쓰시오.

✔ 정답 및 해설 세로 규준틀 기입사항

① 조적재의 줄눈 표시와 켜의 수

② 창문 및 문틀의 위치와 크기

③ 앵커볼트 및 나무벽돌의 위치

④ 벽체의 중심 간의 치수와 콘크리트의 사춤 개소

097

보강 철근 콘크리트 블록조에서 반드시 세로근을 넣어야 하는 위치 3개소를 쓰시오.

✔ 정답 및 해설 세로근과 가로근

㉠ 세로근

　㉮ 세로근은 기초 콘크리트 윗면에 철근 배근 먹줄에 따라서 철근의 위치를 정확하게 고정하여 배근하고, 원칙적으로 잇지 않고 기초에서 테두리보까지 직통되게 하며, 정착길이는 40d(철근의 직경) 이상으로 한다.

　㉯ 세로근의 지름은 내력벽의 끝 부분이나 벽의 모서리 부분에서는 12mm 이상으로 하고, 기타 부분(교차부, 문꼴 주위 등)에서는 9mm 이상으로 해야 하며, 간격은 최대 80cm 이하로 배치하여야 한다.

㉡ 가로근

　㉮ 가로근은 배근 상세도에 따라 단부를 180°의 갈구리를 내어 세로근에 걸게 하고, 모서리에서는 수직으로 구부려 40d(철근의 직경) 이상 정착시키며, 간격은 60~80cm로 배치하고, 철근의 직경은 9mm 이상으로 한다.

　㉯ 가로근을 이을 때에는 이음 길이 25d(철근의 직경) 이상으로 하고, 그 위치를 엇갈리게 세로근마다 결속한다.

① 벽 끝, ② 벽의 모서리, ③ 벽의 교차부, ④ 문꼴 주위

098

건식 돌붙임 공법에서 석재를 고정하거나 지탱하는 공법 3가지를 쓰시오.

✔ 정답 및 해설 석재의 고정 방법

① 앵커긴결공법

② 강제트러스지지공법

③ G.P.C(Granite Veneer Precast Concrete)공법 : 거푸집에 화강석 판석을 소요 치수에 맞게 배열한 후, 판석 뒷면에 미리 조립한 철근 및 각종 인서트를 설치한다. 그리고 그 위에 콘크리트를 타설하여 화강석 판석과 콘크리트를 일체화하는 공법으로 규격화에 따른 대량생산이 가능하고, 동결 및 백화 현상을 막을 수 있으며, 건식 공법이므로 시공 속도가 빠르다.

099

대리석의 갈기 공정에 대한 마무리 종류를 ( ) 안에 쓰시오.

① ( ) : #180 카버런덤 숫돌로 간다.
② ( ) : #220 카버런덤 숫돌로 간다.
③ ( ) : 고운 숫돌, 숫가루를 사용, 원반에 걸어 마무리한다.

✔ **정답 및 해설** 대리석의 갈기 공정

① 거친갈기, ② 물갈기, ③ 본갈기

100

다음의 건축 공사 중 표준 시방서에 따른 대리석 공사의 보양 및 청소에 관한 설명 중 ( ) 안에 알맞은 내용을 선택하여 ○로 표시하시오.

① 설치 완료 후 즉시 깨끗한 (물 / 마른 / 물과 마른) 걸레를 사용하여 부착된 이물질이나 모르타르 등을 제거한다.
② 원칙적으로 (산류 / 알칼리류)는 사용하지 않는다.
③ 오염 및 파손의 우려가 있는 부분은 대리석 붙임이 끝난 켜마다 질긴 백지나 모조지 또는 하드보드지 두께 (1.5mm / 2.0mm) 이상으로 풀칠하여 대리석 면에 보양한다.

✔ **정답 및 해설** 대리석 공사의 보양 및 청소

① 물과 마른, ② 산류, ③ 1.5mm

101

아치쌓기에 대한 설명이다. ( ) 안에 알맞은 말을 쓰시오.

벽돌의 아치쌓기는 상부에서 오는 하중을 아치축선에 따라 (①)으로 작용하도록 하고, 아치 하부에 (②)이 작용하지 않도록 하는데 이 때 아치의 모든 줄눈은 (③)에 모이도록 한다.

✔ **정답 및 해설** 아치쌓기

① 압축력, ② 인장력, ③ 원호 중심

102 아치의 모양에 따른 종류 4가지를 쓰시오.

✔ **정답 및 해설** 아치의 모양에 따른 종류

① 반원아치, ② 결원아치, ③ 포물선 아치, ④ 뾰족 아치, ⑤ 평아치

103 다음은 아치쌓기의 종류이다. [보기]의 용어들을 간단히 설명하시오.

보기

① 본아치 :
② 막만든아치 :
③ 거친아치 :
④ 층두리아치 :

✔ **정답 및 해설** 아치의 종류

① 본아치 : 벽돌을 주문하여 제작한 것을 사용하여 쌓은 아치이다.
② 막만든아치 : 보통 벽돌을 쐐기 모양으로 다듬어 쓴 아치이다.
③ 거친아치 : 현장에서 보통 벽돌을 쓰고, 쐐기 모양의 줄눈으로 한 아치이다.
④ 층두리아치 : 아치 너비가 넓을 때에 반장별로 층을 지어 겹쳐 쌓는 아치이다.

104 다음은 아치틀기의 종류이다. 빈칸에 적당한 용어를 [보기]에서 골라 그 번호를 바르게 연결하시오.

보기

① 거친아치   ② 막만든아치   ③ 본아치   ④ 층두리아치

아치벽돌을 특별히 주문 제작하여 쓴 것을 (㉮)라 하고, 보통 벽돌을 쐐기 모양으로 다듬어 쓴 것을 (㉯)라 하며, 보통 벽돌을 쓰고 줄눈을 쐐기 모양으로 한 (㉰)와 아치 너비가 클 때 반장별로 층을 지어 겹쳐 쌓은 (㉱)가 있다.

✔ **정답 및 해설** 아치의 종류

㉮ – ③(본아치), ㉯ – ②(막만든아치), ㉰ – ①(거친아치), ㉱ – ④(층두리아치)

105

아치의 형태와 의장 효과가 서로 관련된 것을 [보기]에서 골라 그 번호를 연결하시오.

보기

① 결원아치(Segmental Arch)　② 평아치(Jack Arch)
③ 반원아치(Roman Arch)　④ 첨두아치(Gothic Arch)

(가) 자연스러우며 우아한 느낌
(나) 변화감 조성
(다) 이질적인 분위기 조성
(라) 경쾌한 반면 엄숙한 분위기 연출

✔ 정답 및 해설 **아치 형태와 의장 효과**

(가)-③(반원아치), (나)-①(결원아치), (다)-②(평아치), (라)-④(첨두아치)

106

다음 아래의 내용은 조적 공사 시의 방습층에 대한 내용이다. 괄호 안을 채우시오.

(①)줄눈 아래에 방습층을 설치하며, 시방서가 없는 경우 현장에서 현장관리 · 감독하는 책임자에게 허락을 맡아 (②)을 혼합한 모르타르를 (③)mm로 바른다.

✔ 정답 및 해설 **방습층의 설치**

① 수평, ② 시멘트 액체방수제, ③ 10mm

107

벽돌 공사 시 지면에 접하는 방습층을 설치하는 목적과 위치, 재료에 대하여 간단히 설명하시오.

① 목적 :
② 위치 :
③ 재료 :

✔ **정답 및 해설** 방습층 설치 목적과 위치, 재료

조적 공사의 방습층은 지반에 접촉되는 부분의 벽에서는 지반 위, 마루 밑의 적당한 위치에 방습층을 수평줄눈의 위치에 설치한다. 방습층의 재료, 구조 및 공법은 도면 및 공사시방서에 따르고 그 정함이 없는 때에는 담당원이 공인하는 시멘트 액체방수제를 혼합한 모르타르로 하고, 바름 두께는 10mm로 한다.

① **목적** : 지면에 접하는 벽돌벽은 지중의 습기가 조적 벽체의 상부로 상승하는 것을 방지하기 위하여 설치한다.

② **위치** : 마루밑 GL(Ground Line)선 윗부분의 적당한 위치, 지반 위 또는 콘크리트 바닥 밑부분에 설치한다.

③ **재료** : 아스팔트 펠트와 루핑, 비닐, 금속판, 방수 모르타르, 시멘트 액체 등이 있다.

108

학교, 사무소 건물 등의 목재 문틀이 큰 충격력 등에 의하여 조적조 벽체로부터 빠져나가지 않게 하기 위한 보강 방법의 종류를 3가지 쓰시오.

✔ **정답 및 해설** 조적조에 있어서 창문틀의 고정 방법

① 창문틀의 아래·위의 가로틀은 끝을 내어 옆 벽에 물린다.

② 선틀의 상·하, 중간 및 장부(뿔) 부분에는 간격 60cm 정도로 꺾쇠 또는 큰 못을 박아 보강한다.

③ 창문틀 주위에는 모르타르를 빈틈없이 충전하여 채워 넣는다.

④ 가새 및 버팀대 등을 사용하여 문틀을 보강한다.

109

치장 벽돌쌓기 후에 시행하는 치장면의 청소 방법을 3가지 쓰시오.

✔ **정답 및 해설** 벽돌벽 치장 벽면의 청소 방법

① 벽돌면이 심하게 더럽고 깨끗이 닦을 수 없는 경우에는 벽면에 먼저 주토(朱土, 안료의 일종으로 산화철을 주성분으로 한 적갈색의 흙)를 물에 개어 칠하고, 건조한 다음 치장줄눈을 한다.

② 물과 세제를 이용하여 세척한다.

③ 산(염산 등의 희석액)을 이용하여 세척한다.

110

다음 용어는 타일에 관한 사항이다. 간략히 기술하시오.

> ① Hard roll지 :
> ② Art Mosaic tile :

✓ 정답 및 해설 용어 설명

① 하드롤(Hard roll)지 : 모자이크 타일을 시공한 후 보양(보호와 양생)용으로 사용하기 위하여 타일 뒷면에 붙이는 종이

② 아트 모자이크 타일(Art mosaic tile) : 흡수성이 거의 없는 자기질의 극히 작은 타일로서 무늬, 글자, 회화 등을 나타내기 위한 타일이다.

111

테라초 현장갈기 시공 순서를 [보기]에서 골라 그 번호를 쓰시오.

보기

> ① 왁스칠   ② 시멘트풀 먹임   ③ 양생 및 경화
> ④ 초벌갈기   ⑤ 정벌갈기   ⑥ 테라초 종석바름
> ⑦ 황동줄눈대

✓ 정답 및 해설 테라초(Terazzo) 시공 순서

바탕처리 → 황동줄눈대 설치 → 테라초 종석바름 → 양생과 경화 → 초벌갈기 → 시멘트풀 먹임 → 정벌갈기 → 왁스칠의 순이다.

즉, ⑦ → ⑥ → ③ → ④ → ② → ⑤ → ①의 순이다.

112

테라코타가 쓰이는 용도를 3가지 쓰시오.

✓ 정답 및 해설 테라코타의 용도

① 건축물의 패러핏, ② 버팀벽, ③ 주두, ④ 난간벽, ⑤ 창대, ⑥ 돌림띠 등의 장식

113 조적 공사에서 다음의 설명이 의미하는 용어를 쓰시오.

① 세로줄눈이 일직선이 되도록 개체를 길이로 세워 쌓는 방법 : (　　　)
② 창문틀 위에 쌓고 철근과 콘크리트를 다져 넣어 보강하는 U자형 블록 : (　　　)

✔ **정답 및 해설**　조적 공사의 용어

① 세워 쌓기, ② 인방 블록

114 다음은 조적 공사 시공 시 유의하여야 할 점이다. 빈칸을 채우시오.

㈎ 한랭기 공사 시 (①)에서 모르타르 온도가 (②)℃ 이내가 되도록 유지한다.
㈏ 벽돌 표면 온도는 (③)℃ 이하가 되지 않도록 관리한다.
㈐ 가로·세로의 줄눈너비는 (④)cm를 표준으로 한다.
㈑ 모르타르용 모래는 (⑤)mm체에 100% 통과하는 적당한 입도일 것

✔ **정답 및 해설**

① 4℃ 이하, ② 40, ③ -7, ④ 1, ⑤ 5

115 다음은 조적 구조의 안전에 대한 내용이다. 아래 빈칸을 채우시오.

조적조 대린벽으로 구획된 벽 길이는 (①) 이하로 해야 하며, 대린벽으로 둘러싸인 바닥면적은 (②) 이하로 해야 한다.

✔ **정답 및 해설**

① 10m, ② 80m^2

Ⅲ. 타일 공사

001

자기질 타일과 도기질 타일의 특징을 2가지씩 쓰시오.

- 자기질 타일 : ①   ②
- 도기질 타일 : ①   ②

✅ **정답 및 해설** 자기질 및 도기질 타일의 특징

(1) 자기질 타일

① 소성온도(1,230~1,460℃)가 매우 높고, 흡수성(0~1%)이 매우 작다.

② 두드리면 금속음이 나고 양질의 도토 또는 장석분을 원료로 사용한다.

(2) 도기질 타일

① 소성온도(1,100~1,230℃)가 낮고, 흡수성(10% 이상)이 약간 크다.

② 두드리면 탁음이 나고 유약을 사용한다.

002

다음은 타일의 원료와 재질에 대한 설명이다. [보기]에서 골라 그 번호를 바르게 연결하시오.

보기

① 토기   ② 도기   ③ 석기   ④ 자기

(개) 점토질의 원료에 석영, 도석, 납석 및 소량의 장석질을 넣어 1,000~3,000℃로 구워낸 것으로, 두드리면 둔탁한 소리가 나며 위생설비 등에 주로 쓰인다. (   )

(내) 정제하지 않아 불순물이 많이 함유된 점토를 유약을 입히지 않고 700~900℃의 비교적 낮은 온도에서 한 번 구워낸 것으로, 다공성이며 기계적 강도가 낮다. (   )

(대) 규석, 알루미나 등이 포함된 양질의 자토로 1,300~1,500℃의 고온에서 구워낸 것으로, 외관이 미려하고 내식성 및 내열성이 우수하여 고급 장식용 등에 사용된다. (   )

✅ **정답 및 해설** 타일의 원료와 재질

(개) - ②(도기), (내) - ①(토기), (대) - ④(자기)

003

다음 [보기]의 타일을 흡수성이 큰 순서대로 배열하시오.

보기

① 자기질　　　② 토기질　　　③ 도기질　　　④ 석기질

✔ **정답 및 해설** **타일의 흡수성**

토기(20% 이상) → 도기(10% 이상) → 석기(3~10%) → 자기(0~1%)의 순이다.
즉, ② → ③ → ④ → ①의 순이다.

004

타일의 종류를 소지재 및 용도에 따라 분류하시오.

① 소지재 :
② 용도 :

✔ **정답 및 해설**

타일은 소지의 질과 용도(호칭)에 따라 구분하는데, 소지의 질에 따라서는 자기질, 석기질 및 도기질 타일 등이 있고, 용도에 따라서는 내장 타일(내장벽재), 외장 타일(외장벽재), 바닥 타일(내·외장 바닥재) 및 모자이크 타일(내·외장벽 및 바닥재) 등이 있다. 또한 용도에 따른 타일의 소지의 질을 보면 내장 타일(자기, 석기 및 도기질), 외장 타일(자기, 석기질), 바닥 타일(자기, 석기질) 및 모자이크 타일(자기질) 등이 있다.
① 소지재 : 자기질 타일, 석기질 타일 및 도기질 타일 등
② 용도(호칭) : 내장 타일(내장벽재), 외장 타일(외장벽재), 바닥 타일(내·외장 바닥재) 및 모자이크 타일(내·외장벽 및 바닥재) 등

005

타일의 선정 및 선별에서 타일의 용도상 종류를 구별하여 3가지만 쓰시오.

✔ **정답 및 해설** **타일의 용도상 종류**

① 내장 타일, ② 외장 타일, ③ 바닥 타일, ④ 모자이크 타일

006 타일 선정 시 고려해야 할 사항 3가지를 쓰시오.

✔ **정답 및 해설** 타일 선정 시 고려해야 할 사항

① 치수, 색깔, 형상 등이 정확하여야 한다.
② 흡수율이 작아 동결 우려가 없어야 한다.
③ 용도에 적합한 타일을 선정하여야 한다.
④ 내마모성, 충격 및 시유를 한 것이어야 한다.

007 내부 바닥 타일이 가져야 할 성질 4가지를 쓰시오.

✔ **정답 및 해설** 내부 바닥 타일의 성질

① 동해를 방지하기 위하여 흡수율이 작아야 한다.
② 자기질, 석기질의 타일이어야 한다.
③ 바닥 타일은 마멸, 미끄럼 등이 없어야 한다.
④ 외관이 좋아야 하고, 청소가 용이하여야 한다.

008 타일 시공 시 타일나누기에 대한 주의사항 3가지를 기술하시오.

✔ **정답 및 해설** 타일나누기에 대한 주의사항

① 벽과 바닥의 줄눈을 맞추기 위하여 동시(벽과 바닥)에 계획한다.
② 사용하는 타일은 가능한 온장을 사용하도록 하고, 토막 타일이 나오지 않도록 한다.
③ 배관 등의 매설물의 위치를 파악하여 이 부분에 대한 대비를 철저히 한다.
④ 평면 부분이 아닌 모서리 등의 부분에는 특수 형태의 타일을 사용한다.

009 타일 붙이기 공사에서 '바탕처리' 공정 시 주의사항을 기술하시오.

✔ **정답 및 해설** '바탕처리' 공정 시 주의사항

① 모르타르를 두껍게 발라 바탕면에 붙여 대는 방법을 사용한다.
② 콘크리트 또는 벽돌면이 심히 평탄치 않은 곳은 깎아내거나 살을 붙여 발라 평평하게 하고, 지나치게 평활한 면은 긁어 거칠게 하여 부착이 잘되게 한다.

③ 레이턴스, 회반죽, 모르타르, 흙, 먼지 등을 깨끗이 제거, 청소하여야 한다.

④ 모자이크 바탕면은 배수구가 있을 경우 물흘림경사를 두고, 완전 평면으로 흙손자국이 없게 모르타르 바탕면을 한다.

⑤ 바탕면 결합부는 모두 정리하고 청소한 다음 적당히 물축이기를 한다.

010

다음 사용 위치별 타일의 줄눈 두께를 쓰시오.

① (대형) 외부 타일 :

② (대형) 내부 타일 :

③ 소형 타일 :

④ 모자이크의 타일 :

✔ 정답 및 해설 타일의 줄눈 두께

(단위 : mm)

타일 구분	대형벽돌형(외부)	대형(내부 일반)	소형	모자이크
줄눈 너비	9	5~6	3	2

① : 9mm, ② : 5mm, ③ : 3mm, ④ : 2mm

011

타일 공사에서 도면 또는 공사 시방서에 정한 바가 없을 때 타일 구분에 따른 타일 붙이기의 줄눈 너비를 쓰시오.

① 대형(외부) :

② 소형 :

③ 모자이크 :

✔ 정답 및 해설 타일의 줄눈 너비

① 대형(외부) : 9mm, ② 소형 : 3mm, ③ 모자이크 : 2mm

012 타일 시공 시 공법을 선정할 때 고려해야 할 사항을 3가지 쓰시오.

✔ **정답 및 해설** **타일 시공 공법 선정 시 고려 사항**
① 박리를 발생시키지 않는 공법이고, 백화가 생기지 않을 것
② 마무리 정도가 좋고, 타일에 균열이 생기지 않을 것
③ 타일의 성질, 시공 위치 및 기후의 조건에 유의할 것

013 다음에 설명된 타일 붙임 공법의 명칭을 쓰시오.

> ① 가장 오래된 타일 붙이기 방법으로 타일 뒷면에 붙임 모르타르를 얹어 바탕 모르타르에 누르듯이 하여 1매씩 붙이는 방법 : (   )
> ② 평평하게 만든 바탕 모르타르 위에 붙임 모르타르를 바르고 그 위에 타일을 두드려 누르거나 비벼 놓으면서 붙이는 방법 : (   )
> ③ 평평하게 만든 바탕 모르타르 위에 붙임 모르타르를 바르고 타일 뒷면에 붙임 모르타르를 얇게 발라 두드려 누르거나 비벼 넣으면서 붙이는 방법 : (   )

✔ **정답 및 해설**
① 떠 붙이기 공법, ② 압착 붙임 공법, ③ 개량 압착 공법

014 벽타일 붙이기 공법의 종류 4가지를 쓰시오.

✔ **정답 및 해설** **벽타일 붙임 공법**
㉠ 외벽 타일 붙임 공법 : 떠붙임 공법, 압착 공법, 개량 압착 공법, 판형 붙임 공법 및 동시줄눈(밀착) 공법 등
㉡ 내벽 타일 붙임 공법 : 떠붙임 공법, 낱장 붙임 공법, 판형 붙임 공법 및 접착제 붙임 공법 등
떠붙임 공법, 압착 공법, 개량 압착 공법, 판형 붙임 공법, 낱장 붙임 공법, 동시줄눈(밀착) 공법 및 접착제 붙임 공법 등

015

다음에서 설명하는 타일 공법을 쓰시오.

① 타일 측에 붙임재를 바르는 공법 :
② 바탕 측에 붙임재를 바르는 공법 :

✔ **정답 및 해설** 타일 공법

① 타일 측에 붙임재를 바르는 공법 : 떠붙임 공법
② 바탕 측에 붙임재를 바르는 공법 : 압착 공법 또는 밀착(동시줄눈) 공법

016

다음은 타일 붙임 공법에 대한 설명이다. (   ) 안에 알맞은 것을 [보기]에서 골라 기호로 쓰시오.

보기

㉮ 개량 압착 공법　　　　㉯ 압착 공법　　　　　　㉰ 떠붙임 공법
㉱ 개량 떠붙임 공법　　　　㉲ 밀착(동시줄눈) 공법

① 타일 뒷면에 붙임용 모르타르를 바르고 벽면의 아래에서 위로 붙여가는 종래의 일반적인 공법은 (   )이다.
② 바탕면에 먼저 붙임 모르타르를 고르게 바르고 그 곳에 타일을 눌러 붙이는 공법은 (   )이다.
③ 바탕면에 붙임 모르타르를 발라 타일을 눌러 붙인 다음 충격공구(손진동기)로 타일면에 충격을 가하는 공법은 (   )이다.

✔ **정답 및 해설**

① – ㉰(떠붙임 공법), ② – ㉯(압착 공법), ③ – ㉲[밀착(동시줄눈) 공법]

017

타일 붙임 공법 중 떠붙임 공법의 장점에 대해 3가지만 기술하시오.

✔ **정답 및 해설** 떠붙임 공법의 장점

① 붙임 모르타르와 타일의 접착력이 비교적 좋다.
② 타일의 박리가 적다.
③ 시공 관리가 매우 간편하다.

018 타일 공법 중 압착 공법의 장점에 대해 3가지를 기술하시오.

✓ 정답 및 해설 압착 공법의 장점

① 타일의 이면에 공극이 적어 물의 침투를 방지할 수 있으므로 동해와 백화 현상이 적다.
② 작업 속도가 빠르고 고능률적이다.
③ 시공 부자재가 상대적으로 저렴하다.

019 다음 타일 붙임 공법의 명칭을 쓰시오.

> 바탕면에 타일 접착용 모르타르를 바르고 타일에도 붙임용 모르타르를 발라 두드려
> 누르거나 비벼 넣으며 붙이는 공법으로 압착 공법을 한층 발전시킨 공법

✓ 정답 및 해설

개량 압착 공법

020 타일 붙이기 시공 방법 가운데 하나인 개량 압착 공법의 시공 방법을 기술하시오.

✓ 정답 및 해설 개량 압착 공법의 시공 방법

개량 압착 공법은 매끈하게 마무리된 모르타르 면에 바름 모르타르를 바르고, 타일 이면에도 모르타르를 얇게 발라 붙이는 공법이다.

021 거푸집면 타일 먼저 붙이기 공법 3가지를 쓰시오.

✓ 정답 및 해설 거푸집면 타일 먼저 붙이기 공법

① 타일 시트법
② 줄눈 칸막이법
③ 졸대법

022

다음에서 설명하고 있는 타일 붙임 공법의 명칭을 쓰시오.

> 바탕면에 붙임용 모르타르를 5~8mm 정도의 두께로 바른 후 타일을 눌러 붙인 다음 충격공구(Vibrator)로 진동하여 붙이는 공법

✔ 정답 및 해설

밀착(동시줄눈) 공법

023

벽타일 붙이기 공법 중 하나인 접착 붙이기의 시공법에 대한 설명 중 (   ) 안에 들어갈 내용으로 맞는 것을 [보기]에서 고르시오.

보기

① 내장공사   ② 외장공사   ③ 물
④ 줄눈대   ⑤ 충전재   ⑥ 클링커 타일 공사
⑦ $1m^2$ ⑧ $2m^2$ ⑨ $3m^2$
⑩ $4m^2$

㈎ (   )에 한하여 적용한다.
㈏ 바탕이 고르지 않을 때에는 접착제에 적절한 (   )를 혼합하여 바탕을 바른다.
㈐ 접착제 1회 바름 면적은 (   ) 이하로 하고, 접착제용 흙손으로 눌러 바른다.

✔ 정답 및 해설 접착 붙이기의 시공법

㈎ – ①(내장공사), ㈏ – ⑤(충전재), ㈐ – ⑧($2m^2$)

024

타일 공사에서 벽타일 붙이기 공법의 종류 4가지를 쓰시오.

✔ 정답 및 해설 벽타일 붙이기 공법

① 떠 붙이기 공법, ② 압착 붙이기 공법, ③ 개량 압착 붙이기 공법, ④ 판형 붙이기 공법

025

다음 [보기]를 보고 벽타일 붙이기 시공 순서에 맞게 그 번호를 나열하시오.

보기

① 타일 나누기 ② 치장줄눈 ③ 보양
④ 벽타일 붙이기 ⑤ 바탕정리

✔ **정답 및 해설** 벽타일 붙이기 시공 순서

바탕정리 → 타일 나누기 → 벽타일 붙이기 → 치장줄눈 → 보양의 순이다.

즉, ⑤ → ① → ④ → ② → ③의 순이다.

026

다음 아래 내용의 빈칸을 채우시오.

치장줄눈은 타일을 붙인 후 (①) 이상 지난 후 헝겊으로 닦아내고, 완전히 건조된 후 설치한다. 라텍스, 에멀젼 후에는 (②)일 이상 지난 후 물로 씻어낸다.

✔ **정답 및 해설** 치장줄눈의 설치

① 3시간, ② 2

027

다음 아래 내용의 빈칸을 채우시오.

① 타일의 접착력 시험은 (   )m^{2}당 한 장씩 한다.
② 타일의 접착력 시험은 타일 시공 후 (   )주일 이상일 때 한다.
③ 바닥면적 1m^{2}에 소요되는 모자이크 유니트형(30cm×30cm)의 정미량은 (   )매 이다.

✔ **정답 및 해설** 타일 공사

① 200, ② 4, ③ 11.11

028

다음은 타일 공사에 관한 내용이다. 괄호 안을 채우시오.

㈎ 한중 공사 시 동해 및 급격한 온도변화의 손상을 피하도록 외기의 기온이 (①)℃ 이하일 때는 타일 작업장의 온도가 (②)℃ 이상 되도록 보호 및 난방한다.

㈏ 타일을 붙인 후 (③)일간은 진동이나 보행을 금지한다.

㈐ 줄눈을 넣은 후 경화불량 우려가 있거나 (④)시간 이내에 비가 올 우려가 있는 경우 폴리에틸렌 필름 등으로 차단보양한다.

✔ **정답 및 해설** 타일 공사

① 2, ② 10, ③ 3, ④ 24

029

다음은 타일 붙이기에 대한 설명이다. ( ) 안을 채우시오.

타일 붙이기에 적당한 모르타르 배합은 경질 타일일 때 (①)이고, 연질타일일 때는 (②)이며, 흡수성이 큰 타일일 때는 필요시 (③)하여 사용한다.

✔ **정답 및 해설** 타일 붙이기

① 1 : 2, ② 1 : 3, ③ 가수

030

타일의 박락을 방지하기 위해 시공 중 검사와 시공 후 검사가 있는데, 시공 후 검사 2가지를 쓰시오.

✔ **정답 및 해설** 타일의 박락을 방지하기 위한 시공 후 검사

① 두들김 검사
② 인장 접착 검사

031 타일의 동해(凍害) 방지를 위하여 취해야 할 조치 4가지를 쓰시오.

✓ 정답 및 해설 타일의 동해 방지

① 흡수율이 작고 소성온도가 높은 타일(자기질, 석기질 타일)을 사용한다.
② 접착용 모르타르의 배합비(시멘트 : 모래=1 : 1~2)를 정확히 하고, 혼화제(아크릴)를 사용한다.
③ 물의 침입을 방지하기 위하여 줄눈 모르타르에 방수제를 넣어 사용한다.
④ 사용 장소는 가능한 한 내부로 한다.

032 다음 금속 철물의 종류에 대해서 간단히 설명하시오.

① 와이어메시 :
② 와이어라스 :
③ 메탈라스 :
④ 펀칭메탈 :

✓ 정답 및 해설

① 와이어메시 : 4.19mm 정도의 굵은 철선을 사각형으로 교차시켜 그물 모양으로 만들고, 교차점은 전기 용접을 하여 고정시킨 것으로 울타리, 콘크리트의 철근보강용으로 사용하는 금속제품이다.
② 와이어라스 : 철선 또는 아연 도금 철선을 엮어서 그물 모양으로 만든 것으로 미장 바탕용 철망으로 사용하고, 여러 가지 형태(농형, 귀갑형 및 원형 등)가 있다.
③ 메탈라스(Metal lath) : 미장 공사에서 바름벽의 바탕에 사용하는 박강판을 가공하여 만든 망 또는 얇은 철판에 금을 그어 당겨 늘린 것으로서 벽, 천정 등에 미장바름 바탕에 사용하는 금속 제품이다.
④ 펀칭메탈(Punching metal) : 얇은 철판에 각종 무늬의 구멍을 뚫어서 만든 금속 제품으로 라지에이터 커버 또는 환기 구멍에 사용된다.

033 바닥 플라스틱제 타일의 시공 순서를 다음 [보기]에서 골라 순서대로 기호를 쓰시오.

보기

① 프라이머 도포　　　　　　② 접착제 도포
③ 바탕 고르기　　　　　　　④ 타일 붙이기

✔ **정답 및 해설** 바닥 플라스틱제 타일의 시공 순서

바탕 고르기 → 프라이머 도포 → 접착제 도포 → 타일 붙이기의 순이다.

즉, ③ → ① → ② → ④의 순이다.

034

바닥 플라스틱재 타일 붙이기 시공 순서에 맞게 다음 [보기]의 (   ) 안에 해당하는 알맞은
내용을 쓰시오.

보기

바탕 건조 → (①) → 먹줄치기 → (②) → 타일 붙이기 → (③) → 타일면 청소

✔ **정답 및 해설** 바닥 플라스틱재 타일 붙이기 시공 순서

바탕 건조 → 프라이머 도포 → 먹줄치기 → 접착제 도포 → 타일 붙이기 → 보양 → 타일면 청소의 순
이다.

① 프라이머 도포, ② 접착제 도포, ③ 보양

035

리놀륨 깔기 시공 순서를 [보기]에서 골라 순서대로 나열하시오.

보기

① 바닥 정리   ② 마무리   ③ 임시 깔기
④ 정 깔기   ⑤ 깔기 계획

✔ **정답 및 해설** 리놀륨 깔기 시공 순서

바닥 정리 → 깔기 계획 → 임시 깔기 → 정 깔기 → 마무리의 순이다.

즉, ① → ⑤ → ③ → ④ → ②의 순이다.

036

미장 공사와 관련된 다음 용어를 간단히 설명하시오.

① 손질바름 :
② 실러바름 :

✔ **정답 및 해설**

① 손질바름 : 콘크리트, 콘크리트 블록 바탕에서 초벌바름 전에 마감 두께를 균등하게 할 목적으로 모르타르 등으로 미리 요철을 조정하는 것
② 실러바름 : 바탕의 흡수 조정, 바름재와 바탕과의 접착력 증진을 위하여 합성수지 에멀션 희석액 등을 바탕에 바르는 것

037

다음 용어를 설명하시오.

① open time :
② 바탕 처리 :
③ 덧먹임 :
④ 리그노이드(lignoid) :
⑤ 바라이트(barite) 모르타르 :
⑥ 캐스트스톤 :

✔ **정답 및 해설**

① open time : 타일 붙임 공사에 있어서 접착제의 종류, 점도 등에 따른 경화 전의 사용시간으로 내장 타일은 10분, 외장 타일은 20분으로 타일의 탈락 현상을 방지하기 위해 open time을 꼭 지킨다.
② 바탕 처리 : 바탕을 깨끗이 하고, 미장 재료를 바르거나, 도장 재료를 칠하거나 하는 경우에 바탕을 알맞게 손질하는 것 또는 마감 두께를 균등하게 하기 위한 조치로서 요철이 심한 곳은 깎아내고, 변형이 심한 곳은 덧바르는 것
③ 덧먹임 : 바르기의 접합부 또는 균열의 틈새, 구멍 등에 반죽된 재료를 밀어 넣어 때우는 것
④ 리그노이드 : 마그네시아 시멘트 모르타르에 탄성재인 코르크 분말, 안료 등을 혼합한 모르타르 반죽으로 벽면이나 천장 등에는 부적당하고, 바닥 포장재로 주로 사용한다.
⑤ 바라이트 모르타르 : 중원소 바륨을 원료로 하는 분말재로 모래, 시멘트를 혼합하여 사용하며 방사선 차단재로 사용한다
⑥ 캐스트스톤(모조석, 의석) : 시멘트 제품을 인조석 마무리로 하여 돌쌓기와 같이 하는 것 또는 대리석 이외의 암석의 쇄석을 종석으로 하여 인조 대리석에 준하여 제작된 모조석이다.

038

다음에서 설명하는 용어를 쓰시오.

> 기둥의 주두, 난간 벽, 창대 등의 외관 장식에 많이 쓰이는 속이 빈 형태의 점토 제품으로 구조용과 장식용이 있다. : (   )

✔ 정답 및 해설

테라코타

039

다음 [보기]에서 설명된 내용의 재료를 쓰시오.

보기

> 자토를 반죽하여 형틀에 맞추어 찍어낸 다음 소성한 점토 제품으로 대개가 속이 빈 형태를 취하고 있으며, 구조용으로 쓰이는 공동벽돌과 난간 벽의 장식, 돌림띠, 창대, 주두 등의 장식용이 있다.

✔ 정답 및 해설

테라코타

040

테라코타에 대한 용어 설명을 하시오.

✔ 정답 및 해설 　테라코타의 정의

① 테라코타는 기둥의 주두, 난간 벽, 창대 등의 외관 장식으로 많이 쓰이는 속이 빈 형태의 점토 제품으로 구조용과 장식용이 있다.

② 테라코타는 자토를 반죽하여 형틀에 맞추어 찍어낸 다음 소성한 점토 제품으로 대개가 속이 빈 형태를 취하고 있으며, 구조용으로 쓰이는 공동벽돌과 난간 벽의 장식, 돌림띠, 창대, 주두 등의 장식용이 있다.

041 테라코타의 특징과 용도를 각각 3가지씩 쓰시오.

✓ 정답 및 해설 테라코타의 특징과 용도

① 테라코타의 특징

㉮ 일반 석재보다 가볍다.

㉯ 압축강도는 $80 \sim 90\,\mathrm{MPa}$로서 화강암의 $\frac{1}{2}$ 정도이다.

㉰ 화강암보다 내화력이 강하고 대리석보다 풍화에 강하므로 외장에 적당하다.

② 테라코타의 용도

㉮ 구조용 : 공동 벽돌의 칸막이용

㉯ 장식용 : 난간 벽의 장식, 돌림띠, 창대, 주두 등

Ⅳ. 미장 공사

001 다음 [보기] 중 기경성 재료를 모두 골라 번호를 기입하시오.

보기

① 시멘트 모르타르　　　　　　② 아스팔트 모르타르
③ 킨즈 시멘트　　　　　　　　④ 돌로마이트 플라스터
⑤ 회반죽　　　　　　　　　　⑥ 순석고 플라스터
⑦ 마그네시아 시멘트　　　　　⑧ 진흙

✓ 정답 및 해설 기경성 미장 재료

②(아스팔트 모르타르), ④(돌로마이트 플라스터), ⑤(회반죽), ⑧(진흙)

〈미장 재료의 분류〉

구분	분류		고결재
수경성	시멘트계	시멘트 모르타르, 인조석, 테라초 현장바름	포틀랜드 시멘트
	석고계 플라스터	혼합 석고, 보드용, 크림용 석고 플라스터, 킨즈 시멘트	헤미수화물, 황산칼슘
기경성	석회계 플라스터	회반죽, 돌로마이트 플라스터, 회사벽	돌로마이트, 소석회
	흙반죽, 섬유벽, 아스팔트 모르타르		점토, 합성수지 풀
특수 재료	합성수지 플라스터, 마그네시아 시멘트		합성수지, 마그네시아

002

다음의 [보기] 중에서 기경성인 재료를 모두 골라 그 번호를 기입하시오.

보기

① 킨즈 시멘트　　② 아스팔트 모르타르　　③ 마그네시아 시멘트
④ 시멘트 모르타르　　⑤ 진흙질　　⑥ 소석회

✔ **정답 및 해설**　기경성 미장 재료

②(아스팔트 모르타르), ⑤(진흙질), ⑥(소석회)

003

다음 [보기]의 미장 재료 중 기경성 미장 재료를 모두 골라 그 번호를 기입하시오.

보기

① 시멘트 모르타르　　② 돌로마이트 플라스터
③ 회반죽　　④ 순석고
⑤ 테라초 현장갈기　　⑥ 진흙

✔ **정답 및 해설**　기경성 미장 재료

②(돌로마이트 플라스터), ③(회반죽), ⑥(진흙)

004

다음 [보기]의 미장 재료 중 기경성 재료를 모두 골라 그 번호를 기입하시오.

보기

① 진흙　　② 돌로마이트 플라스터
③ 아스팔트 모르타르　　④ 순석고
⑤ 시멘트 모르타르　　⑥ 인조석 바름

✔ **정답 및 해설**　기경성 미장 재료

①(진흙), ②(돌로마이트 플라스터), ③(아스팔트 모르타르)

005

다음 [보기]의 미장 재료 중 기경성 재료를 모두 골라 그 번호를 쓰시오.

보기

① 시멘트 모르타르 ② 회반죽 ③ 돌로마이트 플라스터
④ 석고 플라스터 ⑤ 회사벽

✔ 정답 미장 재료의 분류

②(회반죽), ③(돌로마이트 플라스터), ⑤(회사벽)

구분		분류	고결재
수경성	시멘트계	시멘트 모르타르, 인조석, 테라초 현장바름	포틀랜드 시멘트
	석고계 플라스터	순석고, 혼합 석고, 보드용, 크림용 석고 플라스터, 킨즈(경석고 플라스터) 시멘트	헤미수화물, 황산칼슘
기경성	석회계 플라스터	회반죽, 돌로마이트 플라스터, 회사벽	돌로마이트, 소석회
	흙반죽, 섬유벽, 아스팔트 모르타르		점토, 합성수지 풀
특수 재료	합성수지 플라스터, 마그네시아 시멘트		합성수지, 마그네시아

006

다음 [보기]의 내용은 미장 재료이다. 수경성 재료를 모두 골라 그 번호를 쓰시오.

보기

① 회반죽 ② 진흙질
③ 순석고 플라스터 ④ 시멘트 모르타르
⑤ 킨즈 시멘트(경석고) ⑥ 돌로마이트 플라스터(마그네시아 석회)

✔ 정답 및 해설 수경성 미장 재료

③(순석고 플라스터), ④(시멘트 모르타르), ⑤[킨즈 시멘트(경석고)]

007

다음 [보기]에서 수경성 미장 재료에 해당하는 재료의 번호를 쓰시오.

보기

① 돌로마이트 플라스터   ② 인조석 바름
③ 시멘트 모르타르   ④ 회반죽
⑤ 킨즈 시멘트

✔ 정답 및 해설 수경성 미장 재료

②(인조석 바름), ③(시멘트 모르타르), ⑤(킨즈 시멘트)

008

다음 미장 재료 중에서 수경성인 재료를 [보기]에서 골라 기호를 쓰시오.

보기

① 인조석 바름   ② 시멘트 바름
③ 회반죽   ④ 돌로마이트 플라스터

✔ 정답 및 해설 수경성의 미장 재료

①(인조석 바름), ②(시멘트 바름)

009

다음 미장 재료 중 수경성 재료를 모두 쓰시오.

① 석고 플라스터   ② 회반죽   ③ 돌로마이트 플라스터
④ 시멘트 모르타르   ⑤ 킨즈 시멘트

✔ 정답 및 해설 수경성의 미장 재료

① 석고 플라스터
④ 시멘트 모르타르
⑤ 킨즈 시멘트(경석고 플라스터)

010

다음의 미장 재료 중 수경성 미장 재료를 고르시오.

① 석고 플라스터   ② 시멘트 바름   ③ 인조석 바름
④ 돌로마이트 플라스터   ⑤ 회반죽

✔ **정답 및 해설**   수경성의 미장 재료

① 석고 플라스터, ② 시멘트 바름, ③ 인조석 바름

011

다음 [보기]에서 수경성 미장 재료를 골라 그 번호를 쓰시오.

【보기】

① 돌로마이트 플라스터   ② 인조석 바름   ③ 시멘트 모르타르
④ 회반죽   ⑤ 킨즈 시멘트

✔ **정답 및 해설**   수경성의 미장 재료

②(인조석 바름), ③(시멘트 모르타르), ⑤[킨즈 시멘트(경석고 플라스터)]

012

다음 [보기]에서 수경성 미장 재료를 모두 고르시오.

【보기】

① 회반죽   ② 시멘트 모르타르   ③ 순석고 플라스터
④ 아스팔트 모르타르   ⑤ 돌로마이트 플라스터   ⑥ 경석고 플라스터

✔ **정답 및 해설**   수경성의 미장 재료

② 시멘트 모르타르, ③ 순석고 플라스터, ⑥ 경석고 플라스터(킨즈 시멘트)

013

다음 [보기] 중 수경성 미장 재료를 모두 골라 그 번호를 기입하시오.

보기

① 석고 플라스터　　　② 토벽　　　③ 회반죽
④ 돌로마이트 플라스터　　　⑤ 시멘트 모르타르

✔ 정답 및 해설

미장 재료 중 수경성의 재료에는 시멘트계(시멘트 모르타르, 인조석 및 테라초 현장 바름 등)와 석고계 플라스터(혼합 석고, 보드용 석고, 크림용 석고 플라스터 및 킨즈 시멘트 등)가 있다. 즉, 석고 플라스터 · 시멘트 모르타르는 수경성이고, 토벽 · 회반죽 · 돌로마이트 플라스터는 기경성이다.
① 석고 플라스터, ⑤ 시멘트 모르타르

014

다음 각종 미장 재료를 기경성 및 수경성 미장 재료로 분류할 때 해당되는 재료의 번호를 [보기]에서 골라 쓰시오.

보기

① 진흙　　　② 순석고 플라스터　　　③ 회반죽
④ 돌로마이트 플라스터　　　⑤ 킨즈 시멘트　　　⑥ 인조석 바름
⑦ 시멘트 모르타르

㈎ 기경성 미장 재료 :
㈏ 수경성 미장 재료 :

✔ 정답 및 해설　기경성 및 수경성 미장 재료

㈎ 기경성 미장 재료 : ①(진흙), ③(회반죽), ④(돌로마이트 플라스터)
㈏ 수경성 미장 재료 : ②(순석고 플라스터), ⑤(킨즈 시멘트), ⑥(인조석 바름), ⑦(시멘트 모르타르)

015 다음 [보기]의 미장 재료에서 기경성과 수경성을 구분하여 각각에 해당하는 번호를 쓰시오.

보기

① 회반죽　　　　　　② 진흙질　　　　　③ 순석고 플라스터
④ 돌로마이트 플라스터　⑤ 시멘트 모르타르　⑥ 아스팔트 모르타르
⑦ 소석회

(가) 기경성 :
(나) 수경성 :

✔ **정답 및 해설**　기경성 및 수경성 미장 재료

(가) 기경성 미장 재료 : ①(회반죽), ②(진흙질), ④(돌로마이트 플라스터), ⑥(아스팔트 모르타르), ⑦(소석회)

(나) 수경성 미장 재료 : ③(순석고 플라스터), ⑤(시멘트 모르타르)

016 다음 분류에 해당하는 미장 재료명을 [보기]에서 골라 번호를 쓰시오.

보기

㉮ 진흙　　　　　　㉯ 순석고 플라스터　　㉰ 회반죽
㉱ 돌로마이트 플라스터　㉲ 킨즈 시멘트　　　㉳ 아스팔트 모르타르
㉴ 시멘트 모르타르

① 기경성 미장 재료 :
② 수경성 미장 재료 :

✓ 정답 및 해설 미장 재료의 분류

응결 경화 방식	분류		결합제
수경성 (팽창성)	시멘트계	시멘트 모르타르 인조석 테라초 현장 바름	포틀랜드 시멘트
	석고계 플라스터	혼합 석고 플라스터 보드용 석고 플라스터 크림용 석고 플라스터 킨즈 시멘트	$CaSO_4 \cdot \frac{1}{2}H_2O, CaSO_4$
기경성 (수축성)	석회계 플라스터	회반죽 회사벽 돌로마이트 플라스터	소석회 돌로마이트
		흙반죽 섬유벽	점토 합성수지풀
특수 재료		합성수지 플라스터 마그네시아 시멘트	합성수지 마그네시아

① 기경성(수축성) 미장 재료 : ㉮(진흙), ㉰(회반죽), ㉲(돌로마이트 플라스터), ㉴(아스팔트 모르타르)
② 수경성(팽창성) 미장 재료 : ㉯(순석고 플라스터), ㉱(킨즈 시멘트), ㉵(시멘트 모르타르)

017

각종 미장 재료를 다음과 같이 분류할 경우 ㉮, ㉯에 해당하는 미장 재료명을 [보기]에서 골라 번호로 쓰시오.

보기

① 진흙질   ② 순석고 플라스터   ③ 회반죽
④ 돌로마이트 플라스터   ⑤ 킨즈 시멘트   ⑥ 아스팔트 모르타르
⑦ 시멘트 모르타르

㉮ 기경성 미장 재료 :
㉯ 수경성 미장 재료 :

✓ 정답 및 해설 미장 재료의 분류

㉮ 기경성 미장 재료 : ①(진흙질), ③(회반죽), ④(돌로마이트 플라스터), ⑥(아스팔트 모르타르)
㉯ 수경성 미장 재료 : ②(순석고 플라스터), ⑤[킨즈 시멘트(경석고 플라스터)], ⑦(시멘트 모르타르)

018 미장 재료 중 기경성과 수경성을 구분하여 각각 2가지씩 쓰시오.

✔ 정답 및 해설 미장 재료 중 수경성과 기경성 재료

① 수경성 재료 : 시멘트계(시멘트 모르타르, 인조석, 테라초 현장 바름 등), 석고계 플라스터(혼합, 보드용, 크림용 석고 플라스터 및 킨즈 시멘트 등)

② 기경성 재료 : 석회계 플라스터(회반죽, 회사벽 및 돌로마이트 플라스터 등), 흙반죽, 섬유벽 등

019 다음 [보기]의 미장 재료 중 알칼리성을 띠는 재료를 모두 골라 그 번호를 쓰시오.

보기

① 킨즈 시멘트　　　② 순석고 플라스터　　　③ 마그네시아 시멘트
④ 회반죽　　　　　⑤ 시멘트 모르타르　　　⑥ 돌로마이트 플라스터

✔ 정답 및 해설 알칼리성 미장 재료

④(회반죽), ⑤(시멘트 모르타르), ⑥(돌로마이트 플라스터)

020 다음 미장 재료 중 알칼리성을 띠는 재료를 [보기]에서 모두 골라 번호를 쓰시오.

보기

① 회반죽　　　　　② 돌로마이트 플라스터　　　③ 순석고 플라스터
④ 킨즈 시멘트　　　⑤ 시멘트 모르타르　　　　　⑥ 마그네시아 시멘트

✔ 정답 및 해설 알칼리성의 미장 재료

①(회반죽), ②(돌로마이트 플라스터), ⑤(시멘트 모르타르)

021 미장 재료에서 석회질과 석고질의 성질을 각각 2가지씩 쓰시오.

✓ 정답 및 해설 **석회질과 석고질의 성질**

① 석회질의 성질 : 기경성(충분한 물이 있더라도 공기 중에서만 경화하고, 수중에서는 굳어지지 않는 성질), 수축성
② 석고질의 성질 : 수경성, 팽창성

022

미장 공사 모르타르면 마무리 방법을 5가지만 쓰시오.

✓ 정답 및 해설 **모르타르면 마무리 방법**

① 시멘트풀칠마무리
② 색모르타르마무리
③ 뿜칠마무리
④ 솔칠마무리
⑤ 흙손마무리

023

다음의 각종 모르타르에 해당하는 주요 용도를 [보기]에서 골라 기호로 쓰시오.

보기

㉮ 경량, 단열용   ㉯ 내산 바닥용   ㉰ 보온, 불연용   ㉱ 방사선 차단용

① 아스팔트 모르타르 :
② 질석 모르타르 :
③ 바라이트 모르타르 :
④ 활석면 모르타르 :

✓ 정답 및 해설

① 아스팔트(내산 아스팔트) 모르타르 : 스트레이트 아스팔트 또는 연질 블로운 아스팔트에 모래, 석분, 쇄석을 넣고, 가열·혼합하여 바닥에 깐 후, 인두나 롤러로 가압한 것으로 창고, 공장, 통로, 철도 구역 내의 내산 바닥 또는 아스팔트의 포장용으로 사용한다.
② 질석 모르타르 : 경량, 단열용
③ 바라이트 모르타르 : 중원소 바륨을 원료로 하는 분말재로 모래, 시멘트를 혼합하여 사용하며 방사선 차단재로 사용한다.
④ 활석면 모르타르 : 보온, 불연용

① – ㉯(내산 바닥용)   ② – ㉮(경량, 단열용)
③ – ㉱(방사선 차단용)   ④ – ㉰(보온, 불연용)

024

다음 [보기] 중에서 서로 관계되는 것끼리 연결하시오.

보기

(가) 방사선   ① 질석 모르타르
(나) 경량   ② 혼합수지 모르타르
(다) 경도 · 조밀성 광택용   ③ 바라이트 모르타르

✔ **정답 및 해설** 모르타르의 특성

(가) – ③(바라이트 모르타르), (나) – ①(질석 모르타르), (다) – ②(혼합수지 모르타르)

025

다음은 미장 공사 시 사용되는 모르타르의 종류이다. 각 재료의 특성이 맞는 것끼리 [보기]에서 골라 연결하시오.

보기

① 광택   ② 방사선 차단   ③ 착색
④ 내산성   ⑤ 단열   ⑥ 방수

(가) 백시멘트 모르타르 :
(나) 바라이트 모르타르 :
(다) 석면 모르타르 :
(라) 방수 모르타르 :
(마) 합성수지계 모르타르 :
(바) 아스팔트 모르타르 :

✔ **정답 및 해설** 모르타르의 특성

(가) – ③(착색), (나) – ②(방사선 차단), (다) – ⑤(단열), (라) – ⑥(방수), (마) – ①(광택), (바) – ④(내산성)

026

다음은 각종 모르타르의 용도에 대한 설명이다. ( ) 안에 알맞은 용어를 쓰시오.

"경량 구조용은 (①) 모르타르, 방사선 차단용은 (②) 모르타르, 보온·불연용은 (③) 모르타르, 내산 바닥용은 (④) 모르타르 등이 사용된다."

✔ **정답 및 해설**

① 질석, ② 바라이트, ③ 활석면, ④ 아스팔트

027

다음에 해당되는 시멘트 모르타르의 바름 두께를 쓰시오.

① 바닥 :   ② 안벽 :
③ 바깥벽 :   ④ 천장 :

✔ **정답 및 해설** 시멘트 모르타르의 바름 두께

부위	바닥	바깥벽	안벽	천장
두께(mm)	24		18	15

① 바닥 : 24mm, ② 안벽 : 18mm, ③ 바깥벽 : 24mm, ④ 천장 : 15mm

028

미장 공사 시 모르타르 바름 순서를 [보기]에서 골라 그 번호를 나열하시오.

보기

① 바탕면 보수   ② 바탕 청소
③ 우묵한 곳 살 보충하기   ④ 넓은면 바르기
⑤ 모서리 및 교차부 바르기

✔ **정답 및 해설** 미장 공사 시 모르타르 바름 순서

바탕 청소 → 바탕면 보수 → 우묵한 곳 살 보충하기 → 모서리 및 교차부 바르기 → 넓은면 바르기의 순이다.

② → ① → ③ → ⑤ → ④

029

미장 공사 시 모르타르 바르기 순서를 [보기]에서 골라 번호로 나열하시오.

보기

① 바탕 청소　　② 살붙임 바름　　③ 천장, 벽면
④ 보수　　⑤ 천장돌림, 벽돌림

✔ **정답 및 해설** 미장 공사 시 모르타르 바름 순서

바탕 청소 → 보수 → 살붙임 바름 → 천장돌림, 벽돌림 → 천장, 벽면의 순이다.

① → ④ → ② → ⑤ → ③

030

시멘트 모르타르 3회 바르기의 시공 순서를 [보기]에서 골라 바르게 나열하시오.

보기

① 초벌바름　　② 청소 및 물씻기　　③ 고름질
④ 물축이기　　⑤ 재벌　　⑥ 정벌

✔ **정답 및 해설** 미장 공사 시 모르타르 바름 순서

청소 및 물씻기(바탕 처리) → 물축이기 → 초벌바름 → 고름질 → 재벌 → 정벌의 순이다.

② → ④ → ① → ③ → ⑤ → ⑥

031

[보기]를 보고 모르타르 바르기 시공 순서를 바르게 나열하시오.

보기

① 모르타르 바름　　② 규준대 밀기　　③ 순시멘트풀 도포
④ 청소 및 물씻기　　⑤ 나무흙손 고름질　　⑥ 쇠흙손 마감

✔ **정답 및 해설** 모르타르 바르기 시공 순서

청소 및 물씻기 → 순시멘트풀 도포 → 모르타르 바름 → 규준대 밀기 → 나무흙손 고름질 → 쇠흙손 마감의 순이다.

④ → ③ → ① → ② → ⑤ → ⑥

032 모르타르 바르기 시공 순서를 [보기]에서 골라 바르게 나열하시오.

보기

① 바탕처리　　　　　　　　② 벽 전체 넓은 부분 바르기
③ 들어간 부분 세우기　　　④ 졸대 세우기
⑤ 모서리 부분 바르기　　　⑥ 벽 보수하기

✔ 정답 및 해설 모르타르 바르기 시공 순서

벽 보수하기 → 바탕처리 → 들어간 부분 세우기 → 졸대 세우기 → 모서리 부분 바르기 → 벽 전체 넓은 부분 바르기의 순이다.

⑥ → ① → ③ → ④ → ⑤ → ②

033 다음은 미장 공사 중 석고 플라스터의 마감 시공 순서이다. 바르게 나열하시오.

① 초벌바름　　　② 고름질　　　③ 재료반죽　　　④ 재벌바름

✔ 정답 및 해설 석고 플라스터의 마감 시공 순서

바탕정리 → 재료반죽 → 초벌바름 → 고름질 → 재벌바름 → 정벌바름의 순이다.

③ → ① → ② → ④

034 다음은 미장 공사 중 석고 플라스터의 마감 시공 순서이다. (　　) 안에 알맞은 말을 쓰시오.

보기

바탕정리 → (①) → (②) → 고름질 및 재벌바름 → (③)

✔ 정답 및 해설 석고 플라스터의 마감 시공 순서

① 재료반죽, ② 초벌바름, ③ 정벌바름

035

다음 [보기]의 내용을 회반죽 미장의 시공 순서에 맞게 번호로 바르게 나열하시오.

① 초벌바름   ② 재료조정 및 반죽   ③ 정벌바름
④ 고름질 및 덧먹임   ⑤ 수염 붙이기   ⑥ 재벌바름
⑦ 보양   ⑧ 마무리   ⑨ 바탕처리

✔ 정답 및 해설   **회반죽 미장 순서**

㉠ 바탕면에 살붙임이 필요할 때에는 1 : 3 모르타르로 우묵진 곳을 수정하고 1주간 후 초벌바름을 한다. 1 : 3 모르타르로 부착이 나쁠 때에는 1 : 2 또는 1 : 1 모르타르를 얇게 문질러 바르고, 1 : 3 모르타르를 바른다. 살붙임의 총두께는 1cm 이상 되지 않게 하는 것이 좋다. 살붙임이 필요 없을 때에는 바탕을 적당히 물축이고 1 : 2 모르타르로 두께 6mm로 문질러 바르고 솔자국을 내어 거칠게 하여 둔다.

㉡ 고름질은 초벌바름 후 약 5일 후 건조한 시기를 보아 바른다. 초벌바름에 균열이 생겼을 때에는 고름질 후 상당기간을 두어 균열의 유무를 확인하여 그 흔적이 없으면 재벌바름을 한다.

㉢ 고름질한 다음 벽쌤 벽 갓둘레에 밑먹임을 하고 재벌바름을 할 때도 있다.

㉣ 벽 모서리, 구석, 창문 갓둘레, 기타, 필요한 곳에는 규준대를 정확히 회반죽으로 붙여 대거나 갈구리 철로 눌러대고, 면, 모서리 각도 정확히 수직으로 줄바르게 바른다. 일반면은 규준대 밀기를 하여 평면지게 바른다.

㉤ 반자돌림, 쇠시리면 등이 있을 때에는 재벌바름할 때 그 대강의 모양을 만들어 내고 먼저 정벌 마무리를 한다. 정벌바름은 재벌바름이 반건조되어 물걷히기를 보아 쇠흙손으로 얇게 얼룩없고 평탄하게 흙손자국이 없게 바른다. 이 때 물이 많이 걷힌 위를 지나치게 문지르면 흙손물(쇠가루)이 벽에 묻으므로 주의해야 한다.

㉥ 정벌바름은 먼저 얇게 회반죽 먹임(정벌 밑바름)을 한 다음 정벌 마무리 바름을 할 때도 있다. 모서리, 쇠시리, 면접기 부분은 먼저 규준대를 대고, 쇠시리 흙손 등으로 줄바르게 끊어 뽑는 다음, 평면부를 각도 정확히 줄바르고 평면지게 마무리한다.

㉦ 흙손질은 미장공의 생명이므로 특히 정벌바름은 우수한 숙련공과 경험 많은 반죽공이 하도록 한다.

㉧ 마무리 벽면의 얼룩은 그 벽면에 평행 광선이 비칠 때는 유난히 드러난다. 따라서 한 벽면에 직교하는 벽의 창이 바로 옆에 있거나 전기 조명에 가까운 벽면은 특히 잘 해야 한다. 마무리면 검사는 어두울 때 전등의 옆광선으로 비추어 보면 잘 알 수 있다.

이상의 내용에서 알 수 있듯이 회반죽 미장 순서는 바탕처리 → 재료조정 및 반죽 → 수염 붙이기 → 초벌바름 → 고름질 및 덧먹임 → 재벌바름 → 정벌바름 → 마무리 → 보양의 순이다.

⑨ → ② → ⑤ → ① → ④ → ⑥ → ③ → ⑧ → ⑦

036

회반죽에서 해초풀의 역할 4가지를 기술하시오.

✔ **정답 및 해설** 해초풀의 역할

① 점성이 증대된다.
② 부착력이 증대된다.
③ 강도가 증대된다.
④ 균열 방지가 증대된다.

037

미장 재료에서 사용되는 여물 3가지를 쓰시오.

✔ **정답 및 해설** 여물의 종류

① 짚여물, ② 삼여물, ③ 종이여물, ④ 털여물

038

회반죽에서 해초풀과 여물의 기능에 대하여 기술하시오.

① 해초풀 :
② 여물 :

✔ **정답 및 해설** 해초풀과 여물의 기능

① 해초풀 : 물에 끓인 해초 용액을 체로 걸러 회반죽 등에 섞어 쓰는 풀로서, 살이 두껍고 잎이 작은 것이 풀기가 좋다.
② 여물 : 바름에 있어 재료의 끈기를 돋우고 재료가 처져 떨어지는 것을 방지하고 흙손질이 쉽게 퍼져 나가는 효과가 있으며, 바름 중에는 보수성을 향상시키고, 바름 후에는 건조에 따라 생기는 균열을 방지한다.

039 회반죽 시공 시 사용하는 다음의 용어들을 간단히 설명하시오.

① 수염 :
② 코너비드 :
③ 소석회의 경화 :
④ 고름질 :

✓ **정답 및 해설** 용어 설명

① 수염 : 졸대 바탕 등에 거리 간격 20~30cm 마름모형으로 배치하여 못을 박아대고 초벌바름과 재벌 바름에 각기 한 가닥씩 묻혀 발라 바름벽이 바탕에서 떨어지는 것을 방지하는 역할을 하는 것으로, 충분히 건조되고 질긴 삼, 종려털 또는 마닐라삼을 사용하며, 길이는 600mm(벽쌤 수염은 350mm) 정도의 것을 사용한다.
② 코너비드 : 미장면을 보호하기 위한 것으로, 기둥과 벽 등의 모서리에 설치한다.
③ 소석회의 경화 : 소석회(석회암, 굴, 조개껍질 등을 하소하여 생석회를 만들고, 여기에 물을 가하면 발열하며 팽창, 붕괴되어 생성)는 기경성(충분한 물이 있더라도 공기 중에서만 경화하고, 수중에서는 굳어지지 않는 성질)의 미장 재료이다.
④ 고름질 : 바름 두께가 고르지 않거나 요철이 심할 때 초벌바름 위에 발라 면을 고르게 하는 것을 말한다.

040 회반죽의 재료 종류 4가지를 쓰시오.

✓ **정답 및 해설** 회반죽의 재료

① 소석회, ② 모래, ③ 여물, ④ 해초풀

041 회반죽 바름 시 혼화제 4가지를 쓰시오.

✓ **정답 및 해설** 회반죽의 혼화제

① 여물, ② 해초풀, ③ 골재, ④ 안료 및 혼화제

042

미장 공사에서 회반죽으로 마감할 때 주의사항 2가지를 쓰시오.

✔ 정답 및 해설 회반죽 마감 시 주의사항

① 바름작업 중에는 가능한 한 통풍을 피하는 것이 좋지만 초벌바름 및 고름질 후, 특히 정벌바름 후 적당히 환기하여 바름면이 서서히 건조되도록 한다.

② 실내온도가 5℃ 이하일 때에는 공사를 중단하거나 난방하여 5℃ 이상으로 유지한다.

043

미장 공사 중 셀프레벨링(self leveling)재에 대해 설명하고, 혼합재료 두 가지를 쓰시오.

① 셀프레벨링(self leveling)재 :
② 혼합재료 :

✔ 정답 및 해설 용어 설명

① 셀프레벨링(self leveling)재 : 재료 자체가 유동성을 갖고 있기 때문에 평탄하게 되는 성질이 있는 석고계와 시멘트계 등의 바닥 바름공사에 적용되는 미장 재료이다.

② 혼합재료 : 경화지연제, 팽창재 등

044

건축물의 실내를 온통 미장 공사하려고 한다. 실내 3면의 시공 순서를 쓰시오.

✔ 정답 및 해설 실내 3면 미장 시공 순서

실내 온통 미장 공사 시 순서는 천장 → 벽 → 바닥의 순이다.

045

다음에서 설명하는 내용을 [보기]에서 골라 그 번호로 쓰시오.

보기

① 눈먹임   ② 잣대 고르기   ③ 규준대 고르기
④ 고름질   ⑤ 덧먹임

(가) 바름 두께가 고르지 않거나 요철이 심할 때 초벌바름 위에 발라 면을 고르게 하는 것 : (　　)

(나) 바르기의 접합부 또는 균열의 틈새, 구멍 등에 반죽재를 밀어 넣어 때우는 것 : (　　)

(다) 평탄한 바름면을 만들기 위하여 잣대로 밀어 고르거나 미리 발라둔 규준대면을 따라 붙여서 요철이 없는 바름면을 형성하는 것 : (　　)

✔ 정답 및 해설 용어 설명

(가) – ④(고름질), (나) – ⑤(덧먹임), (다) – ②(잣대 고르기)

046

다음은 미장 공사에 대한 기술이다. [보기]의 설명과 알맞은 용어에 해당하는 것끼리 골라 서로 연결하시오.

보기

① 메탈라스, 와이어라스 등의 바탕에 최초로 발라 붙이는 작업
② 방사선 차단용으로 시멘트, 바라이트 분말, 모래를 섞어 만든 것
③ 바르기의 접합부 또는 균열의 틈새, 구멍 등에 반죽된 재료를 밀어 넣는 작업
④ 요철 또는 변형이 심한 개소를 고르게 손질바름하여 마감 두께가 균등하게 되도록 조정하고 균열 등을 보수하는 것

(가) 바라이트 : (　　)
(나) 라스먹임 : (　　)
(다) 덧먹임 : (　　)
(라) 바탕처리 : (　　)

✔ 정답 및 해설 미장 공사의 용어

(가) 바라이트 : ②, (나) 라스먹임 : ①, (다) 덧먹임 : ③, (라) 바탕처리 : ④

047

다음 ( ) 안에 알맞은 용어를 쓰시오.

> 인조석 갈기는 손갈기 또는 (①)갈기를 보통 3회로 한다. 그리고 (②)가루를 뿌려 닦아내고, (③)를(을) 바르며, 광내기로 마무리를 한다.

✅ **정답 및 해설** 인조석 갈기

① 기계, ② 수산, ③ 왁스

048

인조석바름 또는 테라초 현장갈기 시공 시 줄눈대를 설치하는 이유에 대하여 3가지만 쓰시오.

✅ **정답 및 해설**

① 균열을 방지, ② 바름 구획의 구분, ③ 보수가 용이

049

미장 공사의 치장 마무리 방법을 5가지만 쓰시오.

✅ **정답 및 해설** 미장 공사의 치장 마무리 방법

① 긁어내기, ② 뿜칠마무리, ③ 리신마무리, ④ 색모르타르마무리, ⑤ 흙손마무리

050

다음은 특수 미장 공법이다. 설명하는 내용의 공법을 쓰시오.

> ① 시멘트, 모래, 잔자갈, 안료 등을 반죽하여 바탕 마름이 마르기 전에 뿌려 바르는, 거친면마무리의 일종으로 인조석바름 : (   )
> ② 돌로마이트에 화강석 부스러기, 색모래, 안료 등을 섞어 정벌바름하고 충분히 굳지 않은 상태에서 표면을 거친 솔, 얼레빗 같은 것으로 긁어 거친 면으로 마무리하는 것 : (   )

✅ **정답 및 해설** 특수 미장 공법

① 러프코트, ② 리신바름

051

다음 ( ) 안에 알맞은 것을 [보기]에서 골라 그 기호를 쓰시오.

보기

(1) 아래
(2) 위

미장 바르기 순서는 (①)에서부터 (②)의 순으로 한다. 또한, 벽타일 붙이기는 (③)에서부터 (④)의 순으로 한다.

✔ 정답 및 해설 미장 바르기 순서

① – (1)(아래), ② – (2)(위), ③ – (2)(위), ④ – (1)(아래)

052

다음 [보기]의 내용을 미장 공사 시공 순서에 맞게 바르게 나열하시오.

보기

고름질 초벌바름 및 라스먹임 정벌바름 바탕처리 재벌바름

✔ 정답 및 해설 미장 공사 시공 순서

바탕처리 → 초벌바름 및 라스먹임 → 고름질 → 재벌바름 → 정벌바름의 순이다.

053

실내 미장 바름 3면의 시공 순서를 쓰시오.

(①) → (②) → (③)

✔ 정답 및 해설 실내 미장 바름 3면의 시공 순서

① 천정, ② 벽, ③ 바닥

054 다음 [보기]의 공정을 미장 공사 공정 순서에 맞게 나열하시오.

> **보기**
> ① 바탕처리　　　② 초벌갈기 및 왁스칠　　　③ 고름질
> ④ 정벌　　　　　⑤ 재벌

✔ 정답 및 해설 미장 공사의 공정

바탕처리 → 고름질 → 재벌 → 정벌 → 초벌갈기 및 왁스칠의 순이다.

① → ③ → ⑤ → ④ → ②

055 미장 공사 시 결함 원인을 구조적인 원인과 재료의 원인, 바탕면의 원인으로 나누어 각각 2개씩 쓰시오.

> ① 구조적인 원인
> 　㉮
> 　㉯
> ② 재료의 원인
> 　㉮
> 　㉯
> ③ 바탕면의 원인
> 　㉮
> 　㉯

✔ 정답 및 해설 미장 공사 시 결함의 원인

① 구조적인 원인
　㉮ 구조재의 수축, 팽창 및 변형
　㉯ 하중 및 바름재의 두께의 적정성 부족
② 재료의 원인
　㉮ 재료의 수축과 팽창
　㉯ 재료의 배합비 불량
③ 바탕면의 원인
　㉮ 바탕면 처리 불량
　㉯ 이질재와의 접합부 처리 불량

056 미장 공사 시 균열을 방지하기 위한 대책을 쓰시오.

✓ **정답 및 해설** 미장 공사 시 균열 방지 대책

① **구조적인 대책** : 설계하중 계산 시 과부하가 걸리지 않도록 한다.

② **재료적인 대책** : 재료의 이상응결, 수화열에 의한 균열, 골재의 미립분, 골재의 품질 등을 고려하여야 한다. (철망 및 줄눈의 설치, 배합비와 혼화재를 사용)

③ **시공상 대책** : 재료의 배합을 충분히 하여 균열을 방지한다.

④ **시공 환경 대책** : 외부의 환경 요인(바람, 고온, 고습, 저온, 저습 등)에 의한 균열을 방지한다.

057 미장 공사에 관한 설명이다. 괄호 안에 들어갈 내용을 채우시오.

"시멘트 모르타르 미장 공사 시 1회의 바름 두께는 바닥을 제외하고 (①)를 표준으로 한다. 바닥층 두께는 보통 (②)로 하고, 안벽은 (③), 천장·차양은 (④)로 한다."

✓ **정답 및 해설**

① 6mm, ② 24mm, ③ 18mm, ④ 15mm

058 미장 공사에서 바름 바탕의 종류 3가지만 쓰시오.

✓ **정답 및 해설** 미장 공사에서 바름 바탕의 종류

① 콘크리트 바탕, ② 조적(벽돌, 블록 등) 바탕, ③ 라스(메탈, 와이어) 바탕, ④ 석고보드 바탕

059 석고보드의 사용 용도에 따른 분류 3가지를 쓰시오.

✓ **정답 및 해설** 석고보드의 용도별 분류

① 일반 석고보드

② 방수 석고보드

③ 방화 석고보드

④ 기타 석고보드(방화·방수 석고보드, 차음 석고보드 등)

060

석고보드 제품의 이음매 부분 형상에 따른 종류 2가지를 쓰시오.

✔ **정답 및 해설** 석고보드의 이음매 부분 형상별 종류

㉠ 평보드 : 가장 일반적인 형태로 석고보드의 양단을 직각으로 성형한 보드
㉡ 데파드보드 : 석고보드의 길이방향 양단 부분을 경사지게 성형한 보드
㉢ 베벨드보드 : 데파드보드에 비해 경사면을 짧고 급하게 처리하여 이음매 처리를 쉽게 할 수 있도록 성형한 보드
① 평보드, ② 데파드보드, ③ 베벨드보드

061

석고보드의 이음새 시공 순서를 [보기]에서 골라 그 순서대로 바르게 나열하시오.

보기

① Tape 붙이기　　② 샌딩　　③ 상도
④ 중도　　⑤ 하도　　⑥ 바탕처리

✔ **정답 및 해설** 석고보드의 이음새 시공 순서

바탕처리 → 하도 → Tape(테이프) 붙이기 → 중도 → 상도 → 샌딩의 순이다.
⑥ → ⑤ → ① → ④ → ③ → ②

062

일반 석고보드의 장·단점을 각각 2가지씩 쓰시오.

✔ **정답 및 해설** 일반 석고보드의 장·단점

① 장점
　㉮ 방수성, 차음성 및 단열성이 우수하다.
　㉯ 경량이고, 무수축성이 좋은 재료이다.
② 단점
　㉮ 충격에 매우 약하다.
　㉯ 습기에 매우 약하다.

063 석고보드에 대한 다음의 특징을 간략히 서술하시오.

① 장점 :
② 단점 :
③ 시공 시 주의사항 :

✔ **정답 및 해설** 석고보드의 특징

① 장점 : 방부성, 방충성 및 방화성이 있고, 팽창 및 수축의 변형이 작으며 단열성이 높다. 특히 가공이 쉽고 열전도율이 작으며, 난연성이 있고 유성 페인트로 마감할 수 있다.
② 단점 : 흡수로 인해 강도가 현저하게 저하한다.
③ 시공 시 주의사항 : 보드의 설치는 받음목 위에서 이음을 하고, 그 양쪽의 주위에는 10cm 내외로 평두못으로 고정하며, 기타 못을 박을 수 있는 띠장이나 샛기둥 등은 15cm 내외로 보드용 못을 사용한다.

064 드라이비트의 시공상 유의사항 3가지를 쓰시오.

✔ **정답 및 해설** 드라이비트의 시공상 유의사항

① 드라이비트 시공은 기온이 지나치게 높거나 낮으면(적정한 온도인 5~35℃ 사이에 시공) 시공 후 하자가 발생할 수 있다.
② 시공을 하는 건축물의 벽면이 건조한 상태에서 시공을 하여야 한다.
③ 오염이 되지 않은 깨끗한 상태에서 하여야 한다.

065 드라이비트(Dry – vit)의 특징 3가지를 쓰시오.

✔ **정답 및 해설** 드라이비트(Dry – vit)의 특징

① 조적재를 사용하지 않으므로 건물의 하중을 경감시킬 수 있다.
② 여러 가지의 색깔과 질감 표현을 하므로 의장성 및 외관 구성이 가능하다.
③ 시공이 쉽고, 공사를 단축할 수 있으며, 단열 성능과 경제성이 우수하다.

066 코너비드 철물의 사용 목적 및 사용 위치를 쓰시오.

✔ **정답 및 해설** 코너비드의 사용 목적 및 위치

① 사용 목적 : 미장면을 보호하기 위한 것
② 사용 위치 : 기둥과 벽 등의 모서리에 설치

067 벽, 기둥 등의 모서리는 손상되기 쉬우므로 별도의 마감재를 감아대거나 미장면의 모서리를 보호하면서 벽, 기둥을 마무리하는 보호용 재료를 무엇이라고 하는가?

✔ **정답 및 해설**

코너비드

적산 분야

I. 총론

001

다음의 용어를 설명하시오.

① 적산 :
② 견적 :

✔ **정답 및 해설** 용어 설명

① 적산 : 공사에 필요한 재료 및 수량 즉, 공사량을 산출하는 기술 활동이다.
② 견적 : 공사량에 단가를 곱하여 공사비를 산출하는 기술 활동이다.

002

다음 괄호 안에 알맞은 용어를 쓰시오.

적산은 공사에 필요한 재료 및 수량 즉, (①)을 산출하는 기술 활동이고 견적은 (②)에 (③)을 곱하여 (④)를 산출하는 기술 활동이다.

✔ **정답 및 해설** 적산과 견적

① 공사량, ② 공사량, ③ 단가, ④ 공사비

003

적산과 견적의 정의와 차이점 2가지를 쓰시오.

✔ **정답 및 해설** 적산과 견적의 차이점

① 적산으로 산출된 공사량은 일정치가 되고, 견적은 계약 조건, 시공 장소, 공사 기일, 기타 조건에 따라 변동될 수 있다.
② 적산은 건축에 관한 기초 지식만 있으면 초보자라도 성의와 근면으로 이룩할 수 있고, 견적은 풍부한 경험, 충분한 지식, 정확한 판단력 등이 있어야 가능하다.

004

다음 ( ) 안에 알맞은 용어를 써넣으시오.

적산에서는 명세 견적과 (①) 견적이 있는데, 이것은 (②), (③) 등을 산출하는 기준이다.

✔ **정답 및 해설** 적산

① 개산, ② 공사량, ③ 공사비

005

개산 견적의 단위 기준에 의한 분류 3가지를 적으시오.

✔ **정답 및 해설** 개산 견적의 단위 기준에 의한 분류

① 단위 설비에 의한 견적 : 1실의 통계 가격×실의 수
② 단위 면적에 의한 견적 : 비교적 정확도가 높은 경우로서 $1m^2$를 기준으로 산정한다.
③ 단위 체적에 의한 견적 : 특수한 경우와 층고가 매우 높은 경우로서 $1m^3$를 기준으로 산정한다.

006

적산 요령 4가지를 쓰시오.

✔ **정답 및 해설** 적산 요령

① 시공 순서대로 산정, ② 내부에서 외부로 산정, ③ 수평에서 수직으로 산정, ④ 부분에서 전체로 산정

007

건축 재료의 할증률에 대하여 간단히 쓰시오.

✔ **정답 및 해설** 건축 재료의 할증률

공사에 사용되는 재료는 운반, 절단, 가공, 시공 중에 손실량이 발생하게 된다. 설계 도서에 의해 산출된 정미량에 손실량을 가산하여 주는 백분율이 재료의 할증률이다.

008

다음 재료에 대한 적산 시 할증률을 ( ) 안에 써넣으시오.

① 단열시공 부위의 방습지 : ( )   ② 단열재 : ( )
③ 도료 : ( )   ④ 리놀륨 : ( )
⑤ 모자이크 타일 : ( )   ⑥ 목재(각재) : ( )

✔ 정답 및 해설

① 단열시공 부위의 방습지 : 15%

② 단열재 : 10%

③ 도료 : 2%

④ 리놀륨 : 5%

⑤ 모자이크 타일 : 3%

⑥ 목재(각재) : 5%

009

다음 재료에 대한 적산 시 할증률을 ( ) 안에 써넣으시오.

① 바닥 타일 : ( )   ② 발포폴리스티렌 : ( )
③ 붉은 벽돌 : ( )   ④ 블록 : ( )
⑤ 비닐타일 : ( )   ⑥ 석고판(본드 접착용) : ( )

✔ 정답 및 해설

① 바닥 타일 : 3%

② 발포폴리스티렌 : 10%

③ 붉은 벽돌 : 3%

④ 블록 : 4%

⑤ 비닐타일 : 5%

⑥ 석고판(본드 접착용) : 8%

010

다음 재료에 대한 적산 시 할증률을 (　　) 안에 써넣으시오.

① 수장재 : (　　)　　　② 시멘트 벽돌 : (　　)　　　③ 유리 : (　　)

④ 클링커 타일 : (　　)　　　⑤ 타일 : (　　)　　　⑥ 테라코타 : (　　)

⑦ 합판(수장용) : (　　)

✔ **정답 및 해설**

① 수장재 : 5%

② 시멘트 벽돌 : 5%

③ 유리 : 1%

④ 클링커 타일 : 3%

⑤ 타일 : 3%

⑥ 테라코타 : 3%

⑦ 합판(수장용) : 5%

011

건축 공사에 사용되는 재료의 소요량은 손실량을 고려하여 할증률을 사용하고 있는데 재료의 할증률이 다음에 해당하는 것을 [보기]에서 골라 번호를 쓰시오.

보기

① 타일　　　　　　② 붉은 벽돌　　　　　　③ 원형철근

④ 이형철근　　　　⑤ 시멘트 벽돌　　　　　⑥ 기와

(가) 3% 할증률 :

(나) 5% 할증률 :

✔ **정답 및 해설** 　건축재료의 할증률

(가) 3% 할증률 : ①, ②, ④

(나) 5% 할증률 : ③, ⑤, ⑥

012

다음은 목재의 수량 산출 시 쓰이는 할증률에 대한 설명이다. ( ) 안을 채우시오.

> 각재의 수량은 부재의 총 길이로 계산하되, 이음 길이와 토막 남김을 고려하여 (①)%를 증산하며, 합판은 총 소요면적을 한 장의 크기로 나누어 계산한다. 일반용은 (②)%, 수장용은 (③)%를 할증 적용한다.

✔ **정답 및 해설** 건축 재료의 할증률

① 5, ② 3, ③ 5

013

공사 관리 3대 요소를 쓰시오.

✔ **정답 및 해설** 공사 관리 3대 요소

① 원가 관리, ② 공정 관리, ③ 품질 관리

014

건축 공사의 원가계산에 적용되는 공사원가 3요소를 쓰시오.

✔ **정답 및 해설** 공사원가 3요소

① 재료비, ② 노무비, ③ 외주비

015

다음은 공사비 구성의 분류를 나타낸 것이다. 해당 번호에 적당한 용어를 쓰시오.

```
                           ┌─ 순공사비 ─┬─ 직접공사비
              ┌─ 공사원가 ─┤           └─ ( ④ )
공사비 ───────┤           └─ ( ③ )
              ├─ ( ① )
              └─ ( ② )
```

✔ **정답 및 해설** 공사비 구성

① 일반관리비 부담금, ② 부가 이윤, ③ 현장 경비, ④ 간접공사비

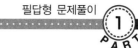
016

건축 공사의 공사원가 구성에서 직접공사비 구성에 해당하는 비목 4가지를 쓰시오.

✔ 정답 및 해설 직접공사비 구성

① 재료비, ② 노무비, ③ 외주비, ④ 경비

017

다음 용어를 설명하시오.

① 직접 노무비 :
② 간접 노무비 :

✔ 정답 및 해설 용어 해설

① 직접 노무비 : 공사 현장에서 계약 목적물을 완성하기 위하여 작업에 종사하는 종업원, 노무자의 노동력의 대가로 지불한 것으로 기본금, 제수당, 상여금 및 퇴직급여충당금 등이 있다.
② 간접 노무비 : 직접 공사 작업에 종사하지는 않으나, 공사 현장에서 보조 작업에 종사하는 종업원, 노무자 및 현장 감독자 등의 기본급, 제수당, 상여금 및 퇴직급여충당금 등이 있다.

018

최적 공기에 대하여 총공사비 곡선을 그리고 설명하시오.

(1) 총공사비 곡선 :
(2) 최적 공기 :

✔ 정답 및 해설

(1) 총공사비의 곡선

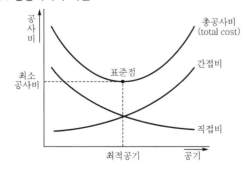

(2) 최적 공기 : 총공사비(total cost)가 최소가 되는 가장 경제적인 공기를 말하고, 직접비(노무비, 재료비, 정상 작업비, 부가세, 경비 등)와 간접비(관리비, 감가상각비, 공사기간의 단축으로 일정액이 감소) 곡선이 교차되는 공사 기간이다.

Ⅱ. 가설 공사

001

다음 그림은 평면도이다. 이 건물이 지상 5층일 때 내부수평비계면적을 산출하시오.

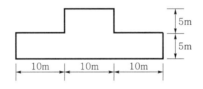

✔ 정답 및 해설 내부비계면적의 산출

내부비계의 비계면적은 연면적의 90%로 한다. 즉, 연면적×0.9이다.
내부비계의 면적=연면적×0.9=각 층의 바닥면적×0.9이므로
$[(30×5)+(10×5)]×5×0.9=900m^2$

002

다음 평면도에서 쌍줄비계로 할 때 내부비계면적을 산출하시오. (단, 층수는 5층으로 한다.)

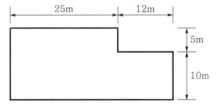

✔ 정답 및 해설 내부비계면적의 산출

내부비계의 비계면적은 연면적의 90%로 한다. 즉, 연면적×0.9이다.
그러므로, 내부비계의 면적=연면적×0.9=각 층의 바닥면적×0.9이므로
$[(37×15)-(12×5)]×5×0.9=2,227.5m^2$

003

다음 그림과 같은 건물을 실내 장식하기 위한 내부비계면적을 구하시오. (단, 각 층의 높이는 3.6m이다.)

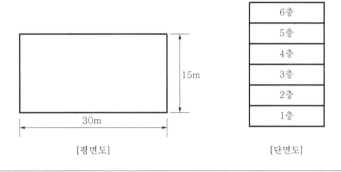

[평면도]

[단면도]

✔ **정답 및 해설** 내부비계면적의 산출

내부비계의 비계면적은 연면적의 90%로 한다. 즉, 연면적×0.9이다.

내부비계의 면적=연면적×0.9=각 층의 바닥면적×0.9=$(30×15)×6×0.9$=2,430m²이다.

004

아래 그림과 같은 건물에 내부비계를 설치하려고 한다. 내부비계면적을 산출하시오.

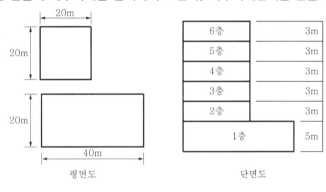

평면도

단면도

✔ **정답 및 해설** 내부비계면적의 산출

내부비계의 비계면적은 연면적의 90%로 한다. 즉, 연면적×0.9이다.

내부비계의 면적=연면적×0.9=각 층의 바닥면적×0.9=$[(20×40)×1+(20×20)×5]×0.9$=2,520m² 이다.

005

다음 평면도와 같은 건물에 외부 외줄비계를 설치하고자 한다. 비계면적을 산출하시오. (단, 건물 높이 12m)

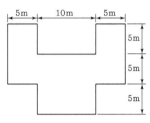

✔ **정답 및 해설** 외줄비계의 면적 산출

벽 중심선에서 45cm 거리의 지면에서 건물 높이까지의 외부 면적으로 산출한다.

$\therefore A$(외줄비계의 면적) $= H(l + 3.6) = 12 \times [(5+10+5+5+5+5) \times 2 + 3.6] = 883.2 \text{m}^2$

006

그림과 같은 건물의 외부쌍줄비계면적을 산출하시오.

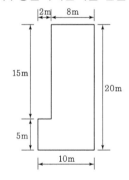 

✔ **정답 및 해설** 쌍줄비계의 면적 산출

벽 중심선에서 90cm 거리의 지면에서 건물 높이까지의 외부 면적으로 산출한다.

그러므로, A(쌍줄비계의 면적) $= H(l + 7.2) = (3.5 \times 8) \times [(2+8+20) \times 2 + 7.2] = 1,881.6 \text{m}^2$이다.

007

다음 평면도에서 쌍줄비계를 설치할 때 외부비계면적을 산출하시오. (단, $H = 25\text{m}$)

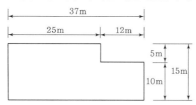

✔ **정답 및 해설** 쌍줄비계의 면적 산출

벽 중심선에서 90cm 거리의 지면에서 건물 높이까지의 외부 면적으로 산출한다.

그러므로, $A(\text{쌍줄비계의 면적}) = H(l + 7.2) = 25 \times [(37 + 15) \times 2 + 7.2] = 2{,}780\text{m}^2$이다.

008

다음 그림과 같은 철근콘크리트조 사무소 건축을 신축함에 있어 외부 쌍줄비계를 설치하고자 한다. 총 비계면적을 산출하시오.

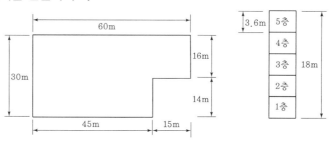

✔ **정답 및 해설** 쌍줄비계의 면적 산출

벽 중심선에서 90cm 거리의 지면에서 건물 높이까지의 외부 면적으로 산출한다.

그러므로, $A(\text{쌍줄비계의 면적}) = H(l + 7.2) = 18 \times [(60 + 16 + 14) \times 2 + 7.2] = 3{,}369.6\text{m}^2$이다.

009

다음 평면도에서 쌍줄비계를 설치할 때 외부비계면적을 산출하시오. (단, $H = 27\text{m}$)

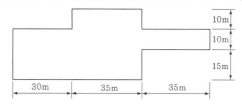

✔ **정답 및 해설** **쌍줄비계의 면적 산출**

벽 중심선에서 90cm 거리의 지면에서 건물 높이까지의 외부 면적으로 산출한다.

그러므로, A(쌍줄비계의 면적) $= H(l + 7.2) = 27 \times [(35 + 100) \times 2 + 7.2] = 7,484.4\text{m}^2$ 이다.

010 다음 외부쌍줄비계면적이 얼마인지 산출하시오. (단, $H = 8\text{m}$)

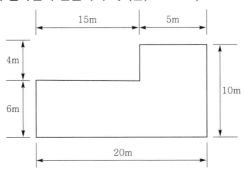

✔ **정답 및 해설** **외부쌍줄비계면적**

벽 중심선에서 90cm 거리의 지면에서 건물 높이까지의 외부 면적으로 산출한다.

그러므로, A(쌍줄비계의 면적) $= H(l + 7.2) = 8 \times [(15 + 5 + 4 + 6) \times 2 + 7.2] = 537.6\text{m}^2$

011 다음 평면도에서 쌍줄비계를 설치할 때 외부비계면적을 산출하시오. (단, $H = 25\text{m}$)

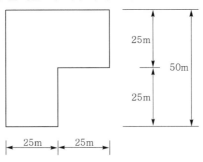

✔ **정답 및 해설** **외부쌍줄비계면적**

벽 중심선에서 90cm 거리의 지면에서 건물 높이까지의 외부 면적으로 산출한다.

그러므로, A(쌍줄비계의 면적) $= H(l + 7.2) = 25 \times [(25 + 25 + 25 + 25) \times 2 + 7.2] = 5,180\text{m}^2$

Ⅲ. 조적 공사

001

다음 벽돌의 m²당 단위 소요량을 써넣으시오.

	0.5B	1.0B	1.5B	2.0B
기존형	(①)	(②)	(③)	(④)
표준형	(⑤)	(⑥)	(⑦)	(⑧)

✔ 정답 및 해설 벽돌의 단위 소요량

① 65매, ② 130매, ③ 195매, ④ 260매, ⑤ 75매, ⑥ 149매, ⑦ 224매, ⑧ 298매

002

벽돌 1.0B 쌓기 할 때 기존형 및 표준형 벽돌 장수는 얼마인가?

✔ 정답 및 해설 벽돌의 단위 소요량

① 1.0B 두께의 표준형 벽돌 : 149매/m²
② 1.0B 두께의 기존형 벽돌 : 130매/m²

003

다음 아래 내용의 빈칸을 채우시오.

> 0.5B 벽돌 쌓기로 표준형 (①)매, 기존형 (②)매가 소요된다.

✔ 정답 및 해설 벽돌의 단위 소요량

① 75, ② 65

004

다음 아래는 모르타르 배합비에 따른 재료량이다. 총 $25m^3$의 시멘트 모르타르를 필요로 한다. 각 재료량을 구하시오.

배합용적비	시멘트(kg)	모래(m^3/m^3)	인부(인)
1 : 3	510	1.1	1.0

① 시멘트량 :

② 모래량 :

③ 인부 수 :

✔ **정답 및 해설** 모르타르의 재료량

① 시멘트량 : $510kg/m^3 \times 25m^3 = 12,750kg$

② 모래량 : $1.1m^3/m^3 \times 25m^3 = 27.5m^3$

③ 인부 수 : 1.0인$/m^3 \times 25m^3 = 25$명

005

1일 벽돌 5,000장을 편도거리 90m에 운반하려 한다. 필요한 인부 수를 계산하시오. (단, 질통 용량 60kg, 보행속도 60m/분, 상 · 하차시간 3분, 1일 8시간 작업, 벽돌 1장의 무게 1.9kg)

✔ **정답 및 해설** 인부 수의 산출

인부 수＝총 운반량÷1일 1인 총 운반량

     ＝총 운반량÷(1회 운반량×1일 작업시간당 왕복 횟수)

     ＝총 운반량÷(1회 운반량×1일 작업시간÷1회 총 운반시간)

     ＝총 운반량÷{1회 운반량×1일 작업시간÷(1회 순 운반시간+1회 상 · 하차시간)}

     ＝총 운반량÷[(질통 용량÷벽돌 1장의 무게)×1일 작업시간÷{(1회 왕복거리÷보행속도)+1회 상 · 하차시간}]

     ＝$5,000 ÷ [(60÷1.9) \times (8 \times 60) ÷ \{(180÷60)+3\}] = 1.979 ≒ 2$인

006

길이 100m, 높이 2m, 1.0B 쌓기로 할 때 소요되는 붉은 벽돌량을 정미량으로 산출하시오. (단, 벽돌규격은 표준형이다.)

> ✔ **정답 및 해설** 벽돌의 정미량 산출

① 벽면적의 산정 : 벽의 길이×벽의 높이＝$100 \times 2 = 200m^2$

② 표준형이고, 벽 두께가 1.0B이므로 149매/m²이다.

①, ②에 의해서 벽돌의 정미량＝149매/m²×$200m^2$＝29,800매이다.

007

폭 4.5m, 높이 2.5m의 벽에 1.5×1.2m의 창이 있을 경우 19cm×9cm×5.7cm의 붉은 벽돌을 줄눈 너비 10mm로 쌓고자 한다. 이때 붉은 벽돌의 소요량은 몇 매인가? (단, 벽돌쌓기는 0.5B이며 할증은 고려치 않는다.)

> ✔ **정답 및 해설** 벽돌의 정미량

① 벽면적의 산정 : 벽의 길이×벽의 높이＝$(4.5 \times 2.5) - (1.5 \times 1.2) = 9.45m^2$

② 표준형이고 벽 두께가 0.5B이므로 75매/m²이고, 할증률은 3%이다.

①, ②에 의해서 벽돌의 소요량＝75매/mm²×$9.45m^2$＝708.75≒709매이다.

008

벽의 높이가 3m이고, 길이가 15m일 때 표준형 벽돌 1.0B 쌓기 시의 모르타르량과 벽돌량을 산출하시오. (단, 표준형 시멘트 벽돌 정미량으로 산출하고, 모르타르량은 소수 3째 자리에서 반올림하여 소수 둘째 자리까지 구하시오.)

> ✔ **정답 및 해설** 벽돌의 정미량과 모르타르량의 산출

① 벽돌의 정미량 산출

    ㉮ 벽면적의 산정 : 벽의 길이×벽의 높이＝$15 \times 3 = 45m^2$

    ㉯ 표준형이고, 벽 두께가 1.0B이므로 149매/m²이다.

    ㉮, ㉯에 의해서 벽돌의 정미량＝149매/m²×$45m^2$＝6,705매이다.

② 모르타르의 소요량은 벽돌 1,000매당 0.33m³이므로 $0.33 \times \dfrac{6,705}{1,000} = 2.21m^3$

그러므로, 벽돌의 정미량은 6,705매이고, 모르타르량은 $2.21m^3$이다.

009

벽의 길이 10m, 높이 2.5m인 벽돌벽을 1.0B로 쌓을 경우 벽돌의 소요량을 산출하시오. (단, 벽돌 규격은 표준형이고 적벽돌이며, 할증률을 고려함)

✔ 정답 및 해설 **벽돌의 소요량**

① 벽면적의 산정 : 벽의 길이×벽의 높이=$10 \times 2.5 = 25\text{m}^2$

② 표준형이고 벽 두께가 1.0B이므로 149매/m^{2}이고, 할증률은 3%이다.

①, ②에 의해서 벽돌의 소요량=149매/m$^2 \times 25\text{m}^2 \times (1+0.03)=3,836.75 \fallingdotseq 3,837$매이다.

010

벽의 높이가 2.5m이고, 길이가 8m인 벽을 시멘트 벽돌로 1.5B 쌓을 때 소요량을 구하시오. (단, 벽돌은 표준형 190×90×57mm)

✔ 정답 및 해설 **벽돌의 소요량 산출**

① 벽면적의 산정 : 벽의 길이×벽의 높이=$8 \times 2.5 = 20\text{m}^2$

② 표준형이고, 벽 두께가 1.5B이므로 224매/m^{2}이고, 할증률은 5%이다.

①, ②에 의해서 벽돌의 소요량=224매/m$^2 \times 20\text{m}^2 \times (1+0.05)=4,704$매이다.

011

표준형 시멘트 벽돌로 높이 2.5m, 길이 8m의 벽을 1.5B 두께로 쌓을 때 소요되는 벽돌의 정미량을 구하시오.

✔ 정답 및 해설 **벽돌의 정미량 산출**

① 벽면적의 산정 : 벽의 길이×벽의 높이=$8 \times 2.5 = 20\text{m}^2$

② 표준형이고, 벽 두께가 1.5B이므로 224매/m^{2}이다.

①, ②에 의해서 벽돌의 정미량=224매/m$^2 \times 20\text{m}^2 = 4,480$매이다.

012

길이 10m 높이 2.5m인 벽돌벽을 1.5B로 쌓을 경우 벽돌의 소요량과 모르타르량(m^3)을 산출하시오. (단, 할증률은 고려하지 않으며, 벽돌 규격은 표준형이고 시멘트 벽돌임)

✔ 정답 및 해설 벽돌의 소요량과 모르타르량의 산출

① 벽돌의 소요량 산출

㉮ 벽면적의 산정 : 벽의 길이×벽의 높이＝$10 \times 2.5 = 25 \text{m}^2$

㉯ 표준형이고, 벽 두께가 1.5B이므로 224매/m^2이고, 시멘트 벽돌의 할증률은 5%이다.

㉮, ㉯에 의해서 벽돌의 소요량＝224매/$\text{m}^2 \times 25\text{m}^2 = 5,600$매이다.

② 모르타르의 소요량은 벽돌 1,000매당 0.35m^3이므로 $0.35 \times \dfrac{5,600}{1,000} = 1.96\text{m}^3$

그러므로, 벽돌의 소요량은 5,600매이고, 모르타르량은 1.96m^3이다.

013

표준형 벽돌 1.0B 벽돌쌓기 시 정미량과 모르타르량을 산출하시오. (단 할증률을 고려하지 않으며, 벽 길이 50m, 벽높이 2.6m, 개구부 1.5m×2m 10개)

✔ 정답 및 해설 벽돌의 정미량과 모르타르량의 산출

① 벽돌의 정미량 산출

㉮ 벽면적의 산정 : 벽의 길이×벽의 높이＝$50 \times 2.6 - (1.5 \times 2 \times 10) = 100\text{m}^2$

㉯ 표준형이고, 벽 두께가 1.0B이므로 149매/m^2이다.

㉮, ㉯에 의해서 벽돌의 정미량＝149매/$\text{m}^2 \times 100\text{m}^2 = 14,900$매이다.

② 모르타르의 소요량은 벽돌 1,000매당 0.33m^3이므로 $0.33 \times \dfrac{14,900}{1,000} = 4.92\text{m}^3$

그러므로, 벽돌의 정미량은 14,900매이고, 모르타르량은 4.92m^3이다.

014

길이 10m, 높이 3m의 건물에 1.5B 쌓기 시 모르타르(m^3)와 벽돌 소요량은 얼마인가? (단, 표준형 붉은 벽돌이며, 할증은 고려하지 않음)

✔ 정답 및 해설 벽돌의 정미량과 모르타르량의 산출

① 벽돌의 소요량 산출

㉮ 벽면적의 산정 : 벽의 길이×벽의 높이＝$10 \times 3 = 30\text{m}^2$

㉯ 표준형이고, 벽 두께가 1.5B이므로 224매/m^2이고, 할증률은 3%이다.

㉮, ㉯에 의해서 벽돌의 소요량＝224매/$\text{m}^2 \times 30\text{m}^2 = 6,720$매이다.

② 모르타르의 소요량은 벽돌 1,000매당 0.35m^3이므로 $0.35 \times \dfrac{6,720}{1,000} = 2.352\text{m}^3$

그러므로, 벽돌의 소요량은 6,720매이고, 모르타르량은 2.352m^3이다.

015 길이 10m, 높이 2m, 1.0B 벽돌벽의 벽돌 매수와 쌓기 모르타르의 정미량을 구하시오. (단, 표준형 벽돌 사용, 할증률 포함 안함)

> ① 벽돌 매수 :
> ② 모르타르량 :

✓ 정답 및 해설 **벽돌의 정미량과 모르타르량 산출**

① 벽돌의 정미량 산출

㉮ 벽면적의 산정 : 벽의 길이×벽의 높이=10×2=20m²

㉯ 표준형이고 벽 두께가 1.0B이므로 149매/m²이고, 할증률은 3%이다.

㉮, ㉯에 의해서 벽돌의 정미량=149매/m²×20m²=2,980매이다.

② 모르타르의 소요량은 벽돌 1,000매당 0.33m³이므로 $0.33 \times \dfrac{2,980}{1,000} = 0.983 m^3$

그러므로, 벽돌의 정미량은 2,980매이고, 모르타르의 양은 0.983m³이다.

016 길이 90m, 높이 2.7m 건물에 외벽은 1.0B 적벽돌과 내벽은 0.5B 시멘트 벽돌을 사용하여 벽을 쌓을 때 벽돌의 정미량과 모르타르량은 얼마인가?

✓ 정답 및 해설 **정미량과 모르타르량 산출**

(1) 적벽돌과 모르타르량

① 적벽돌의 정미량 산출

㉮ 벽면적의 산정 : 벽의 길이×벽의 높이=90×2.7=243m²

㉯ 표준형이고, 벽 두께가 1.0B이므로 149매/m²이다.

㉮, ㉯에 의해서, 적벽돌의 정미량=149매/m²×243m²=36,207매이다.

② 모르타르량의 산출

모르타르량은 벽돌 1,000매당 0.33m³이므로 $0.33 \times \dfrac{36,207}{1,000} = 11.95 m^3$

그러므로 적벽돌의 정미량은 36,207매이고, 모르타르의 양은 11.95m³이다.

(2) 시멘트 벽돌과 모르타르량

① 시멘트 벽돌의 정미량 산출

㉮ 벽면적의 산정 : 벽의 길이×벽의 높이=90×2.7=243m²

㉯ 표준형이고, 벽 두께가 0.5B이므로 75매/m²이디.

㉮, ㉯에 의해서, 시멘트 벽돌의 정미량=75매/m²×243m²=18,225매이다.

② 모르타르량의 산출

모르타르량은 벽돌 1,000매당 $0.25m^3$이므로 $0.25 \times \dfrac{18,225}{1,000} = 4.56m^3$

그러므로 시멘트 벽돌의 정미량은 18,225매이고, 모르타르의 양은 $4.56m^3$이다.

017

다음 도면과 같은 벽돌조 건물의 벽돌 소요량과 쌓기용 모르타르량을 산출하시오. (단, 벽돌수량은 소수점 아래 첫째 자리에서, 모르타르량은 소수점 아래 셋째 자리까지 반올림한다.)

보기

① 벽돌벽의 높이 : 3m
② 벽 두께 : 1.0B
③ 벽돌 크기 : 210×100×60mm
④ 창호의 크기 : 출입문–1.0×2.0m, 창문–2.4×1.5m
⑤ 벽돌의 할증률 : 5%

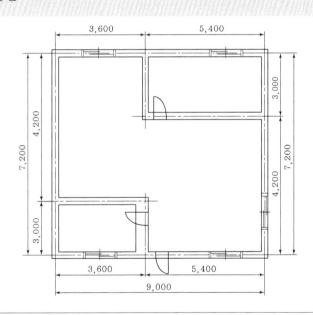

✔정답 및 해설 벽돌량과 모르타르량의 산출

외벽과 내벽을 구분하여 산출하고, 이를 합하여 총량을 계산한다.

(1) 벽돌 소요량

① 외벽 : 소요량 산정 시 벽면적=(전체 벽면적−창문의 면적−출입구의 면적)

∴ 벽면적={(벽의 가로 길이+벽의 세로 길이)×2×벽의 높이}−(창문의 면적+출입구의 면적)

$= (9+7.2) \times 2 \times 3 - (2.4 \times 1.5 \times 5 + 1.0 \times 2.0 \times 1) = 77.2m^2$

그런데, 벽 두께 1.0B인 경우 벽면적 1m^{2}당 130매(재래형)가 소요되고, 할증률은 5%로 산정하므로 벽돌 소요량$=77.2 \times 130 \times (1+0.05) = 10,537.8$매$\fallingdotseq 10,538$매이다.

② 내벽 : 소요량 산정 시 벽면적=(전체 벽면적-창문의 면적-출입구의 면적)

∴ 벽면적={(벽의 가로 길이+벽의 세로 길이-벽 두께의 1/2×외벽과 교차 부분의 개수)

×벽의 높이}-(창문의 면적+출입구의 면적)

$$= (5.4+3+3.6+3-\frac{0.21}{2} \times 4) \times 3 - (1.0 \times 2.0 \times 2) = 39.74 m^2$$

그런데, 벽 두께 1.0B인 경우 벽 면적 1m^{2}당 130매(재래형)가 소요되고, 할증률은 5%로 산정하므로 벽돌 소요량$=39.74 \times 130 \times (1+0.05) = 5,424.5$매$\fallingdotseq 5,425$매이다.

그러므로, ①+②$=10,538+5,425=15,963$매이다.

(2) 쌓기용 모르타르량

① 외벽 : 모르타르량은 정미량의 벽돌(재래형) 1,000매당 0.37m^{3}이다.

벽돌의 정미량$=77.2 \times 130 = 10,036$매이므로

모르타르량$=\dfrac{10,036}{1,000} \times 0.37 = 3.7133 \fallingdotseq 3.71 m^3$

② 내벽 : 모르타르량은 정미량의 벽돌(재래형) 1,000매당 0.37m^{3}이다.

벽돌의 정미량$=39.74 \times 130 = 5,166.2 \fallingdotseq 5,167$매이므로

모르타르량$=\dfrac{5,167}{1,000} \times 0.37 = 1.9118 \fallingdotseq 1.91 m^3$

그러므로, ①+②$=3.71+1.91=5.62 m^3$이다.

018

표준형 시멘트 벽돌 500장으로 쌓을 수 있는 1.5B 두께의 벽면적은 얼마인가? (단, 할증은 고려하지 않는다.)

✔ **정답 및 해설** 벽면적의 산출

표준형이고, 벽 두께가 1.5B이므로 224매/m^{2}이다. 그런데, 벽돌의 매수가 500매이다.

그러므로, 벽면적$=\dfrac{벽돌의 \ 매수}{1.5B \ 벽체의 \ 정미량} = \dfrac{500}{224} = 2.23 m^2$이다.

019

붉은 벽돌이 5,000장, 2.0B 두께일 때 벽면적을 구하시오. (단, 할증을 고려, 소수점 셋째 자리에서 반올림함)

✔ **정답 및 해설** 붉은 벽돌 벽면적의 산출

표준형이고 벽 두께가 2.0B이므로 298매/m²이다.

할증률 3%를 가산하면 298×(1+0.03)≒307매, 벽돌의 매수가 5,000매로 제시되어 있으므로

벽면적 = $\dfrac{\text{벽돌의 매수}}{\text{2.0B 벽체의 소요량}}$ = $\dfrac{5,000}{307}$ = 16.3m²이다.

020

표준형 벽돌 1,000장을 갖고 1.5B 두께로 쌓을 수 있는 벽면적은 얼마인가? (단, 할증률은 고려하지 않는다.)

✔ **정답 및 해설** 벽면적의 산출

표준형이고, 벽 두께가 1.5B이므로 224매/m²이며, 벽돌의 매수가 1,000매이다.

그러므로, 벽면적 = $\dfrac{\text{벽돌의 매수}}{\text{1.5B 벽체의 정미량}}$ = $\dfrac{1,000}{224}$ = 4.46m²이다.

021

표준형 벽돌 1,500장으로 1.5B 쌓기를 할 경우 최대한 쌓을 수 있는 면적은? (단, 손실은 고려하지 않는다.)

✔ **정답 및 해설** 벽돌 벽면적의 산출

표준형이고 벽 두께가 1.5B이므로 224매/m²이다.

문제에서 벽돌의 매수가 1,500매로 제시되어 있으므로

벽면적 = $\dfrac{\text{벽돌의 매수}}{\text{1.5B 벽체의 정미량}}$ = $\dfrac{1,500}{224}$ = 6.696m² ≒ 6.7m²이다.

022

표준형 시멘트 벽돌 3,000장을 쌓을 수 있는 2.0B 벽 두께의 벽면적은 얼마인가? (단, 할증률을 고려하며 소수점 둘째 자리 이하 버림)

✔ 정답 및 해설 **시멘트 벽돌 벽면적의 산출**

표준형이고, 벽 두께가 2.0B이므로 298매/m^{2}이고, 벽돌의 매수가 3,000매이며, 할증률을 포함하므로 $298 \times (1 + 0.05) = 312.9$매/m^{2}이다.

그러므로, 벽면적 $= \dfrac{\text{벽돌의 매수}}{2.0\text{B 벽체의 소요량}} = \dfrac{3,000}{312.9} = 9.587\text{m}^2 \fallingdotseq 9.5\text{m}^2$이다.

023

길이 100m, 높이 2.4m인 블록벽 공사 시 블록 장수를 계산하시오. (단, 블록은 기본형 150×190×390, 할증률 4% 포함)

✔ 정답 및 해설 **블록 매수의 산정**

① 벽면적의 산정 : 벽의 길이×벽의 높이 $= (100 \times 2.4) = 240\text{m}^2$
② 기본형 블록이므로 12.5매/m^2(정미량)이고, 할증률은 4%이다.
①, ②에 의해서 블록의 정미량 $= 12.5 \times (1 + 0.04) \times 240\text{m}^2 = 3,120$매이다.

Ⅳ. 타일 공사

001

다음과 같은 화장실의 바닥에 사용되는 타일 수량을 산출하시오. (단, 타일의 규격은 10cm×10cm이고, 줄눈 두께를 3mm로 한다.)

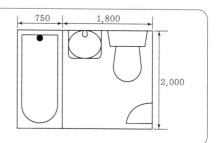

✔ 정답 및 해설 **타일의 소요량 산출**

타일의 소요량
=시공 면적×단위 수량
$= \text{시공 면적} \times \left(\dfrac{1\text{m}}{\text{타일의 가로 길이} + \text{타일의 줄눈}} \right) \times \left(\dfrac{1\text{m}}{\text{타일의 세로 길이} + \text{타일의 줄눈}} \right)$
$= 1.8 \times 2 \times \left(\dfrac{1}{0.1 + 0.003} \times \dfrac{1}{0.1 + 0.003} \right) = 339.33 \fallingdotseq 340$ 매이다.

002

정사각형 타일 108mm에 줄눈 5mm로 시공할 때 바닥면적 8m²에 필요한 타일 수량을 산출하시오.

✔ 정답 및 해설 **타일의 소요량 산출**

타일의 소요량
= 시공 면적 × 단위 수량
$$= 시공\ 면적 \times \left(\frac{1m}{타일의\ 가로\ 길이 + 타일의\ 줄눈}\right) \times \left(\frac{1m}{타일의\ 세로\ 길이 + 타일의\ 줄눈}\right)$$
$$= 8 \times \left(\frac{1}{0.108 + 0.005} \times \frac{1}{0.108 + 0.005}\right) = 626.52 ≒ 627 매이다.$$

003

모자이크 유니트형 타일 장수 크기가 30cm × 30cm일 때, 200m²의 바닥에 소요되는 모자이크타일의 수량을 산출하시오.

✔ 정답 및 해설 **타일의 소요량 산출**

모자이크타일의 소요 매수는 11.4매/m²(재료의 할증률이 포함되고, 종이 1장의 크기는 30cm × 30cm)이다.
그러므로, 총 소요량 = 붙임면적 × 11.40매/m² = 200 × 11.40 = 2,280매이다.

004

타일의 크기가 10.5cm × 10.5cm이며 줄눈 두께가 10mm일 때 120m²에 필요한 타일의 정미 수량(매수)은?

✔ 정답 및 해설 **타일의 소요량 산출**

타일의 소요량
= 시공 면적 × 단위 수량
$$= 시공\ 면적 \times \left(\frac{1m}{타일의\ 가로\ 길이 + 타일의\ 줄눈}\right) \times \left(\frac{1m}{타일의\ 세로\ 길이 + 타일의\ 줄눈}\right)$$
$$= 120 \times \left(\frac{1}{0.105 + 0.01} \times \frac{1}{0.105 + 0.01}\right) = 9,073.7 ≒ 9,074 매이다.$$

005

그림과 같은 평면도의 바닥을 리놀륨타일로 마감하였을 경우 리놀륨타일 붙임에 소요되는 재료량을 산출하시오. (단, 벽 두께는 20cm이다.)

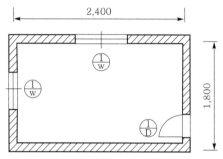

✔ 정답 및 해설

① 리놀륨타일의 붙임면적＝바닥의 가로 길이×바닥의 세로 길이

    ＝(바닥의 가로 중심거리−벽 두께)×(바닥의 세로 중심거리−벽 두께)

    ＝$(2.4-0.2)×(1.8-0.2)=3.52m^2$이다.

② 재료량의 산출

  ㉮ 리놀륨타일 : 붙임면적×1.05＝$3.52×1.05≒3.7m^2$

  ㉯ 접착제 : 붙임면적×(0.39~0.45)＝3.52×(0.39~0.45)=1.37~1.58kg

006

다음 그림과 같은 평면도의 바닥에 아스팔트타일로 마감하고 내벽에는 석고판을 본드로 접착하여 마감하였을 경우 소요재료량을 산출하시오. (단, 벽 두께는 30cm이고 벽 높이는 4.2m이다.)

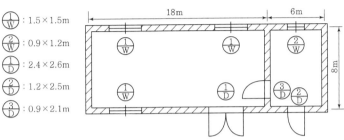

✔ 정답 및 해설

① 붙임면적의 산정

   ㉮ 아스팔트타일 붙임면적(바닥면적)

      =바닥의 가로 길이×바닥의 세로 길이

      =(바닥의 가로 중심거리－벽두께)×(바닥의 세로 중심거리－벽두께)

      $=[(18-0.3)\times(8-0.3)]+[(6-0.3)\times(8-0.3)]=180.18\text{m}^2$

   ㉯ 석고판 붙임면적(벽체의 표면적)

      ={(바닥의 가로 중심거리－벽두께)＋(바닥의 세로 중심거리－벽두께)}×벽의 높이×벽면의 개수－창호의 면적

      $=[(18-0.3)+(6-0.3)]\times4.2\times2+[(8-0.3)\times4.2\times4]-(2.4\times2.6)-(1.2\times2.5)-(2.1\times0.9)\times2$

      $-(1.5\times1.5\times3)-(1.2\times0.9)=305.07\text{m}^2$

② 재료량 산출

   ㉮ 아스팔트타일

      ㉠ 아스팔트타일 : 붙임면적×1.05＝180.18×1.05≒189.19m²

      ㉡ 접착제 : 붙임면적×(0.39~0.45)＝189.19×(0.39~0.45)＝73.78~85.14kg

   ㉯ 석고판 붙임

      ㉠ 석고판 : 붙임면적×1.08＝305.07×1.08＝329.48m²

      ㉡ 접착제 : 붙임면적×2.43＝305.07×2.43＝741.32kg

007

다음 도면을 보고 사무실과 홀의 바닥에 필요한 재료량을 산출하시오. (단, 화장실은 제외)

(m²당)

종류	수량
타일(60mm 각형)	260(매)
인부 수	0.09인
도장공	0.03인
접착제	0.4kg

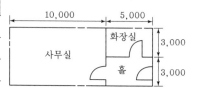

① 타일량 :

② 인부 수 :

③ 도장공 :

④ 접착제 :

✔ 정답 및 해설 **재료 등의 산출**

① 타일량의 산출 : 바닥면적×단위 수량＝[(10×6)+(5×3)]×260＝19,500매이다.

② 인부 수의 산출 : 바닥면적×0.09인＝[(10×6)+(5×3)]×0.09＝6.75≒7인이다.

③ 도장공의 산출 : 바닥면적×0.03인＝[(10×6)+(5×3)]×0.03＝2.25≒3인이다.

④ 접착제의 산출 : 바닥면적×0.4kg＝[(10×6)+(5×3)]×0.4＝30kg이다.

I. 총론

001

형태에 따른 공정표의 종류를 3가지 쓰시오.

✓ 정답 및 해설 형태에 따른 공정표의 종류

① 횡선식 공정표
② 사선(절선)식 공정표
③ 네트워크 공정표

002

공정표의 종류를 4가지 쓰시오.

✓ 정답 및 해설 공정표의 종류

① **횡선식 공정표** : 세로에 각 공정, 가로에 날짜를 잡고, 공정을 막대그래프로 표시하고 공사 진척 상황을 기입하며, 예정과 실시를 비교하면서 관리하는 공정표
② **사선(절선)식 공성표** : 세로에 공사량, 총 인부 등을 표시하고, 가로에 월일, 일수 등을 표시하여 일정한 절선을 가지고 공사의 진행 상태를 수량적으로 나타낸 것으로, 각 부분의 공사의 상세를 나타내는 부분 공정표에 알맞고 노무자와 재료의 수배에 적합한 공정표이다.
③ **열기식 공정표** : 가장 간단한 공정표로 공사의 착수와 완료 기일, 재료 준비, 인부 수 및 재료의 주문 등을 글로 나열하는 방법으로 부분 공정표를 나타낼 때 사용하는 공정표이다.
④ **네트워크 공정표** : 각 작업의 상호 관계를 네트워크로 표현하는 공정표이다.

003

다음이 설명하는 공정표를 쓰시오.

작업이 연관성을 나타낼 수 없으나, 공사의 기성고 표시에 대단히 편리하다. 공사지연에 대한 조속한 대처를 할 수 있으며, 절선공정표라고도 불린다.

✓ 정답 및 해설

사선식 공정표

004

사선식 공정표의 장점 3가지를 쓰시오.

✓ 정답 및 해설 사선식 공정표의 장점

① 공사의 기성고 표시에 대단히 편리하므로 전체의 경향을 파악할 수 있다.
② 공사의 지연에 대한 신속한 대처를 할 수 있다.
③ 인원 수배 계획과 자재 및 장비 수급 계획을 세우는 데 가장 우수하다.
④ 예정과 실적의 차이를 파악(공사의 기성고)하기 쉽다.

005

횡선식 공정표의 특성을 기술하시오.

✓ 정답 및 해설 횡선식 공정표의 특성

① 장점 : 각 공정별 착수와 종료일, 전체의 공정 시기와 각 공정별 공사를 확실히 알 수 있다.
② 단점 : 각 공정별 간의 상호 관계와 순서를 알 수 없고, 진행 상황을 확실히 알 수 없다.

006

각 공정표 중에서 인원 수배 계획과 자재 수급 계획을 세우는 데 가장 우수한 공정표는?

✓ 정답 및 해설 열기식 공정표

공정표 중에서 열기식 공정표는 인원 수배 계획과 자재 수급 계획을 세우는 데 가장 우수한 공정표이다.

007 공정표의 중요 원칙 4가지를 쓰시오.

①　　　　　　　②　　　　　　　③　　　　　　　④

✔ 정답 및 해설 **공정표의 중요 원칙**

① 공정의 원칙
② 단계의 원칙
③ 연결의 원칙
④ 활동의 원칙

008 Network 공정표에서 PERT와 CPM의 특징을 쓰시오.

✔ 정답 및 해설 **PERT와 CPM의 특징**

구분	PERT	CPM
계획 및 사업의 종류	경험이 없는 비반복 공사	경험이 있는 반복 공사
소요 시간의 추정	소요 시간 3가지 방법(3점 추정)	시간 추정 한 번(1점 추정)
더미의 사용	사용한다.	사용하지 않는다.
MCX(최소 비용)	이론이 없다.	핵심 이론
작업 표현	화살표로 표현	원으로 표현

009 네트워크 공정표의 장점 4가지를 기술하시오.

✔ 정답 및 해설 **네트워크 공정표의 장점**

① 개개의 작업 관련이 세분 도시되어 있어 내용이 알기 쉽고, 공정 관리가 편리하다.
② 작성자 이외의 사람도 이해하기 쉽고, 공사의 진척 상황이 누구에게나 알려지게 된다.
③ 숫자화되어 신뢰도가 높으며, 전자계산기 이용이 가능하다.
④ 개개 공사의 완급 정도와 상호 관계가 명료하고, 공사 단축 가능 요소의 발견이 용이하다.

010 네트워크 공정표의 특징 3가지를 기술하시오.

✓ 정답 및 해설 네트워크 공정표의 특징

① 작성자 이외의 사람도 이해하기 쉽고, 공사의 진척 상황이 누구에게나 알려지게 된다.

② 작성과 검사에 특별한 기능이 요구되고, 다른 공정표에 비해 익숙해지기까지 작성 시간이 필요하며 진척 관리에 있어서 특별한 연구가 필요하다.

③ 숫자화되어 신뢰도가 높으며, 전자계산기 이용이 가능하다.

011 다음의 (   ) 안에 알맞은 말을 쓰시오.

네트워크에서는 공기를 둘로 나누어 생각할 수 있는데, 그 하나는 미리 건축주로부터 결정된 공기로서 이것을 (①)이라 하고, 다른 하나는 일정을 진행 방향으로 산출하여 구한 (②)인데, 이러한 두 공기 간의 차이를 없애는 작업을 (③)라(이라) 한다.

✓ 정답 및 해설 네트워크의 공기

① 지정 공기, ② 계산 공기, ③ 공기 조절

012 다음 용어를 설명하시오.

CP :

✓ 정답 및 해설 네트워크 용어

CP(Critical Path, 크리티컬 패스)는 개시 결합점에서 종료 결합점에 이르는 가장 긴 패스 또는 네트워크 상의 전체 공기를 규제하는 작업 과정이다.

013

CPM 네트워크 공정표에서 소유할 수 있는 여유 4가지를 기술하시오.

✔ **정답 및 해설** CPM 네트워크 공정표의 여유

① FF(Free Float, 자유여유)

② TF(Total Float, 총여유)

③ DF(Dependent Float, 간섭여유)

④ IF(Independent Float, 독립여유)

014

다음 설명이 뜻하는 용어를 (   ) 안에 써넣으시오.

① 작업을 완료할 수 있는 가장 빠른 시각이다. : (   )

② 결합점이 가지는 여유시간 : (   )

③ 공정에서 가장 빠른 개시시각에 작업을 시작하여 후속작업도 가장 빠른 개시시각에 시작해도 존재하는 여유시간 : (   )

④ 가장 빠른 개시시간에 시작해 가장 늦은 종료시간으로 종료할 때 생기는 여유시간 : (   )

⑤ 정상 공기가 15일이다. 단축 공기를 13일로 잡을 때, 정상 공기에 투입되는 비용은 150,000원이고, 단축 공기 13일의 비용은 200,000원이다. 이때 공기 단축에 추가되는 비용 50,000원을 무엇이라 하는가? : (   )

✔ **정답 및 해설**

① EFT, ② 슬랙, ③ FF, ④ TF, ⑤ 비용구배

015

다음 설명이 뜻하는 용어를 쓰시오.

① 네트워크 공정표에서 정상 표현으로 할 수 없는 작업의 상호 관계를 연결시키는 데 사용되는 점선 화살선 :
② 어느 결합점에서 종료 결합점에 이르는 최장 패스의 소요기간 :
③ 작업의 여유시간 :
④ 공사기간을 단축하는 경우 공사 종류별 1일 단축 시마다 추가되는 공사비의 증가액 :

✔ 정답 및 해설

① 더미, ② 간공기, ③ 플로트, ④ 비용구배

016

다음 설명이 뜻하는 용어를 쓰시오.

① 네트워크 시간계산에 의하여 구해진 공기 :
② 임의의 두 결합점 간의 경로 중 소요시간이 가장 긴 경로 :
③ 프로젝트를 구성하는 작업 단위 :
④ 네트워크 공정표에서 개시 결합점에서 종료 결합점에 이르는 가장 긴 경로 :

✔ 정답 및 해설

① 계산공기, ② LP, ③ 작업, ④ CP

017

다음 설명이 뜻하는 용어를 ( ) 안에 써넣으시오.

① 어느 결합점에서 종료 결합점에 이르는 최장 패스의 소요기간 : ( )
② 가장 늦은 결합점 시각으로 임의의 결합점에서 최종 결합점에 이르는 경로 중 가장 긴 경로를 통과하여 종료시각에 될 수 있는 개시시각이다. : ( )
③ 네트워크에서 프로젝트를 구성하는 작업 단위이다. : ( )
④ 가장 빠른 결합점 시각으로 최초의 결합점에서 대상의 결합점에 이르는 경로 중 가장 긴 경로를 통과하여 가장 빨리 도달되는 결합점 시각이다. : ( )

✔ 정답 및 해설

① DF, ② LT, ③ 결합점, ④ ET

018

다음은 네트워크 공정표에 관련된 용어이다. 각 용어에 대한 정의를 설명하시오.

① CP :　　　　② EFT :　　　　③ LFT :　　　　④ LT :

✔ 정답 및 해설

① CP : 개시 결합점에서 완료 결합점까지의 최장 path. circle형 네트워크에서의 최초 작업에서 최후 작업에 달하는 path이다.
② EFT : 작업을 완료할 수 있는 가장 빠른 시일로 최초 완료시각이다.
③ LFT : 가장 늦은 종료시각으로 공기에 영향이 없는 범위 내에서 작업을 늦게 종료하여도 좋은 시각이다.
④ LT : 가장 늦은 결합점 시각으로 임의의 결합점에서 최종 결합점에 이르는 경로 중 가장 긴 경로를 통과하여 종료시각에 될 수 있는 개시시각이다.

019

다음은 네트워크 공정표에 관련된 용어이다. 각 용어에 대한 정의를 설명하시오.

① ET :　　　　② LST :　　　　③ FF :

✔ 정답 및 해설

① ET : 가장 빠른 결합점 시각으로 최초 결합점에서 대상의 결합점에 이르는 경로 중 가장 긴 경로를 통과하여 가장 빨리 도달되는 결합점 시각이다.
② LST : 가장 늦은 개시시각으로 공기에 영향이 없는 범위 내에서 작업을 늦게 시작하여도 좋은 시각이다.
③ FF : 가장 빠른 개시시각에 작업을 시작하고 후속작업도 가장 빠른 시각에 시작해도 존재하는 여유시간이다.

020

다음은 네트워크 공정표에 관련된 용어이다. 각 용어에 대한 정의를 설명하시오.

① 간공기 :　　　　② PATH :

✔ 정답 및 해설

① 간공기 : 어느 결합점에서 종료 결합점에 이르는 최장 패스의 소요기간
② PATH : 네트워크 중 둘 이상의 작업의 이어짐 상태

021

[보기]는 네트워크 공정표에 사용하는 용어에 대한 설명이다. 괄호 안에 해당하는 용어를 찾아 넣으시오.

보기

㉮ 가장 빠른 개시시각
㉯ 가장 늦은 완료시각
㉰ 가장 빠른 결합점 시각
㉱ 작업은 EST로 시작하고 LFT로 완료할 때 생기는 여유시간

① EST : (   )   ② TF : (   )
③ ET : (   )   ④ LFT : (   )

✔ 정답 및 해설

① EST : (㉮), ② TF : (㉱), ③ ET : (㉰), ④ LFT : (㉯)

022

다음 [보기]의 내용은 네트워크 공정표에서 사용되는 용어에 대한 설명이다. 괄호 안에 해당하는 용어를 찾아 넣으시오.

보기

㉮ 가장 빠른 개시 시각에 작업을 시작하고 후속작업도 가장 빠른 시각에 시작해도 존재하는 여유시간
㉯ TF와 FF의 차
㉰ 개시 결합점에서 종료 결합점에 이르는 가장 긴 패스
㉱ 프로젝트의 지연 없이 시작될 수 있는 작업의 최대 늦은 시간

① CP : (   )
② DF : (   )
③ FF : (   )
④ LST : (   )

✔ 정답 및 해설

① CP : (㉰), ② DF : (㉯), ③ FF : (㉮), ④ LST : (㉱)

023

다음 [보기]는 네트워크 공정표에 사용되는 용어에 대한 설명이다. 괄호 안에 해당하는 용어를 찾아 넣으시오.

보기

㉮ 네트워크에서 작업과 작업 또는 더미와 더미를 결합하는 점 또는 프로젝트의 개시점과 완료점
㉯ 네트워크에서 바로 표현할 수 없는 작업 상호 관계를 도시할 때 쓰는 점선
㉰ 가장 늦은 결합점 시각으로 임의의 결합점에서 최종 결합점에 이르는 경로 중 가장 긴 경로를 통과하여 종료시각에 될 수 있는 개시시각이다.
㉱ 가장 빠른 결합점 시각으로 최종 결합점에서 대상의 결합점에 이르는 경로 중 가장 긴 경로를 통과하여 가장 빨리 도달되는 결합점 시각이다.

① 더미 : (   )
② 결합점 : (   )
③ ET : (   )
④ LT : (   )

✔ 정답 및 해설

① 더미 : (㉯), ② 결합점 : (㉮), ③ ET : (㉱), ④ LT : (㉰)

024

공정표에서 작업 상호 간 연관관계만 나타내는 명목상의 작업인 더미의 종류 3가지를 쓰시오.

✔ 정답 및 해설 더미의 종류

① 논리적(Logical) 더미
② 순번적(Numbering) 더미
③ 동시적(Relation) 더미

025 다음 [보기]의 내용을 네트워크 수법의 공정계획 수립순서에 맞게 나열하시오.

보기

① 각 작업의 작업시간 작성 ② 전체 프로젝트를 단위작업으로 분해
③ 네트워크 작성 ④ 일정계산
⑤ 공정도 작성 ⑥ 공사기일의 조정

✔ **정답 및 해설** 네트워크 수법의 공정계획 수립순서

전체 프로젝트를 단위작업으로 분해 → 네트워크 작성 → 각 작업의 작업시간 작성 → 일정계산 → 공사기일의 조정 → 공정도 작성의 순이다.

② → ③ → ① → ④ → ⑥ → ⑤

Ⅱ. 공정표 작성

001 다음은 네트워크 공정표의 일부분이다. 'D'의 선행 Activity(작업)를 모두 고르시오.

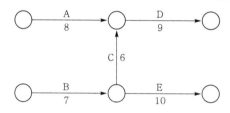

✔ **정답 및 해설** 선행 작업

후속 작업은 무조건 선행 작업이 완료된 후에 진행이 가능하며, 선행 작업은 A, B, C이다.

002

[보기]와 같은 공정계획이 세워졌을 때 네트워크 공정표를 작성하시오. (단, 화살표형 네트워크로 표시하며 결합점 번호를 규정에 따라 반드시 기입하며 표시방법은 다음과 같다.)

보기

① A, B, C작업은 최초의 작업이다.

② A작업이 끝나면 H, E작업을, C작업이 끝나면 D, G작업을 병행 실시한다.

③ A, B, C작업이 끝나면 F작업을, E, F, G작업이 끝나면 I작업을 실시한다.

④ H, I작업이 끝나면 공사가 완료된다.

✔ **정답 및 해설** 공정표 작성

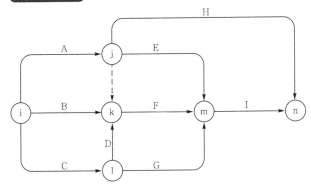

003

[보기]에 주어진 내용으로 네트워크 공정표를 작성하시오.

보기

㉮ A, B, C는 동시에 시작

㉯ A가 끝나면 D, E, H 시작 C가 끝나면 G, F 시작

㉰ B, F가 끝나면 H 시작

㉱ E, G가 끝나면 I, J 시작

㉲ K의 선행 작업은 I, J, H

㉳ 최종 완료 작업은 D, K로 끝난다.

✔ **정답 및 해설** 공정표 작성

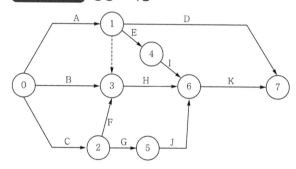

004 다음은 네트워크 공정표이다. EST, EFT, LST, LFT를 구하시오.

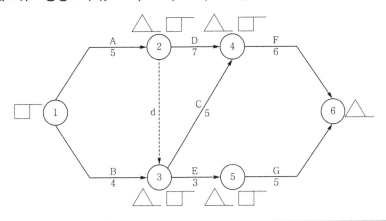

✔ **정답 및 해설**

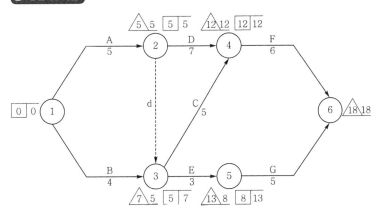

작업	EST(□)	EFT(□+소요일수)	LST(△-소요일수)	LFT(△)
A(5)	0	5	0	5
B(4)	0	4	3	7
C(5)	5	10	7	12
D(7)	5	12	5	12
d(0)	5	5	7	7
E(3)	5	8	10	13
F(6)	12	18	12	18
G(5)	8	13	13	18

005

다음 공정표에 제시된 작업일수를 근거로 하여 공정표를 완성하시오.

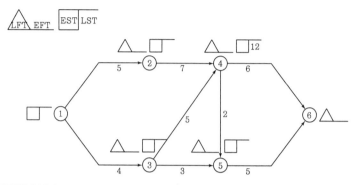

• CP :

✔ 정답 및 해설 공정표 작성

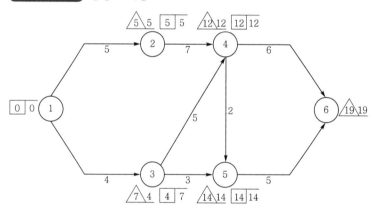

• CP : ① → ② → ④ → ⑤ → ⑥, 총 작업일수 : 19일

006 다음 네트워크 공정표의 EST, EFT, LST, LFT를 구하시오.

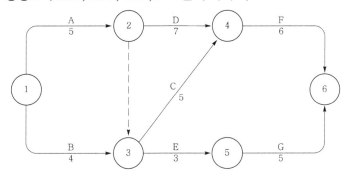

✓ **정답 및 해설** EST, EFT, LST, LFT의 산정

① EST : 각 작업 앞의 이벤트의 □

② LFT : 각 작업 뒤의 이벤트의 △

③ EFT : EST+소요일수

④ LST : LFT−소요일수

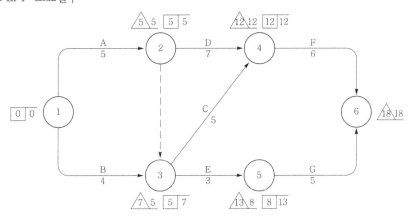

그러므로, 공정표의 일정을 산정하면, 다음 표와 같다.

작업	EST(□일수)	EFT(□+소요일수)	LST(△−소요일수)	LFT(△일수)
A(5)	0	5	0	5
B(4)	0	4	3	7
C(5)	5	10	7	12
D(7)	5	12	5	12
E(3)	5	8	10	13
F(6)	12	18	12	18
G(5)	8	13	13	18

EST, EFT, LST, LFT의 산정의 결과는 위의 표와 같다. [( ) 안의 숫자는 소요일수임]

007

다음 네트워크의 CP를 구하시오.

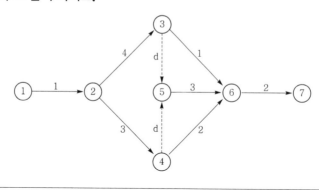

✓ **정답 및 해설** **크리티컬 패스(CP, Critical Path)**

CP(Critical Path)는 네트워크상에서 전체 공기를 규제하는 작업 과정으로, 시작에서 종료 결합점까지의 가장 긴 소요일수의 경로이다.

㉮ ① → ② → ③ → ⑥ → ⑦ : 1+4+1+2=8일

㉯ ① → ② → ③ → ⑤ → ⑥ → ⑦ : 1+4+3+2=10일

㉰ ① → ② → ④ → ⑤ → ⑥ → ⑦ : 1+3+3+2=9일

㉱ ① → ② → ④ → ⑥ → ⑦ : 1+3+2+2=8일

그러므로, 가장 긴 소요일수는 10일인 ① → ② → ③ → ⑤ → ⑥ → ⑦이 크리티컬 패스이다.

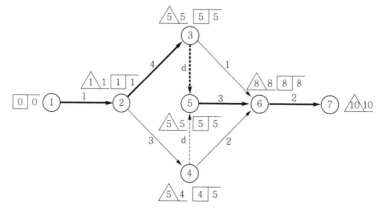

008

다음 공정표를 보고 주공정선(CP)를 찾으시오.

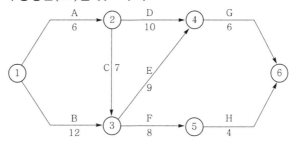

✔ 정답 및 해설 **공정표의 주공정선**

CP(Critical Path)는 네트워크 상의 전체 공기를 규제하는 작업 과정으로, 시작에서 종료 결합점까지의 가장 긴 소요일수의 경로이다.

㉮ ① → ② → ④ → ⑥ : 6+10+6=22일

㉯ ① → ② → ③ → ④ → ⑥ : 6+7+9+6=28일

㉰ ① → ③ → ④ → ⑥ : 12+9+6=27일

㉱ ① → ③ → ⑤ → ⑥ : 12+8+4=24일

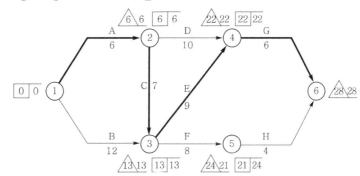

009

다음 공정표의 주공정선을 구하시오.

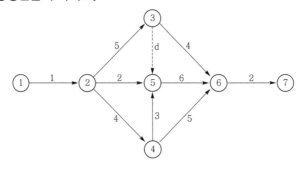

✔ 정답 및 해설 공정표의 주공정선

㉮ ① → ② → ③ → ⑥ → ⑦ : 1+5+4+2=12일

㉯ ① → ② → ③ → ⑤ → ⑥ → ⑦ : 1+5+6+2=14일

㉰ ① → ② → ⑤ → ⑥ → ⑦ : 1+2+6+2=11일

㉱ ① → ② → ④ → ⑤ → ⑥ → ⑦ : 1+4+3+6+2=16일

㉲ ① → ② → ④ → ⑥ → ⑦ : 1+4+5+2=12일

그러므로, 가장 긴 소요일수는 28일인 ① → ② → ④ → ⑤ → ⑥ → ⑦이 크리티컬 패스이다.

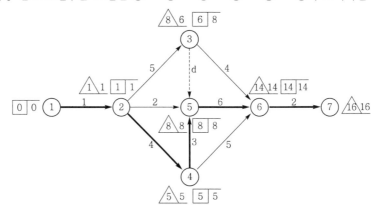

010

다음 자료를 이용하여 네트워크(Network) 공정표를 작성하시오. (단, 주공정선은 굵은 선으로 표시한다.)

작업명	작업일수	선행 작업	비고
A	2	−	각 작업의 일정계산 표시방법은 아래 방법으로 한다.
B	1	−	
C	4	−	
D	3	A, B, C	
E	6	B, C	
F	5	C	

EST LST   LFT EFT

$\underset{\text{소요일수}}{\overset{\text{작업명}}{i \longrightarrow j}}$

• CP :

✔ **정답 및 해설** 공정표 작성

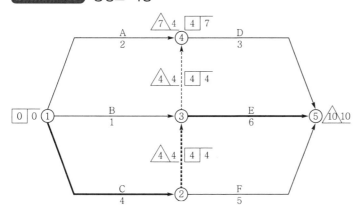

• CP : ① → ② → ③ → ⑤

011

다음 표를 조건으로 네트워크 공정표를 작성하시오.

작업명	선행 작업	작업일수	비고
A	—	5	
B	—	4	단, 각 작업의 일정계산 표시방법은 아래와 같이 한다.
C	—	3	
D	—	8	
E	A, B	2	
F	A	3	

✔ 정답 및 해설 공정표 작성

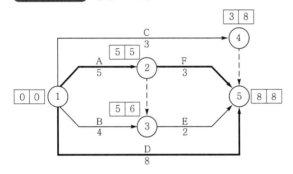

- CP(Activity) : A → F, D

　(Event) : ① → ② → ⑤, ① → ⑤

012

다음 자료를 이용하여 네트워크(network) 공정표를 작성하시오. (단, 주공정선은 굵은 선으로 표시한다.)

작업명	기간	선행 작업	비고
A	4	–	각 작업의 일정계산 표시방법은 아래 방법으로 한다.
B	2	–	
C	3	–	
D	2	A, B	
E	4	A, B, C	
F	3	A, C	

• CP :

✔ 정답 및 해설 공정표 작성

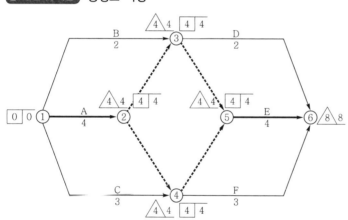

• CP(Activity) : A → E

(Event) : ① → ② → ③ → ⑤ → ⑥, ① → ② → ④ → ⑤ → ⑥

013

다음 데이터를 이용하여 네트워크 공정표를 작성하고, 총 공사일수를 산출하시오. (단, 주공정선은 굵은 선으로 표시할 것)

작업명	선행 작업	기간	비고
A	없음	3	단, 각 작업은 다음과 같이 표기한다.
B	없음	5	
C	없음	2	
D	A	4	
E	A, B	3	
F	A, B, C	5	

단, 각 작업은 다음과 같이 표기한다.

EST LST / LFT \ EFT

i ──작업명──→ j
   작업일수

✔ **정답 및 해설** 공정표 작성

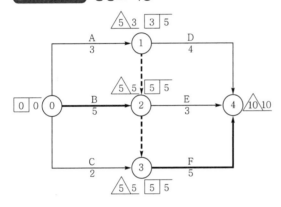

014

다음 표를 이용하여 공정표를 작성하시오.

작업명	선행 작업	기간	비고
A	없음	5	주공정선은 굵은 선으로 표시한다. 각 결합점 일정 계산은 PERT 기법에 의거 다음과 같이 계산한다.
B	없음	4	
C	없음	3	ET | LT
D	없음	4	
E	A, B	2	작업명 ──→ (i) ──→ 작업명
F	B	1	공사일수 공사일수

✔ 정답 및 해설 공정표 작성

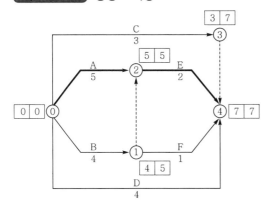

015

다음 표와 같은 공정계획이 세워졌을 때 Network 공정표를 작성하시오.

작업명	A	B	C	D	E	F
선행 작업	None	None	None	A, B, C	A, B, C	A, B, C
작업일수	5	2	4	4	3	2

• CP :

✔ 정답 및 해설 공정표 작성

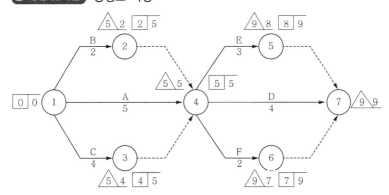

016

다음 표의 조건을 보고 공정표를 작성하시오.

작업명	A	B	C	D	E	F	G
선행 작업	–	–	A, B	A, B	B	C, D	E

✔ **정답 및 해설** 공정표 작성

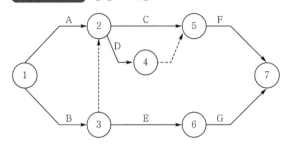

017

다음 표의 조건을 보고 네트워크 공정표를 작성하시오.

작업명	작업일수	선행 작업	비고
A	5	–	각 작업의 일정계산 표시방법은 아래 방법으로 한다.
B	4	–	
C	5	A, B	
D	7	A	
E	3	A, B	
F	6	C, D	
G	5	E	

✔ **정답 및 해설** 공정표 작성

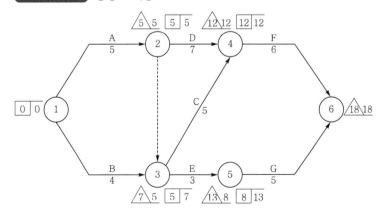

018

다음 표와 같은 공정이 세워졌을 때 Network 공정표를 작성하시오. (단, 화살형 Network로 표시하며, 결합점 번호를 규정에 따라 반드시 기입하며 표시는 다음과 같은 방법으로 작성한다.)

$$ i \xrightarrow{\text{작업명}} j $$

작업명	A	B	C	D	E	F	G	H	I
선행 작업	없음	없음	없음	A	A, B, C	C	D, E, F	E, F	F

• 공정표 :

✔ **정답 및 해설** 공정표 작성

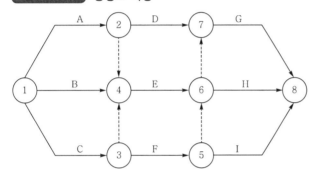

019

다음 데이터로 네트워크(Network) 공정표를 작성하고, 주공정선은 굵은 선으로 표시하시오.

순서	작업명	선행 작업	작업일수	비고
1	A	–	5	
2	B	–	8	결합점 일정계산은 PERT 기법에 의거 다음과 같이 계산한다.
3	C	A	7	
4	D	A	8	
5	E	B, C	5	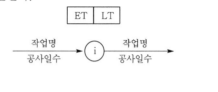
6	F	B, C	4	
7	G	D, E	11	
8	H	F	5	

- CP :

✔ 정답 및 해설 **공정표 작성**

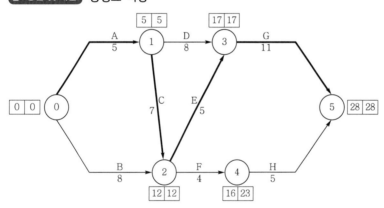

- CP : ⓪ → ① → ② → ③ → ⑤

　　A → C → E → G

020

다음 자료와 같은 작업의 네트워크 공정표를 작성하고 주공정선은 굵은 선으로 표시하시오.

작업명	선행 작업	작업명	비고
A	없음	8	
B	없음	9	
C	A	9	각 작업의 일정계산 표시방법은 아래와 같이 한다.
D	B, C	6	
E	B, C	5	
F	D, E	2	
G	D	5	
H	F	3	

✔ **정답 및 해설** 공정표 작성

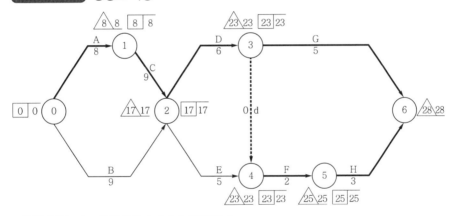

• 주공정선(CP) : 주공정선이 2개가 발생한다.

ㄱ A → C → D → G

ㄴ A → C → d → F → H

021

다음의 조건을 사용하여 공정표를 완성하고 CP를 굵은 선으로 표시하시오.

작업명	A	B	C	D	E	F	G	H
선행 작업	None	None	A	B, C	A	D	D	B, C, E, F
작업일수	4	3	2	4	5	3	5	7

✔ 정답 및 해설 공정표 작성

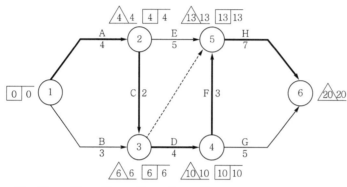

• CP : ① → ② → ③ → ④ → ⑤ → ⑥

    A → C → D → F → H

022

다음 작업리스트를 보고 네트워크 공정표를 작성하시오. (단, 네트워크 공정표에 CP는 굵은 선으로 표시하시오.)

작업명	선행 작업	작업일수	비고
A	없음	2	
B	A	6	
C	A	5	각 작업의 일정계산 표시방법은 아래와 같이 한다.
D	없음	4	
E	B	3	
F	B, C, D	7	
G	D	8	
H	E, F, G	6	
I	F, G	8	

• CP :

✓ 정답 및 해설

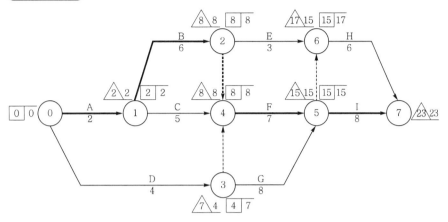

• CP : A → B → F → I

023

다음 주어진 데이터를 보고 네트워크 공정표를 작성하시오. (단, 주공정선은 굵은 선으로 표시하시오.)

작업명	작업일수	선행 작업	비고
A	4	없음	
B	8	없음	
C	11	A	
D	2	C	각 작업의 일정계산 표시방법은 아래와 같이 한다.
E	5	B, J	
F	14	A	
G	7	B, J	
H	8	C, G	
I	9	D, E, F, H	
J	6	A	

✔ 정답 및 해설

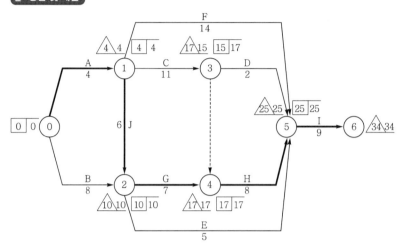

• CP : A → J → G → H → I

024

다음 작업 List를 보고 네트워크 공정표를 작성하시오. (단, 주공정선은 굵은 선으로 표시하시오.)

작업명	A	B	C	D	E	F	G	H	I	J
작업일수	2	6	5	4	3	7	8	6	8	9
선행 작업	None	A	A	None	B	B, C, D	D	E, F, G	F, G	G

✔ 정답 및 해설

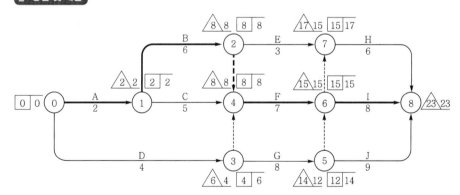

025

MCX(Minimum cost expediting) 이론에 대하여 간략히 설명하시오.

✔ 정답 및 해설 MCX(Minimum cost expediting) 이론

주공정상의 소요 작업 중 공기 대 비용의 관계를 조사하여 최소의 비용으로 공기를 단축하는 것이다. 가장 작은 요소작업부터 단위 시간씩 단축해가며 이로 인해 변경되는 주공정이 발생되면 변경된 경로의 단축해야 할 요소작업을 결정한다. 공기 단축 시에는 변경된 주공정을 확인하여야 하며 특급 공기 이하로는 공기를 단축할 수 없다.

Ⅲ. 공기단축

001

[보기]의 조건을 보고 공기단축 시 필요한 비용구배(Cost slope)를 구하시오.

보기

- 조건 A : 표준공기 12일, 표준비용 8만원, 급속공기 8일, 급속비용 15만원
- 조건 B : 표준공기 10일, 표준비용 6만원, 급속공기 6일, 급속비용 10만원

① 조건 A :
② 조건 B :

✔ 정답 및 해설 비용구배의 산정

① 조건 A

$$비용구배 = \frac{특급공사비 - 표준공사비}{표준공기 - 특급공기} = \frac{150,000 - 80,000}{12 - 8} = 17,500 원/일이다.$$

② 조건 B

$$비용구배 = \frac{특급공사비 - 표준공사비}{표준공기 - 특급공기} = \frac{100,000 - 60,000}{10 - 6} = 10,000 원/일이다.$$

002

정상적으로 시공할 때 공사기일은 13일, 공사비는 170,000원이고, 특급으로 공사할 때 공사기일은 10일, 공사비는 320,000원이라면 공기단축 시 필요한 비용구배를 구하시오.

표준공기	표준비용	특급공기	특급비용
13일	170,000원	10일	320,000원

✔ **정답 및 해설** 비용구배의 산정

$$비용구배 = \frac{특급공사비 - 표준공사비}{표준공기 - 특급공기} = \frac{320,000 - 170,000}{13 - 10} = 50,000 \, 원/일이다.$$

003

어느 인테리어 공사의 한 작업이 정상적으로 시공될 때 공사기일은 10일, 공사비는 10,000,000원이고, 특급으로 시공할 때 공사기일은 6일, 공사비는 14,000,000원이라 할 때 이 공사의 공기단축 시 필요한 비용구배(cost slope)를 구하시오.

✔ **정답 및 해설** 비용구배의 산정

$$비용구배 = \frac{특급공사비 - 표준공사비}{표준공기 - 특급공기} = \frac{14,000,000 - 10,000,000}{10 - 6} = 1,000,000 \, 원/일이다.$$

004

다음과 같은 작업 데이터를 보고 산출근거와 비용구배가 가장 작은 작업부터 순서대로 쓰시오.

작업명	정상계획		급속계획	
	공기(일)	비용(원)	공기(일)	비용(원)
A	4	60,000	2	90,000
B	15	140,000	14	160,000
C	7	50,000	4	80,000

(1) 산출근거 :

(2) 작업순서 :

✔ **정답 및 해설** 비용구배의 산정

(1) 산출근거

① A작업 : $\dfrac{90,000-60,000}{4-2}=15,000$ 원/일이다.

② B작업 : $\dfrac{160,000-140,000}{15-14}=20,000$ 원/일이다.

③ C작업 : $\dfrac{80,000-50,000}{7-4}=10,000$ 원/일이다.

(2) 작업순서

비용구배가 작은 것부터 큰 것의 순으로 나열하면, C작업 → A작업 → B작업의 순이다.

005

관리의 목표인 품질, 공정, 원가관리를 성취하기 위하여 사용되는 수단에 대한 관리방법 4가지를 쓰시오.

✔ **정답 및 해설** 수단 관리

① 인력(노무, Man), ② 장비(기계, Machine), ③ 자원(재료, Material), ④ 자금(경비, Money),
⑤ 관리, 시공법 등

Ⅳ. 품질관리

001

다음 [보기]에서 품질관리(QC)에 의한 검사 순서를 나열하시오.

보기

① 검토(Check)　　② 실시(Do)　　③ 조치(Action)　　④ 계획(Plan)

✔ **정답 및 해설** 품질관리(QC)에 의한 검사 순서

계획(Plan) → 실시(Do) → 검토(Check) → 조치(Action)의 순이다.

④ → ② → ① → ③

002

다음은 품질관리 기법에 관한 설명이다. 해당되는 설명에 관계되는 용어를 쓰시오.

① 모집단의 분포상태 막대그래프 형식 : (   )
② 층별 요인 특성에 대한 불량 점유율 : (   )
③ 특성 요인과의 관계 화살표 : (   )
④ 점검 목적에 맞게 미리 설계된 시트 : (   )

✔ **정답 및 해설** 품질관리 도구

① 히스토그램, ② 층별, ③ 특성 요인도, ④ 체크시트

003

다음은 품질관리 도구에 대한 설명이다. 해당하는 용어를 쓰시오.

① 계량치의 데이터가 어떠한 분포를 하고 있는지 알아보기 위하여 작성하는 그림
   : (   )
② 결과에 원인이 어떻게 관계하고 있는가를 한눈에 알아보기 위하여 작성하는 그림
   : (   )
③ 불량, 결점, 고장 등의 발생건수를 분류 항목별로 나누어 크기 순서대로 나열한
   그림 : (   )

✔ **정답 및 해설** 품질관리 도구

① 히스토그램, ② 특성 요인도, ③ 파레토도

004

품질관리(QC) 도구의 종류 5가지를 나열하시오.

✔ **정답 및 해설** 품질관리(QC) 도구의 종류

① 히스토그램, ② 파레토도, ③ 특성 요인도, ④ 체크시트, ⑤ 산점도(산포도, 관리도)

PART 2 작업형 실습이해

CHAPTER 01

조적 공사

조적(masonry)은 벽돌이나 돌, 블록 등과 같은 낱낱의 개체를 모르타르를 써서 하나하나 쌓아 올려 구조체를 구성하는 구조이다. 조적 구조는 비교적 시공하기 쉬우며, 경제적으로 내구, 내화 적인 구조물을 구성할 수 있으므로, 소규모 건축물에서 폭넓게 이용되고 있다.

조적조는 오랜 역사를 통해서 각 지역마다 고유한 조적법을 발전시켜 왔다. 또, 비교적 단순한 작업 과정을 다양한 방법으로 반복함으로써 튼튼하고 아름다운 구조체를 구성한다. 따라서 조적 작업에는 특히 작업자의 장인 의식이 요구된다.

이 단원에서는 벽돌과 콘크리트 블록을 써서 벽체를 구성하는 방법을 배운다. 조적 용구의 사 용법을 익히고, 정형화한 기본적인 조적법을 이해하며, 조적 기능을 신장시켜 현장에서 조적 직 무를 실제로 수행할 수 있게 한다. 나이가, 조적조 벽체를 구성하는 데 요구되는 구조 규준을 익 혀 총괄적으로 현장 작업을 진행할 수 있는 능력을 기른다.

 실습명 : 모르타르 만들기

1. 실습 목표

① 시멘트 모르타르를 만드는 방법을 이해한다.
② 시멘트 모르타르를 만드는 기능을 기른다.

2. 재료

시멘트, 모래

3. 기계 및 기구

체, 철판, 비빔삽, 계량 용기

4. 관계 지식

(1) 쌓기 준비

벽돌을 쌓기 위해서는 먼저 모르타르 만들기, 규준틀세우기, 벽돌 마름질하기 등의 준비가 필요하다. 이 밖에도 작업에 따라서는 비계 발판이나 아치를 쌓기 위한 가설틀을 설치해야 하며, 도면에 따라 벽돌나누기를 해 본 다음, 벽돌에 물을 축여 두고 쌓을 곳의 바탕고르기 를 한 후 적절한 쌓기법을 골라 쌓아야 한다.

(2) 시멘트, 모래, 물

① 시멘트는 물을 혼합한 1시간 후부터 응결하기 시작하여 10시간이면 응결이 끝나고 경화 되기 시작한다. 또한, 시멘트는 장기간 방치하여 두면 공기 중의 수분을 흡수하여 풍화 되는데, 풍화된 시멘트는 경화되는 시간이 많이 걸리고 충분한 강도를 발휘하지 못한다.

② 모래에는 진흙이나 유기 불순물 등의 유해물이 포함되지 않아야 하며, 너무 가는 모래는 시멘트가 많이 소요되고 굵은 모래는 강도가 저하되는 수가 있으므로 2.5mm 정도를 기 준으로, 잔 것과 굵은 것이 적당히 혼합된 것이 좋다.

③ 물은 깨끗하여야 하며, 기름, 산, 알칼리, 염류, 유기물 등 모르타르의 품질에 영향을 주 는 물질이 들어 있어서는 안 된다. 특히, 당분은 시멘트 무게의 0.1~0.2%만 함유되어도 응결이 늦어지며, 그 이상으로 함유되면 강도가 떨어진다.

(3) 모르타르의 종류

모르타르란 시멘트와 모래를 물로 반죽한 것이다. 일반적으로, 모르타르라 하면 시멘트 모 르타르를 가리키나, 시멘트 이외에 석회를 첨가한 시멘트 석회 모르타르와 시멘트 대신에 석회를 사용한 석회 모르타르 등이 있다.

① 시멘트 모르타르

가장 널리 쓰이는 모르타르로서, 보통 포틀랜드 시멘트로 반죽한 것이다.

② 백색 시멘트 모르타르

보통 포틀랜드 시멘트 대신에 백색 시멘트를 사용하여 시멘트의 암색을 없애고 미려한 색을 가지게 한 것으로, 타일이나 대리석의 치장줄눈 넣기 등에 사용된다.

③ 연성 모르타르

경화된 후에도 못을 박을 수 있도록 석면을 첨가하여 연성을 갖게 한 것이다.

④ 방수 모르타르

수분의 침입을 방지하기 위하여 방수제를 첨가한 모르타르이다. 보통 모르타르도 시멘트 와 모래의 배합비가 1 : 1일 경우에는 방수제를 첨가하지 않아도 어느 정도 방수 효과가 있다.

(4) 모르타르의 배합

① 모르타르는 시멘트와 모래만으로 건비빔을 하여 두었다가 사용하기 전에 물을 부어 반죽한다. 배합하는 시멘트와 모래의 양은 사용 목적에 알맞은 배합비를 결정하여 눈어림에 의하지 않고 정확히 계량해서 배합하여야 한다.

사용 장소별 모르타르의 배합비는 표 1-1과 같다.

② 모르타르 $1m^3$를 만들 때 소요되는 시멘트와 모래의 양은 표 1-2와 같다. 모르타르를 비빌 때 감소되는 양은 보통 25~30%인데, 이 표는 비빔 감소량을 27%로 잡은 경우이다.

[표 1-1] 모르타르의 배합비(용적비)

등급		시멘트 모르타르 (시멘트 : 모래)	시멘트 석회 모르타르 (시멘트 : 소석회 : 모래)	사용 장소
1급	1호	1 : 1	1 : 0.2 : 1	치장줄눈용
	2호	1 : 2	1 : 0.2 : 2.5	아치쌓기용 및 특수 구조용
	3호	1 : 2.5	1 : 0.2 : 2.5	특수 조적조의 일반 쌓기용
2급	1호	1 : 3	1 : 0.5 : 3.5	중요 조적조의 일반 쌓기용
	2호		1 : 2.0 : 5.0	
	3호	1 : 6	1 : 2.0 : 7.0	일반 쌓기용
3급		1 : 7		경미한 구조물 쌓기용

[표 1-2] 모르타르 $1m^2$ 제작용 시멘트와 모래

구분 용적 배합비	시멘트			모래 (m^3)
	kg	m^2	40kg (포대)	
1 : 1	1026	0.685	25.7	0.685
1 : 2	683	0.455	17.1	0.910
1 : 3	510	0.341	12.8	1.023
1 : 5	344	0.228	8.6	1.140
1 : 7	244	0.162	6.1	1.200

[표 1-3] 벽돌 1000장 쌓기 모르타르 양(m^3)

구분 벽 두께	벽돌 쌓기 (배합비 1 : 3)		치장줄눈 넣기 (배합비 1 : 1)	
	표준형	기존형	표준형	기존형
0.5B	0.25	0.30	0.035	0.040
1.0B	0.33	0.37	0.019	0.020
1.5B	0.35	0.40	0.013	0.014
2.0B	0.36	0.42	0.009	0.010
2.5B	0.37	0.44	0.008	0.008

③ 벽돌 1000장을 쌓을 때와 치장줄눈을 넣을 때 소요되는 모르타르의 양은 표 1-3과 같다. 10mm 줄눈으로 쌓을 경우로서, 비빔 감소량을 고려하여 할증률을 포함시킨 것이며, 한 면을 치장줄눈으로 하는 경우이다.

④ 배합하는 방법은 크게 나누어 무게 배합과 용접 배합이 있는데, 일반적으로 현장에서는 질통과 같은 운반 기구에 담아서 그 용적으로 비율을 정하는 현장 계량 용적 배합이 실용적이므로 가장 널리 이용된다.

현장 계량 용적 배합에서 시멘트는 $1.5 kg/l(1500 kg/m^3)$로 하며, 골재는 표준계량과 비교하여 잔 골재는 75~80%, 굵은 골재는 95%로 한다.

⑤ 줄눈을 방수 처리할 때에는 방수제를 섞은 방수 모르타르를 사용하며, 겨울철 공사에는 모르타르의 동결을 방지하기 위하여 방동제(소금, 염화칼슘)을 혼합하여 사용한다.

5. 안전 및 유의 사항

① 모래는 불순물이 포함되어 있지 않은 깨끗한 것을 쓰고, 풍화된 시멘트는 사용하지 않는다.

② 모래를 계량하는 용기는 따로 정해 두고 정확히 계량하도록 한다.

③ 여러 번 배합하는 경우, 계량하기가 번거로울 때에는 정확히 계량하여 배합한 표본을 만들어 유리병에 담아 두고 비교하면서 배합하는 양을 정한다.

④ 모르타르는 물을 혼합한 지 1시간 이상 경과된 것을 사용하지 않는다.

6. 실습 순서

① 모래를 체로 쳐서 돌을 골라낸다.

② 적당한 배합비를 결정한 다음, 시멘트 한 포대와 배합할 모래의 양을 용기에 계량해 둔다. 모래는 가만히 계량할 때는 표면이 젖어 있으면 부피가 커지므로, 모래의 표면 수량을 고려하여 부피를 가감하여야 한다.

③ 계량한 모래를 철판에 옮겨 붓고 가운데를 길게 갈라 둔다.

④ 철판에 시멘트의 가루가 날리지 않도록 갈라진 곳을 따라 끌면서 가만히 붓는다.

⑤ 두 사람이 한 조가 되어 비빔삽을 교대로 움직여 3회 이상 충분히 비빈다.

7. 공사 후 이해 및 점검 사항

(1) 다음 사항을 잘 이해하고 있는지 확인해 보자.

① 벽돌을 쌓기 전에 준비해야 할 사항을 확인해 보자.

② 모르타르를 만들기 위한 시멘트, 모래 및 물이 갖추어야 할 조건을 확인해 보자.

③ 각종 모르타르의 종류와 성질을 확인해 보자.

④ 모르타르의 배합비와 사용 장소를 확인해 보자.

⑤ 쌓을 벽돌의 장수에 따라 필요한 모르타르의 양 및 그에 소요되는 시멘트와 모래의 양을 확인해 보자.

(2) 다음 사항에 대하여 점검해 보자.

① 모래를 계량하는 용기는 따로 정하여 정확히 계량하였는가?

② 모래는 불순물이 포함되어 있지 않은 깨끗한 것을 체로 쳐서 사용하였는가?

③ 시멘트는 풍화되지 않은 것을 사용하였는가?

④ 철판 위에서 모래의 가운데를 길게 잘라 시멘트를 가만히 붓고 3회 이상 충분히 비볐는가?

⑤ 건비빔한 모르타르에 물은 쌓기 직전에 부어 경화되지 않도록 하였는가?

II ▶ 실습명 : 세로 규준틀 세우기

1. 실습 목표

① 세로 규준틀을 세우는 방법을 이해한다.
② 세로 규준틀을 세우는 기능을 습득한다.

2. 재료

목재, 못, 실

3. 기계 및 기구

톱, 대패, 망치, 먹동, 다림추, 물통 수준기

4. 관계 지식

① 벽돌을 쌓을 때에는 먼저 규준틀을 세워야 한다. 규준틀에는 그림 1-1과 같이 수평 규준틀과 세로 규준틀이 있는데, 수평 규준틀은 흙파기와 기초 공사를 할 때 건물 각부의 위치, 흙파기의 너비와 깊이 등을 결정하는 것이며, 세로 규준틀은 벽돌쌓기, 블록쌓기 등에서 고저 및 수직면의 기준이 되는 것이다.
② 세로 규준틀을 설치하는 위치는 건축물의 모서리와 벽이 길 때에는 중앙부 및 그 밖의 요소에 설치한다.

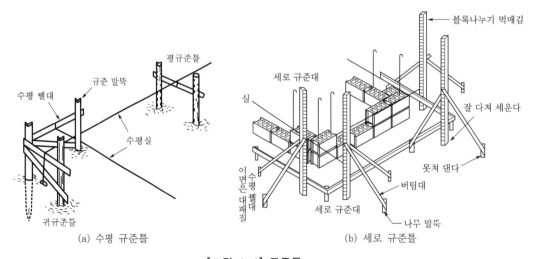

[그림 1-1] 규준틀

③ 세로 규준틀은 뒤틀리지 않고 잘 건조된 9~10cm 각 정도의 각재를 대패질하여 벽돌과 줄눈의 두께를 그린다. 이 밖에도 세로 규준틀에는 중요한 각부, 즉 창문틀, 아치, 각 층 바닥 등의 높이, 앵커 볼트, 연결 철물, 나무 벽돌의 위치 등을 기입한다.

④ 지면에 세로 규준틀을 세울 때에는 땅에 규준 말뚝을 견고하게 박은 다음, 꿸대를 가로질러 못을 박아 두고, 꿸대에 의지하여 세로 규준대를 정확한 위치에 연직으로 세운다. 일하기에 장애가 되지 않는 위치에 작은 말뚝을 박고, 버팀대를 질러 규준대를 튼튼히 고정한다.

그러나 수평 규준틀이 설치되어 있을 때에는 규준 말뚝과 꿸대는 별도로 가설하지 않고 수평 규준틀을 그대로 이용하여 여기에 세로 규준대를 세운다.

⑤ 상부 벽체에 세로 규준틀을 설치할 때에는 규준대와 가새를 설치할 위치에 미리 나무 벽돌을 묻어 두고, 여기에 못을 박아 고정한다. 나무 벽돌을 묻지 않고 줄눈에 못을 박아 고정하면 나중에 규준틀의 위치가 달라지는 수가 있다.

5. 안전 및 유의 사항

① 세로 규준틀은 비계나 거푸집 등의 가설물에 지지하여 설치하여서는 안 된다.
② 규준대에 수평 실을 칠 때에는 외벽면선을 기준으로 한다.
③ 세로 규준틀은 직사 광선이나 풍우 등에 의하여 변형되기 쉬우므로, 가끔 점검하여 정확하게 유지되도록 한다.

6. 실습 순서

① 기초의 윗면을 조사하여 가장 높은 면을 기준으로 하여 5mm 이상 차이가 나는 곳은 모르타르로 골라 둔다.

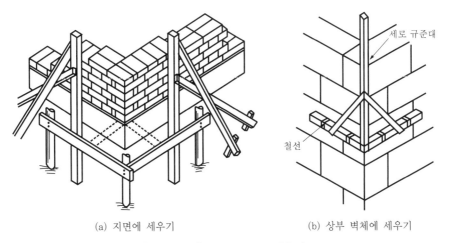

(a) 지면에 세우기   (b) 상부 벽체에 세우기

[그림 1-2] 세로 규준틀 세우기

② 양쪽 벽면선의 먹을 친다.

③ 길이 1m 정도의 규준 말뚝을 단단히 박는다.

④ 꿸대를 말뚝에 가로질러 못을 박는다.

⑤ 수평 실을 쳐 놓고 추를 내려서, 수평 실이 기초 윗면의 외벽면선과 일치하도록 하여서 꿸대에 외벽면선의 위치를 표시하여 둔다.

⑥ 세로 규준대를 대패질하여 대패질된 면을 외벽면선과 일치시켜 세운 다음, 다림추를 내려 규준대를 연직으로 잡고, 수평 꿸대에 못을 박아 고정한다. 이 때, 규준대의 끝은 땅을 파고 묻는 것이 좋다.

⑦ 세로 규준대 1개소당 작은 말뚝을 2개씩 박고 버팀대를 대어 규준대를 단단히 고정한다. 이 때, 버팀대는 서로 직각이 되도록 지르는 것이 좋다.

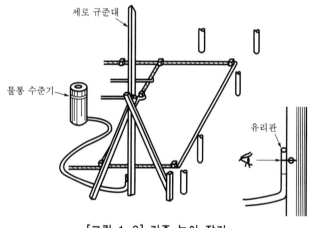

[그림 1-3] 기준 높이 잡기

⑧ 그림 1-3과 같이 각 규준대마다 물통 수준기로 같은 높이를 잡아 표시해 둔다.

⑨ 이 점에서 수평 실을 치고 기초 윗면까지의 치수를 재어 세로 규준대에 기초 윗면의 높이를 표시한다.

⑩ 세로 규준대의 기초 윗면에서부터 쌓아야 할 켜까지 벽돌과 줄눈 두께의 합을 잣눈을 대고 찍어 나간 다음, 켯수를 기입한다.

7. 공사 후 이해 및 점검 사항

(1) 다음 사항을 잘 이해하고 있는지 확인해 보자.

① 규준틀의 종류와 기능을 확인해 보자.

② 세로 규준틀에 표시해야 할 사항을 확인해 보자.

③ 세로 규준틀을 세우는 방법을 확인해 보자.

(2) 다음 사항에 대하여 점검해 보자.

① 세로 규준틀을 설치하여야 할 위치는 바르게 선정하였는가?

② 작은 말뚝과 버팀대는 작업에 지장이 없고 견고하도록 박았는가?

③ 세로 규준대는 대패질된 면이 외벽면선과 일치하도록 정확한 위치를 잡아 연직으로 세웠는가?

④ 세로 규준대에는 물통 수준기로 높이가 같도록 표시하였는가?

⑤ 세로 규준대에 기초 윗면의 높이는 정확히 표시하였는가?

⑥ 세로 규준틀에 표시하여야 할 사항은 빠짐없이 기입하였는가?

⑦ 규준틀을 세운 다음, 수평, 수직 등을 검사하여 바로 잡았는가?

Ⅲ ▶ 실습명 : 벽돌 마름질하기

1. 실습 목표

① 벽돌을 마름질하는 방법을 익힌다.
② 벽돌을 여러 가지 모양으로 마름질하는 기능을 기른다.

2. 재료

벽돌

3. 기계 및 기구

벽돌 망치, 벽돌 정, 형관, 먹줄통, 먹칼, 받침 나무

4. 관계 지식

(1) 벽돌의 종류

벽돌은 저급 점토로 빚어 구운 점토 벽돌(clay brick : 붉은 벽돌)과 시멘트와 모래를 빚어 굳힌 시멘트 벽돌(cement brick)이 주로 쓰이는데, 벽돌에는 모래, 주성분, 품질 등에 따라 여러 가지가 있다.

[표 1-4] 벽돌의 규격 (단위 : mm)

종류	구분	길이	너비	두께
점토 벽돌	치수(mm)	190	90	57
	허용치(mm)			
콘크리트 벽돌	치수(mm)	190	90	57
	허용치(mm)	±2		
내화 벽돌	치수(mm)	230	114	65

[표 1-5] 벽돌의 등급 및 품질

구분	종별	1종	2종	3종
흡수율(%)		10 이하	13 이하	15 이하
압축강도(N/㎟)		24.50 이상	20.59 이상	10.78 이상

① 보통 벽돌

보통 벽돌은 표 1-4와 같이 기존형과 장려형(표준형)의 두 가지 규격이 있다.

또한, 벽돌은 표 1-5와 같이 소성 상태, 흡수율, 강도에 따라 1급과 2급으로 구분하고, 이를 다시 형상이 바른 정도, 갈라짐과 흠이 있고 없음에 따라 1호와 2호로 나눈다.

② 이형 벽돌

창, 출입구, 아치, 교차부 등에서 쓰기 위하여 보통 벽돌과는 다른 특수한 모양으로 처음부터 만들어진 벽돌이다.

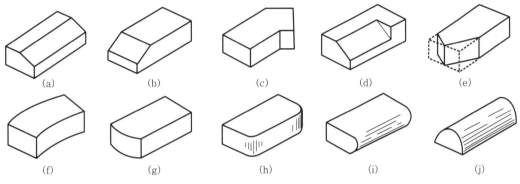

[그림 1-4] 각종 이형 벽돌

③ 중공 벽돌

시멘트 블록처럼 중공을 두어 무게를 줄이고, 단열과 흡음 효과를 높인 것이다.

④ 다공질 벽돌

점토에 30~50%의 톱밥, 탄분 등을 혼합하여 소성한 것으로, 비중이 1.2~1.7 정도로 가볍고 단열, 방음성이 있으며, 못질을 할 수도 있으나 강도는 약하다.

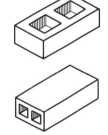

[그림 1-5] 중공 벽돌

⑤ 내화 벽돌

굴뚝, 난로, 보일러 등의 안쌓기에 사용하는 벽돌로서, 내화 점토 등을 성형, 소성하여 만든다.

㉠ 내화도는 제게르 추의 번호로 나타내는데, 건축 공사에서는 SK20~29(1580~1650℃)를 쓰고, 중요한 연도, 굴뚝의 안쌓기에는 SK30~33(1670~1730℃), 보일러의 내부에는 SK34~42(1750~2000℃)를 쓴다.

㉡ 내화 벽돌은 고온에서의 화학 작용에 따라 산성, 중성, 알칼리성의 3종으로 구분되나, 굴뚝, 난로, 부뚜막 등에 쓰이는 일반 건축용 내화 벽돌은 엄격한 구분 없이 보통 1000~1100℃ 정도에 견디는 산성 내화 벽돌이면 된다.

ⓒ 내화 벽돌의 치수는 230mm×114mm×65mm, 215mm×105mm×65mm, 220mm ×100mm×70m를 기본으로 하여 여러 가지가 있으며, 모양도 다양하다.

ⓔ 내화 벽돌은 비를 맞지 않도록 저장하며, 쌓기 전에도 물축이기를 하지 않고 진흙과 같은 내화 점토를 물반죽하여 쌓는다.

⑥ 광재 벽돌

용광로에서 배출되는 슬랙(slag)을 냉각시킨 것에 석회 8~12%를 섞어 성형한 흑회색의 경량 벽돌의 일종으로서, 흡수율이 적고 단단하며, 강도가 크다.

⑦ 오지 벽돌

벽돌이 가마에서 고온으로 되었을 때에 소금을 뿌리면, 점토와 결합하여 표면이 유리와 같이 되면서 갈색을 띠게 되는데, 이렇게 만든 오지 벽돌은 불투수성이므로, 징두리벽, 걸레받이, 화장실 등에 사용된다.

이 밖에도 표면에 유약을 발라 소성하여 다양한 색깔을 가지게 한 오지 벽돌은 색깔이 아름답고 표면을 쉽게 씻어 낼 수 있으므로 고급 치장 공사에 사용된다.

⑧ 시멘트 벽돌

시멘트와 왕모래를 배합하여 성형한 후, 다습 상태로 3000℃·h 이상 보양하여 만든 것이다. 치수는 그림 1-6과 같이, 블록과 혼용하여 쌓을 수 있도록 190mm×90mm×57mm 짜리가 많이 쓰인다.

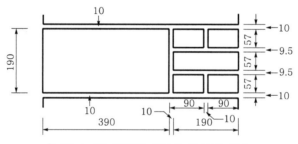

[그림 1-6] 표준형 시멘트 벽돌의 치수

⑨ 나무 벽돌

벽돌 반토막과 같은 크기의 나무를 쐐기 모양으로 가공한 다음, 방부제를 칠하여 건조시 킨 것으로, 벽돌을 쌓을 때 함께 쌓아 벽돌 벽면에 다른 구조물을 고정하는 데 쓰인다.

(2) 벽돌 마름질

벽돌을 쌓을 때에는 통줄눈이 되지 않도록 온장뿐 아니라, 그림 1-7과 같이 온장을 마름질 한 벽돌을 사용한다. 벽돌을 쌓을 때에는 미리 마름질해야 할 수량을 조사하여 마름질해 둔 다음, 쌓는 것이 좋다.

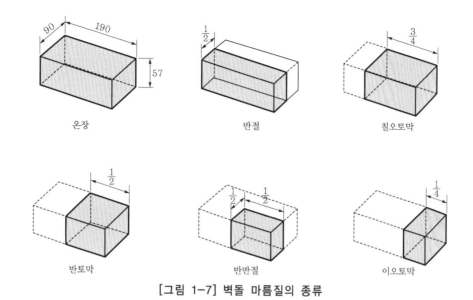

[그림 1-7] 벽돌 마름질의 종류

5. 안전 및 유의 사항

① 마름질할 벽돌은 갈라짐이나 홈이 없는 것으로 고른다.

② 단단한 바닥 위에 벽돌을 놓고 두들기면 벽돌이 마름질금과 달리 쪼개어지기 쉬우므로 주의한다.

③ 벽돌을 쪼갤 때에는 탁음이 날 때까지 2~3바퀴 돌려 가며 고르게 두들긴 다음에, 한번에 큰 힘으로 쪼개어야 정확하게 마름질할 수 있다.

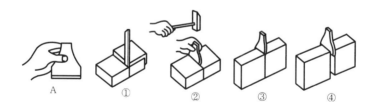

A : 정을 쥐는 자세
① 형판을 대고 마름질금을 긋는다.
②~③ 2~3바퀴 돌려 가며 고르게 두들긴다.
④ 한번에 내리쳐서 자른다.

[그림 1-8] 벽돌 마름질하기

6. 실습 순서

① 형판을 대고 벽돌을 돌려가며 먹칼로 마름질금을 긋는다.

② 모래를 담은 상자나 두꺼운 나무 토막 위에 벽돌을 안정시킨다.

③ 마름질금에 벽돌 정을 대고 벽돌을 2~3바퀴 돌려가며 탁음이 날 때까지 가볍게 두드린다.

④ 정을 대고 큰 힘으로 한번에 내리쳐서 자른다.

⑤ 마름질면을 벽돌 망치로 대략 다듬은 다음, 마름질면을 맞대고 서로 문지른다.
   이 때, 마름질면을 특히 곱게 하려면, 마름질면을 금강사 숫돌이나 그라인더로 간다.

7. 공사 후 이해 및 점검 사항

(1) 다음 사항을 잘 이해하고 있는지 확인해 보자.

① 벽돌의 종류와 성질을 확인해 보자.

② 벽돌의 등급과 품질 및 사용 장소를 확인해 보자.

③ 벽돌 마름질을 할 때 주의해야 할 점을 확인해 보자.

(2) 다음 사항에 대하여 점검해 보자.

① 벽돌 마름질을 하기 전에 미리 벽돌나누기를 하여 마름질할 벽돌의 수량을 종류별로 조사하였는가?

② 마름질할 벽돌은 나무 토막이나 모래 상자 위에 안정시켰는가?

③ 벽돌을 쪼갤 때 탁음이 날 때까지 돌려 가며 두들겨 한번에 내리쳐서 잘랐는가?

실습명 : 벽돌쌓기 실습

1. 실습 목표

① 벽돌쌓기의 학습을 통하여 얻은 지식과 실기 능력을 바탕으로 길이쌓기와 마구리쌓기 작업을 할 수 있다.

② 블록쌓기의 학습을 통하여 얻은 지식과 실기 능력을 바탕으로 단순 블록 벽체쌓기를 할 수 있다.

2. 재료

벽돌, 시멘트, 모래, 물, 목재, 못, 실

3. 공구 및 기구

먹통, 다림추, 수준기, 벽돌 망치, 벽돌 정, 쌓기용 흙손, 줄눈용 흙손, 줄자, 흙받이

4. 실습 도면

벽돌의 길이쌓기와 마구리쌓기

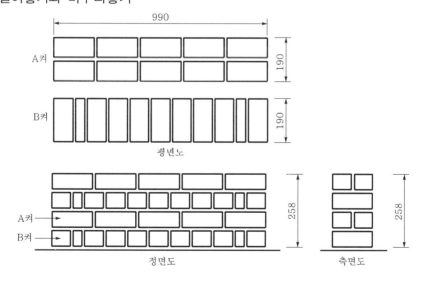

5. 안전 및 유의 사항

① 건조한 벽돌을 그냥 쌓으면, 모르타르의 수분을 흡수하여 시멘트가 경화되는 데 필요한 물이 부족하게 되어 강도가 감소되므로, 물통에 5분 정도 담가 두거나 사용 전날 벽돌에 물을 뿌려 둔다.

② 벽돌 첫 켜는 상부를 다 쌓을 때까지 기준이 되므로 정확히 벽돌 나누기를 하여 수평과 수직을 맞춘다.

③ 벽의 끝과 모서리는 다림추와 수준기를 대어 가며 기울어지지 않도록 하고, 수평실은 매 켜마다 치도록 한다.

④ 벽돌의 치수가 약간씩 다를 때에는 줄눈의 너비를 가감하여 조절한다.

6. 실습 순서

① 실습 재료와 공구 및 기구를 확인한다.

② 평면도, 입면도를 읽고 전체 구조물의 규모와 모양을 이해하고 전채 길이와 벽 높이를 확인한다.

③ 실습 전에 미리 벽돌을 물에 담가 기포가 생기지 않을 때까지 물축임을 하고, 벽돌 쌓을 바탕을 청소한다.

④ 벽돌나누기 자를 이용하여 벽돌나누기와 먹줄치기를 한다.

⑤ 세로 기준대의 첫째 켜에 맞추어 수평실을 띄우고 벽의 모서리에 벽돌을 한두 장 놓을 정도의 깔 모르타르를 편다. 면이 바르고 치수가 정확한 벽돌을 골라 누르듯이 놓고, 높이와 위치를 수평실에 정확히 맞춘다.

⑥ 길이쌓기를 한 첫째 켜의 수평 상태를 확인하고, 마구리쌓기를 할 둘째 켜의 모르타르를 깔며, 첫째 켜 쌓는 방법으로 쌓는다.

⑦ 같은 방법으로 반복하여 정해진 높이까지 쌓는다. 이 때, 벽의 수평과 수직 상태를 수시로 확인하고 세로줄눈과 가로줄눈이 바르게 되어야 한다.

⑧ 쌓기가 끝난 벽면은 모르타르가 적당히 굳은 다음, 줄눈을 10mm 정도 긁어내고, 벽면을 비로 쓸어 낸다.

⑨ 치장줄눈용 모르타르를 잘 혼합하여 받침판에 올려놓고, 줄눈용 흙손으로 정해진 치장줄눈을 만든다.

⑩ 벽면은 솔로 청소하고, 통이나 기구에 묻은 모르타르를 제거한다.

실습 순서

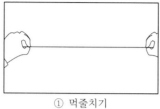

① 먹줄치기

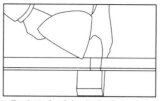

② 수준기 이용 수평 상태 확인

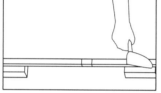

③ 전체 수평 상태 확인

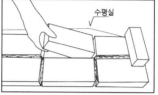

④ 수평실 이용 첫째 켜 완성

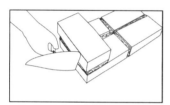

⑤ 두 번재 켜 기준 벽돌 쌓기

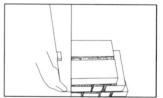

⑥ 두 번째 켜 기준 벽돌 수직 확인

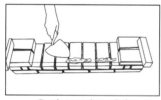

⑦ 깔 모르타르 펴기

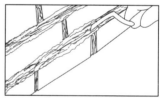

⑧ 치장 줄눈 넣기

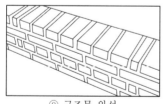

⑨ 구조물 완성

7. 공사 후 이해 및 점검 사항

(1) 다음 사항을 잘 이해하고 있는지 확인해 보자.

① 벽돌(블록)을 쌓기 위해 준비해야 할 일을 순서대로 확인해 보자.

② 모르타르 배합비와 필요한 재료의 양을 계산한 값을 확인해 보자.

③ 세로 규준틀을 세우는 순서를 확인해 보자.

④ 벽돌(블록)을 마름질할 때 주의해야 할 사항을 확인해 보자.

⑤ 벽돌 및 블록 쌓기법의 특징을 확인해 보자.

(2) 다음 사항에 대하여 점검해 보자.

① 모래를 정확하게 계량하여 모르타르를 만들었는가?

② 세로 규준틀을 바른 위치에 정확하게 세웠는가?

③ 세로 규준틀의 각 부분의 높이를 정확하게 표시하였는가?

④ 벽돌(블록) 마름질을 하기 전에 미리 벽돌(블록) 나누기를 하여 마름질할 수량을 종류별로 조사하였는가?

V ▶ 실습명 : 벽돌쌓기와 줄눈 만들기

1. 실습 목표

① 여러 가지 형식의 벽돌쌓기와 줄눈 만드는 방법을 익힌다.
② 여러 가지 형식에 따라 벽돌을 쌓는 기능을 기른다.
③ 여러 가지 모양의 치장줄눈을 만드는 기능을 기른다.

2. 재료

벽돌, 모르타르

3. 기계 및 기구

쌓기용 흙손, 줄눈용 흙손, 수준기, 곱자, 다림추, 모르타르통, 물통, 벽돌망치, 솔

4. 관계 지식

(1) 쌓기법의 기본

① 막힌줄눈쌓기와 통줄눈쌓기

벽돌쌓기에서 줄눈 모르타르의 부착력은 충분하지 못하므로, 상하의 세로줄눈을 서로 어긋나게 하는 막힌줄눈쌓기로 하여, 하중을 줄눈 모르타르뿐만 아니라 벽돌이 부담할 수 있게 하여야 한다. 막힌줄눈쌓기는 하중을 분산시키므로 응력 집중과 부동 침하를 줄일 수 있다.

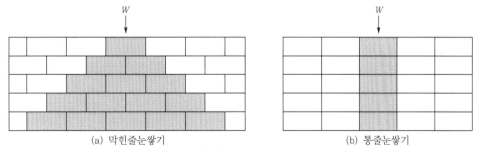

(a) 막힌줄눈쌓기   (b) 통줄눈쌓기

[그림 1-9] 벽돌조의 하중 분포 상태

② 치장쌓기와 바름벽쌓기

벽돌벽은 쌓은 벽돌면 자체가 치장이 되도록 쌓는 것이 원칙이나, 시멘트 벽돌로 쌓을 때에는 모르타르 등으로 바른다.

치장쌓기로 할 때에는 흡수율이 낮으며 모양이 바른 벽돌을 골라서 쌓되, 줄눈의 너비, 즉 모르타르의 두께는 가로, 세로 10mm를 표준으로 하여, 가로 줄눈은 일직선이 되고, 세로 줄눈은 같은 수직선상에 오도록 쌓는다. 또, 줄눈은 빗물이 스며들지 않도록 잘 눌러 막아야 한다.

③ 치장줄눈

치장줄눈은 가로, 세로가 줄이 바르고 일정해야 한다. 치장줄눈의 모양은 그림 1-10과 같이 여러 가지가 있으나, 평줄눈이 확실하고 방수에 좋으며, 시공도 간편하여 널리 쓰인다. 내민줄눈이나 볼록줄눈은 벽돌의 치수와 모양 및 줄눈이 정밀해야 치장의 효과가 있다.

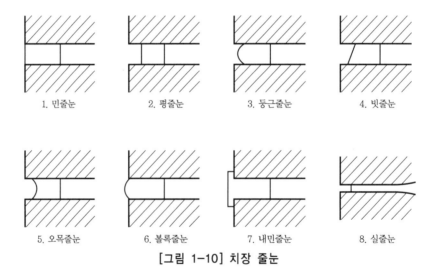

| 1. 민줄눈 | 2. 평줄눈 | 3. 둥근줄눈 | 4. 빗줄눈 |

| 5. 오목줄눈 | 6. 볼록줄눈 | 7. 내민줄눈 | 8. 실줄눈 |

[그림 1-10] 치장 줄눈

(2) 벽돌쌓기법

벽돌의 길이가 보이게 쌓는 것을 길이쌓기(stretcher bond)라 하고, 마구리가 보이게 쌓는 것을 마구리쌓기(header bond)라고 하며, 그 켜를 각각 길이켜(stretcher course), 마구리켜(header course)라고 한다.

벽돌쌓기법은 길이쌓기와 마구리쌓기를 기본으로 하여 이를 적절히 배합한 영국식 쌓기, 프랑스식 쌓기, 네덜란드식 쌓기, 미국식 쌓기 등이 있다.

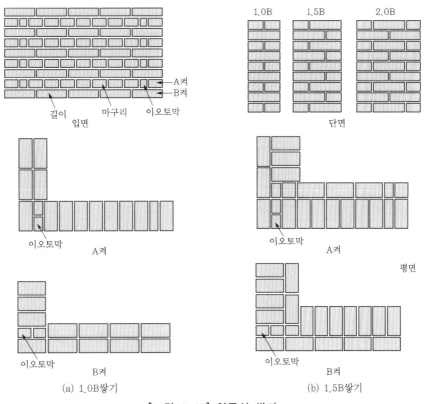

길이　마구리　이오토막
입면

1.0B　1.5B　2.0B
단면

이오토막　A켜

이오토막　B켜
(a) 1.0B쌓기

이오토막　A켜

평면

이오토막　B켜
(b) 1.5B쌓기

A켜
B켜

[그림 1-11] 영국식 쌓기

① 영국식 쌓기(English bond)

벽 표면에 길이켜와 마구리켜가 번갈아 나타나게 쌓는 방법으로서, 벽의 모서리와 끝에서 반절이나 이오토막을 써서 막힌줄눈이 되게 아무린다.

벽 두께가 1B, 2B 등일 때에는 같은 켜에서 안팎의 벽면이 다 같이 길이 켜나 마구리켜로 되며, 1.5B, 2.5B 등이 되면 같은 켜에서 한 면은 길이켜로, 다른 면은 마구리켜로 각각 다르게 나타난다.

또, 영국식 쌓기에서는 정면이 길이켜가 되면 이와 교차되는 측면은 마구리켜가 된다. 영국식 쌓기법의 특징은 벽체의 내부에 거의 통줄눈이 생기지 않으므로, 견고한 내력벽을 쌓을 때에 많이 쓰이나, 반절과 이오토막을 많이 사용하므로 쌓는 품이 많이 든다.

② 프랑스식 쌓기(French bond)

각 켜마다 마구리와 길이가 번갈아 나타나도록 쌓는 방법으로서, 모서리와 끝에서는 영국식 쌓기와 같이 반절과 이오토막으로 아무린다.

줄눈의 무늬가 화려하므로 치장쌓기에 많이 쓰이나, 불줄눈이 많이 생기므로 큰 강도를 필요로 하지 않는 벽체를 쌓을 때 사용된다.

프랑스식 쌓기에는 양면 프랑스식 쌓기와 치장 벽면만을 프랑스식 쌓기로 하고, 뒷면은 영국식 쌓기나 네덜란드식 쌓기로 하는 한면 프랑스식 쌓기가 있다.

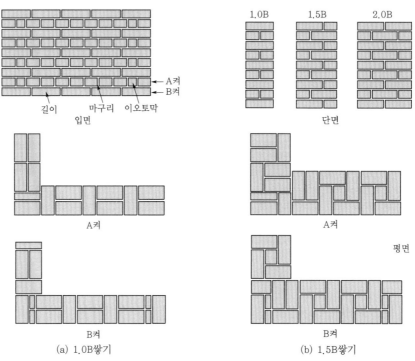

[그림 1-12] 프랑스식 쌓기

③ 네덜란드식 쌓기(Netherland bond)

네덜란드식 쌓기는 마구리켜와 길이켜를 번갈아 쌓는 것은 영국식 쌓기와 같으나, 모서리와 끝에서 반절이나 이오토막 대신에 칠오토막을 써서 아무린다.

현재 널리 쓰이는 방법은 약식 네덜란드식 쌓기로서, 벽의 끝에서 칠오토막의 방향을 바꾸어 놓거나 길이나 마구리를 써서 아무리는데, 시공이 간편하고 구조적으로도 튼튼하다.

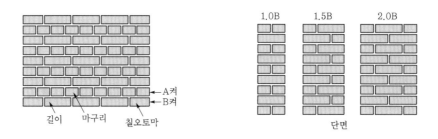

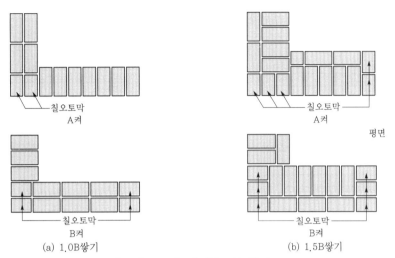

[그림 1-13] 네덜란드식 쌓기

④ 미국식 쌓기(American bond)

벽의 표면은 치장 벽돌을 써서, 5~6켜는 길이쌓기로 하고 다음 1켜는 마구리쌓기로 하여 뒷벽에 물리도록 쌓는 방법으로서, 구조적으로 약한 쌓기법이다.

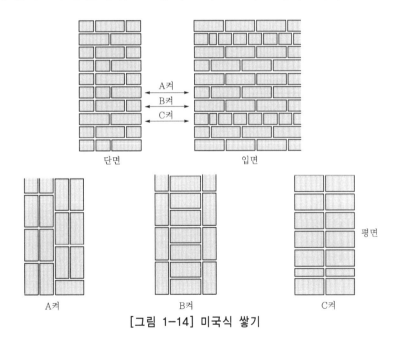

[그림 1-14] 미국식 쌓기

(3) 장식쌓기

치장쌓기는 미장바름을 하지 않는 벽에서 치장이 됨과 동시에 구조적으로도 튼튼한 벽체가 되도록 하는 것이나, 장식쌓기는 구조적으로는 약간 불리하더라도 외관을 생각하여 줄눈을 의장적으로 배치하거나, 세워쌓기, 엇빗쌓기 또는 벽면을 들고 나게 하여 의장 효과를 내는 쌓기법이다.

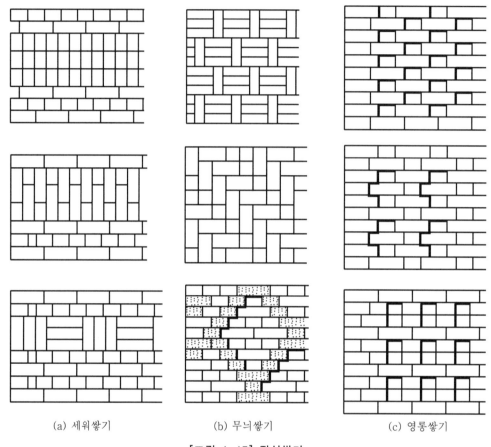

| (a) 세워쌓기 | (b) 무늬쌓기 | (c) 영롱쌓기 |

[그림 1-15] 장식쌓기

① 세워쌓기

벽체의 일부나 창대, 아치 등에는 장식을 겸하여 구조적으로 효과가 있게 하기 위하여 세워쌓기를 한다.

이 때, 마구리가 보이도록 세워 쌓는 것을 옆세워쌓기, 길이가 보이도록 쌓는 것을 길이세워쌓기라고 한다. 창대는 경사진 옆세워쌓기로 하는 것이 보통이며, 그 경사는 $15\sim30°$ 정도로 하고 다른 벽면보다 $\frac{1}{4}\sim\frac{1}{8}B$ 정도 내밀어 쌓는다.

② 무늬쌓기

벽돌 벽면에 벽돌을 도드라지게 해서 무늬를 넣거나, 줄눈의 일부분을 통줄눈이 되게 하여 변화를 주거나, 변색 벽돌을 끼워 쌓는 등의 방법으로 벽면을 장식하는 방법이다.

③ 영롱쌓기

벽돌 벽에 작은 구멍을 내어 쌓는 방법으로서, 구조적으로 대단히 약하므로 낮은 담에서 이용한다.

④ 엇모쌓기

담이나 처마 등에서 45°의 각도로 모서리를 내쌓는 방법으로서, 벽면에 변화를 주고 음영의 효과가 있다.

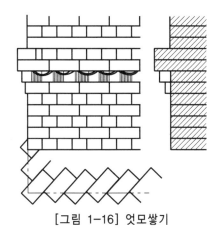

[그림 1-16] 엇모쌓기

(4) 치장줄눈 만들기

① 벽돌쌓기가 끝나는 대로 벽돌면을 솔이나 비, 물걸레 등으로 청소하고 줄눈 모르타르 누르기를 한다. 모르타르가 적당히 굳으면 1cm 정도 깊이로 줄눈파기를 하고, 우묵한 곳은 모르타르로 채워 둔다.

② 치장줄눈 모르타르에는 보통 시멘트를 사용할 때가 많으나, 백색 시멘트에 안료를 넣어 사용하기도 한다.

③ 치장줄눈은 위에서부터 내리바르며, 세로 줄눈을 먼저 바른 다음 가로 줄눈을 바른다.

④ 치장줄눈은 바탕의 줄눈에 잘 밀착시켜, 떨어지거나 누수가 되지 않도록 한다.

⑤ 도면에 지정되어 있지 않으면 일반적으로 1mm 정도 벽면에서 들어간 평줄눈으로 한다.

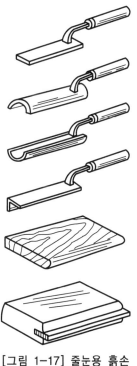

[그림 1-17] 줄눈용 흙손

(5) 보양

벽돌쌓기가 끝난 다음에는 모르타르가 충분히 굳을 때까지 여름철에는 가마니를 덮고 물을 뿌리고, 겨울철에는 기온의 급강하에 따른 동절을 방지하기 위하여 가마니나 포장을 덮어 두어야 한다. 또, 모르타르가 굳기 전에는 진동이나 충격, 하중을 가하지 않고 안정시킨다.

(6) 백화 현상

새로 쌓은 외벽에 물이 침투하거나 습기를 많이 받는 벽면에는, 흰 가루가 내배어 외관을 해칠 뿐만 아니라, 심하면 벽돌 표면을 분리시킨다.

백화를 방지하려면 무엇보다도 흡수율이 낮은 벽돌을 써야 하며, 빗물이 스며들지 않도록 줄눈 모르타르를 충실히 채워야 한다.

5. 안전 및 유의사항

① 건조한 벽돌을 그냥 쌓으면, 모르타르의 수분을 흡수하여 시멘트가 경화되는 데 필요한 물이 부족하게 되어 강도가 감소하므로, 물통에 5분 정도 담가 두거나 사용 전날 벽돌 무더기에 물을 준다.

　시멘트 벽돌은 물을 적시면 알칼리성이 작용하여 손의 피부를 손상시키므로, 쌓으면서 물뿌리개로 뿌려 적시는 것이 좋다.

　그러나 겨울에 얼 염려가 있을 때에는 물을 뿌리는 양을 줄인다.

② 벽돌의 첫 켜는 상부를 다 쌓을 때까지 기준이 되므로, 정확히 벽돌나누기를 하여 수평과 수직을 맞춘다.

③ 벽의 끝과 모서리는 다림추와 수준기를 대어 가며 기울어지지 않도록 하고, 수평 실은 매 켜마다 치도록 한다.

④ 벽돌의 치수가 약간씩 다를 때에는 줄눈의 너비를 가감하여 조정한다.

⑤ 깔 모르타르는 가로 줄눈의 두께보다 약간 두껍게 깔아야 벽돌을 내리눌러 쌓으면 일정한 두께가 되며, 빈틈이 없이 벽돌면에 모르타르가 밀착된다.

⑥ 붙임 모르타르가 충분하지 못할 때에는 새로 줄눈에 사춤 모르타르를 가득 채워 넣도록 한다.

6. 실습 순서

① 벽돌을 물에 담가 기포가 생기지 않을 때까지 물축이기를 한다.

② 새로 규준틀을 점검하고 수평 실을 친다.

③ 정해진 쌓기법에 따라 벽돌 나누기를 한다.

④ 모르타르에 물을 부어 충분히 반죽한다.

⑤ 벽돌 쌓을 바탕을 청소하고, 물을 축여 둔다.

⑥ 벽의 모서리에 벽돌을 한두 장 놓을 정도의 깔 모르타르를 편 다음, 면 바르고 치수가 정확한 벽돌을 골라 누르듯이 놓고, 높이와 위치를 수평 실에 정확히 맞춘다.

⑦ 깔 모르타르를 일정하게 충분히 깔고, 그림 1-19와 같이 가장자리를 약간 치켜 올린다.

⑧ 벽돌의 접합부에 붙임 모르타르를 붙이고, 수평 실과 모서리에 놓여있는 벽돌을 기준으로 하여 벽돌을 놓아 간다.

붙임 모르타르는 바름 벽면일 때에는 벽면으로 약간 흘러내리는 정도가 좋으며, 치장 벽면일 때에는 치장면에 모르타르가 묻지 않도록 하여야 한다.

[그림 1-18] 벽돌쌓기

[그림 1-19] 깔 모르타르   [그림 1-20] 붙임 모르타르

⑨ 실습 번호 ⑥~⑧과 같은 방법으로 정해진 높이까지 쌓는다.

이 때, 벽돌면은 들고 나옴이 없이 평활하고, 줄눈은 가로, 세로가 줄이 바르게 되어야 한다.

⑩ 치장쌓기일 경우는 쌓기가 끝난 벽면에 흘러내린 모르타르를 물로 닦고, 모르타르가 적당히 굳은 다음, 줄눈을 1cm 정도 긁어 내고 벽면을 닳은 비로 쓸어 낸다.

⑪ 치장줄눈용 모르타르를 잘 이겨서 받침판에 옮겨 담는다.

⑫ 받침판을 줄눈 밑에 대고, 줄눈용 흙손으로 정해진 치장줄눈을 만든다.

⑬ 벽면을 솔로 청소하고, 필요한 경우 가마니를 덮어 둔다.

⑭ 동이나 기구에 묻은 모르타르를 제거하고, 주변을 정리한다.

7. 공사 후 이해 및 점검 사항

(1) 다음 사항을 잘 이해하고 있는지 확인해 보자.

① 막힌줄눈쌓기와 통줄눈쌓기의 차이점을 확인해 보자.

② 영국식 쌓기법의 특징과 영국식 쌓기 기법으로 벽돌나누기를 확인해 보자.

③ 프랑스식 쌓기법의 특징을 확인해 보자.

④ 네덜란드식 쌓기법의 특징과 네덜란드식 쌓기법으로 벽돌나누기를 확인해 보자.

⑤ 미국식 쌓기법의 특징을 확인해 보자.

⑥ 치장줄눈을 만드는 방법을 확인해 보자.

(2) 다음 사항에 대하여 점검해 보자.

① 벽돌과 쌓을 바탕에 물을 충분히 축였는가?

② 벽의 모서리와 끝에 놓는 벽돌은 특히 정확하게 놓았는가?

③ 벽돌의 접합부에는 붙임 모르타르를 붙였는가?

④ 쌓는 중간마다 수평 실, 다림추, 수준기 등에 맞추어 가며 면이 바르고 가지런하게 쌓아 올렸는가?

⑤ 치장줄눈은 바탕의 줄눈에 잘 밀착시켰는가?

실습명 : 기초쌓기

1. 실습 목표

① 벽돌 기초를 쌓는 방법을 익힌다.
② 벽돌 기초를 내쌓기하는 기능을 기른다.

2. 재료

벽돌, 모르타르

3. 기계 및 기구

흙손, 수준기, 곱자, 줄자, 다림추, 모르타르통, 물통, 벽돌 망치, 솔, 먹통

4. 관계 지식

① 벽돌조의 기초는 줄 기초로 하고, 기초벽의 두께는 벽체 최하부의 두께와 같거나 그 이상으로 한다.

② 기초관이 충분히 두꺼운 무근 콘크리트나 철근 콘크리트가 아닐 때에는 벽돌 기초는 상부의 하중을 기초판에 넓고 균등하게 분포시키기 위하여 내쌓기를 한다.

③ 기초는 그림 1-21과 같이 내쌓는 각도가 60° 이상이 되도록 $\frac{1}{4}B$씩 한 켜 또는 두 켜씩 벽 두께의 2배가 될 때까지 내쌓기를 하는데, 이 때 맨 밑은 2켜쌓기로 한다.

④ 기초 내쌓기는 마구리쌓기로 하는 것이 원칙이며, 2켜쌓기로 할 때에는 밑켜는 길이쌓기, 위켜는 마구리쌓기를 하는 것이 효과적이다.

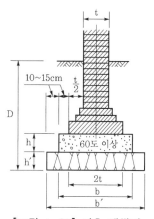

[그림 1-21] 기초 내쌓기

⑤ 기초벽의 상부에는 방습층을 두어 지반의 습기를 차단한다. 공간벽에서는 지반면까지 공간을 두면 물이 필 우려가 있으므로, 기초 부분은 모르타르로 사춤하거나 속 찬 벽체로 하는 것이 좋다.

⑥ 기초관의 너비는 내쌓기한 기초벽의 너비보다 좌우 10cm 정도 넓히고, 기초관의 두께는 기초관 너비의 $\frac{1}{3} \sim \frac{1}{4}$ 정도로 한다.

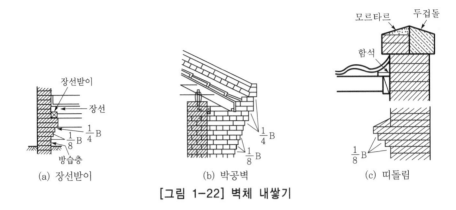

[그림 1-22] 벽체 내쌓기

⑦ 내쌓기는 기초벽에서뿐만 아니라, 그림 1-22와 같이 벽돌 벽체에 다른 부재를 걸쳐 대거나 띠돌림, 난간 두겹, 박공벽 등에서도 이용되는 쌓기법이다.

벽체에서 내쌓기를 할 때에는 두 켜씩 내쌓을 때에는 $\frac{1}{4}B$, 한 켜씩 내쌓을 때에는 $\frac{1}{8}B$ 내쌓기로 하여 2B를 한도로 내쌓는다. 외관상 지장이 없으면 내쌓기는 되도록 마구리쌓기로 하며, 경미한 구조물에서만 내쌓기를 하여야 한다.

5. 안전 및 유의 사항

① 흡수율이 적고 잘 구워진 벽돌을 골라, 붙임 모르타르를 충분히 붙여서 쌓는다.

② 기초는 되메워지므로, 건축물이 지어진 후에는 눈에 보이지 않으나 벽체를 쌓는 기준이 되므로, 수평, 수직을 정확히 잡아서 쌓는다.

③ 조적조 벽의 기초의 밑받침은 일체의 철근 콘크리트 또는 무근 콘크리트로 한다.

6. 실습 순서

① 규준틀을 세운다.

② 기초관의 흙이나 먼지를 물로 씻어 내고 벽체의 중심각과 기초벽 양면의 먹줄을 넣은 다음, 수평실을 치고 바탕을 고른다.

③ 통줄눈이 생기지 않고, 될 수 있는 대로 벽돌을 마름질하지 않도록 벽돌나누기를 한다.

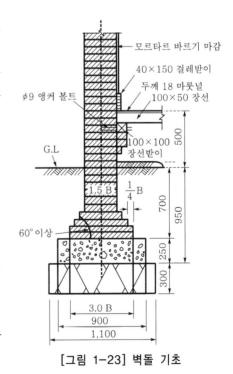

[그림 1-23] 벽돌 기초

④ 깔 모르타르를 충분히 깐다.

⑤ 첫 켜는 길이쌓기로 하고, 다음 켜는 마구리쌓기로 한다. 벽돌에는 붙임 모르타르를 충분히 붙여서 기초벽이 일체로 작용하도록 쌓는다.

⑥ 도면에 따라 정해진 높이까지 $\frac{1}{4}B$씩 들여서 쌓아 기초벽을 완성한다.

⑦ 작업이 끝나면 공구를 정리하고 주변을 청소한다.

7. 공사 후 이해 및 점검 사항

(1) 다음 사항을 잘 이해하고 있는지 확인해 보자.

① 벽돌 기초를 내쌓기할 때 지켜야 할 사항을 확인해 보자.
② 벽체의 기초 내쌓기를 하기 위한 벽돌나누기를 확인해 보자.
③ 기초쌓기를 할 때 주의해야 할 점을 확인해 보자.

(2) 다음 사항에 대하여 점검해 보자.

① 규준틀을 올바른 위치에 정확하고 견고하며, 작업에 지장이 없도록 세웠는가?
② 기초관은 물청소를 하고, 5mm 이상 차이가 나는 곳은 모르타르로 바탕고르기를 하였는가?
③ 기초관 바로 위의 첫 켜는 벽체 두께의 2배가 되도록 하였는가?
④ 내쌓는 각도가 60° 이상이 되도록 $\frac{1}{4}B$씩 내쌓기를 하였는가?
⑤ 통줄눈이 생기지 않고 되도록 벽돌을 마름질하지 않도록 벽돌 나누기를 했는가?
⑥ 깔 모르타르와 붙임 모르타르는 충분히 발랐는가?
⑦ 매 켜마다 수평 실을 쳐서 수평, 수직을 정확히 맞추었는가?
⑧ 벽돌쌓기가 끝난 다음에는 모르타르가 충분히 굳을 때까지 충격을 가하지 않고 안정시키면서 보양을 하였는가?
⑨ 공구와 주변을 정리하였는가?

Ⅶ ▶ 실습명 : 벽체쌓기

1. 실습 목표

① 벽돌 벽체의 구조를 이해한다.
② 벽돌 벽체를 쌓는 방법을 익힌다.
③ 벽돌 벽체를 쌓는 기능을 기른다.

2. 재료

벽돌, 모르타르

3. 기계 및 기구

흙손, 수준기, 줄자, 벽돌 망치, 솔, 다림추, 모르타르통, 물통

4. 관계 지식

(1) 벽돌 구조

벽돌 구조는 줄눈 모르타르로 벽돌을 일체가 되도록 결합하여 외력에 대해서 저항하도록 하고 있으나, 하중이 균등하게 분포되지 않거나 지진, 바람 등의 수평력이 작용하면 약해져서 일체로 작용할 수 없게 된다. 더욱이, 시공이 바르지 못하면 줄눈이 강도를 발휘할 수 없고 균열이 발생하므로, 외력에 저항할 수 없게 된다.

벽돌 구조에서는 일반적으로 다음 사항을 주의하여야 한다.

① 평면이 단순하며 간막이벽이 고르게 배치되고, 외벽면이 지나치게 길지 않아야 한다.
② 입면상으로 층 높이의 차이가 없고, 하중이 균등하게 분포되어 한 곳에만 집중적으로 큰 하중이 걸리지 않아야 한다.
③ 벽은 두께가 두꺼울수록 튼튼하며, 상하층의 벽은 동일한 수직선상에 놓이게 하고, 밑층의 벽 두께가 위층의 벽 두께보다 얇지 않도록 하여야 한다.
④ 처짐, 휨, 부식 등 변형이 쉬운 목조의 보나 도리 위에는 벽체를 쌓지 않는다.

(2) 벽돌 벽체

벽돌 벽체의 구조를 결정하는 요인은 여러 가지가 있는데 주체벽을 쌓을 때에는 벽의 높이, 길이, 두께 및 배치와 개구부의 위치 등을 신중하게 고려하여야 한다.

① 벽의 길이

　　㉠ 벽의 길이가 길어지면 휨, 뒤틀림 등에 대한 저항이 작아지고, 건물의 일체성을 확보하기 어려우므로 법규상 10m 이하로 하고 있다.

　　㉡ 벽의 길이는 벽의 끝이나 모서리, 또는 교차되는 벽의 중심선으로 구분한다.

② 벽의 두께

　　㉠ 벽의 두께는 건축물의 층수 및 벽의 높이와 길이에 따라 각각 표 1-6의 두께 이상으로 하여야 한다.

[표 1-6] 내력벽의 두께

건축물 높이 벽의 길이 층별	5m 미만		5m 이상 11m 미만		11m 이상	
	8m 미만	8m 이상	8m 미만	8m 이상	8m 미만	8m 이상
1층	15	19	19	29	29	39
2층	–	–	19	19	19	29
3층	–	–	19	19	19	19

　　㉡ 표 1-6을 적용할 때 벽의 두께는 벽 높이의 $\frac{1}{20}$ 이상이 되어야 한다.

　　㉢ 내력벽이 아닌 간벽의 두께는 9cm 이상으로 하여도 좋다.

③ 벽의 홈

　　배선이나 배관을 위해서 벽에 홈을 팔 때에는 홈을 깊게 연속하여 파거나 대각선으로 파면 수평력에 대하여 갈라지기 쉽다. 따라서, 그 층 높이의 $\frac{3}{4}$ 이상 연속되는 홈을 세로로 팔 때에는 홈의 깊이는 벽 두께의 $\frac{1}{3}$ 이하로 하고, 가로 홈은 벽 두께의 $\frac{1}{3}$ 이하로 하되, 길이는 3m 이하로 하여야 한다.

④ 개구부

　　㉠ 각 벽에 위치한 개구부의 너비의 합계는 그 벽의 길이의 $\frac{1}{2}$ 이하로 하여야 한다.

　　㉡ 개구부와 그 바로 위에 있는 개구부와의 수직 거리는 60cm 이상으로 하여야 한다.

　　㉢ 개구부와 개구부 상호 간 또는 개구부와 대린벽의 중심과의 수평거리는 그 벽의 두께의 2배 이상으로 한다.

　　㉣ 너비 1.8m를 넘는 개구부의 위에는 철근 콘크리트 구조의 인방보를 설치하여야 한다.

(3) 나무 벽돌, 볼트 묻기, 배관 홈파기

① 건물 내부의 목공사를 하려면 나무 벽돌에 방부제를 칠하여 벽돌면보다 2mm 정도 내밀어 쌓고, 그 주위에는 모르타르를 빈틈없이 사춤해 넣는다.

② 볼트, 철선, 홈걸이 철물은 벽돌쌓기와 동시에 견고하게 묻어 쌓고, 철물의 노출 부분은 녹막이칠을 한다. 앵커 볼트를 묻을 때에는 끝은 ㄱ자나 U자형으로 구부려서 3켜 이상 묻는다.

③ 벽돌벽에 배관을 할 때에는 쌓을 때에 미리 홈을 두어 쌓고, 배관의 주위에는 모르타르를 충분히 사춤해 넣는다. 벽돌을 쌓은 후 홈을 파고 묻을 때에는 배관을 한 후 모르타르로 잘 메운다.

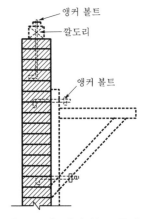

[그림 1-24] 앵커 볼트 묻기

(4) 공간벽쌓기

공간벽(cavity wall)은 외벽의 빗물이나 습기가 내부로 침투하는 것을 방지하고, 열과 음향을 차단하기 위하여 내부에 공간을 두어 쌓은 벽체이다.

공간벽의 내외벽은 연결이 잘 되어 일체로 작용할 수 있어야 좋은데, 연결재로는 벽돌 자체를 쓰거나 연결 철물을 사용한다.

공간벽에 대하여 설계 도서에 지정되어 있지 않을 때에는 바깥쪽을 주벽체로 하고, 안쪽은 0.5B 쌓기로 한다.

① 내외벽의 두께는 각각 9cm 이상으로 하되, 공간을 제외한 내외벽 두께의 합이 19cm이상이 되도록 하고, 공간의 너비는 5cm에서 10cm까지로 한다.

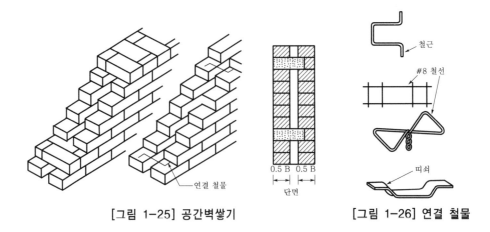

[그림 1-25] 공간벽쌓기   [그림 1-26] 연결 철물

② 연결 철물은 벽 면적 $0.4m^2$ 이내마다 1개씩을 엇갈리게 배치하되, 철물간의 수직 거리는 45cm 이내, 수평 거리는 60cm 이내로 하는 것이 좋다.

연결 철물로는 #8(4.2mm) 철선이나 철근, 띠쇠, 꺾쇠를 녹슬지 않게 하여 묻고, 모르타르 다짐을 충분히 한다.

③ 공간벽을 쌓을 때에는 두 사람이 내외벽을 한꺼번에 같은 높이로 쌓아올리는 것이 좋으며, 공간으로 모르타르가 떨어지지 않도록 주의한다. 공간의 밑에 쌓인 모르타르는 겉벽의 군데군데에 구멍을 남겼다가 긁어내도록 한다.

④ 겉벽의 밑에는 지금 10mm 정도의 물빠짐 구멍을 2m 정도의 간격으로 배치하여 두고 방습층을 설치한다.

⑤ 공간벽의 상부에서는 2켜 이상 속 찬 벽돌쌓기를 하여 벽체를 안정시킴과 동시에 상부의 하중이 내외벽에 나누어 전달되도록 하여야 한다.

5. 안전 및 유의 사항

① 되도록 건물 전체가 균등한 높이로 쌓아지도록 하고, 밑 부분의 모르타르가 굳기 전에 큰 압력을 받지 않도록 하루에 쌓는 높이를 1.2m로 하는 것이 표준이며, 최대 1.5m를 넘지 않도록 한다.

② 연속되는 벽체의 일부를 트이게 하거나 교차되는 벽체의 한 쪽을 나중에 쌓을 때에는, 그 부분을 층단 들여 쌓기나 켜걸름 들여 쌓기로 하고, 남은 모르타르를 가셔 낸다. 물려 쌓을 때에는 모르타르를 빈틈 없이 다져 넣고 사춤 모르타르도 매 켜마다 충분히 부어 넣는다.

③ 벽돌쌓기법에 대하여 지정되어 있지 않을 때에는 영국식 쌓기나 네덜란드식 쌓기로 한다.

④ 벽돌나누기가 잘못되면 토막 벽돌이 많이 생기며, 줄눈도 잘 맞출 수가 없을 뿐만 아니라, 벽체의 강도를 저하시키고 품이 많이 든다.

6. 실습 순서

① 세로 규준틀을 세운다.

② 수평 실을 치고 기초 윗면의 바탕고르기를 한다.

바탕고르기는 벽돌쌓기 2시간 정도 전에 하여 두는 것이 좋으며, 될 수 있으면 쌓기 전날 해 둔다.

③ 쌓을 벽체의 벽돌나누기를 한다.

벽돌나누기는 벽체의 길이와 모서리나 끝, 교차벽 또는 개구부의 위치 등 각부의 치수에 따라서 되도록 토막 벽돌을 쓰지 않고 온장으로 쌓을 수 있도록 하여야 한다. 또, 벽체에

묻어 쌓는 석재나 나무 벽돌, 볼트 및 보나 멍에, 장선을 걸치는 위치 등도 고려하여야
하며, 필요한 경우에는 쌓기 전에 벽돌나누기도를 그려 둔다.

④ 벽돌을 마름질하고 물축이기를 한다.

⑤ 면이 바르고 치수가 정확한 벽돌로 그림 1-27의 (a)와 같이 기본 켜를 쌓는다.

⑥ 벽체의 모서리와 양 끝이 정확히 수직이 되게 하고 줄눈의 가로 세로를 일매지게 맞추면
서 위켜를 쌓아 올린다.

이 때, 벽돌쌓기에 충분히 숙달되었으면, 세로 규준틀에만 의존하지 않고 그림 (b)와 같
이 다림추와 자로 수직과 높이가 정확하도록 양 끝부터 쌓은 다음, 여기에 수평실을 치
고 남은 부분을 쌓아서 벽체를 완성한다.

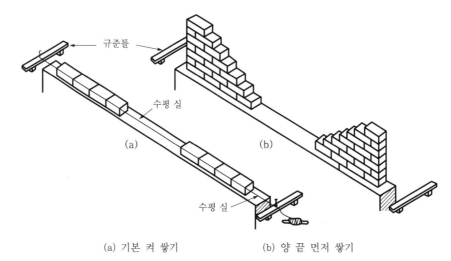

(a) 기본 켜 쌓기   (b) 양 끝 먼저 쌓기

[그림 1-27] 벽체쌓기

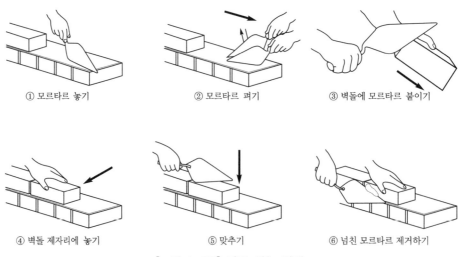

① 모르타르 놓기   ② 모르타르 펴기   ③ 벽돌에 모르타르 붙이기

④ 벽돌 제자리에 놓기   ⑤ 맞추기   ⑥ 넘친 모르타르 제거하기

[그림 1-28] 벽돌 쌓는 방법

⑦ 그림 1-28과 같은 요령으로 정해진 높이까지 벽돌을 쌓는다.

이 때, 서로 이웃한 벽체는 되도록 하루에 쌓는 높이를 균등하게 하며, 긴 벽체를 쌓을 때에는 모르타르통은 3m 정도의 간격으로 놓아서 여러 사람이 동시에 쌓도록 한다. 쌓은 벽체의 높이가 높아지면 외줄 비계를 설치하고, 높이 1.5m 정도마다 너비 90~180cm 정도의 발판을 맨다. 그러나, 벽체의 높이가 그다지 높지 않은 경우나 내부 벽체에서는 말비계를 사용한다.

⑧ 공구를 정리하고 평가한다.

7. 공사 후 이해 및 점검 사항

(1) 다음 사항을 잘 이해하고 있는지 확인해 보자.

① 벽돌 구조에서 일반적으로 주의해야 할 사항을 확인해 보자.
② 벽돌 벽체의 구조를 결정하는 법규상의 요인을 확인해 보자.
③ 벽돌 벽체에 앵커 볼트를 묻을 때 지켜야 할 점을 확인해 보자.
④ 공간벽쌓기에서 지켜야 할 점을 확인해 보자.

(2) 다음 사항에 대하여 점검해 보자.

① 벽체나 개구부의 위치 및 치수 등을 고려하여 벽돌나누기를 바르게 하였는가?
② 기본 켜는 특히 면이 바르고 정확하게 쌓았는가?
③ 벽체의 모서리와 끝은 정확하게 수직으로 쌓았는가?
④ 건물 전체를 균등한 높이로 돌아가면서 쌓았는가?
⑤ 벽체에 묻어 쌓아야 할 나무 벽돌이나 볼트 등을 제자리에 묻어가면서 쌓았는가?
⑥ 모르타르가 경화되어 버리지 않도록, 계획적으로 사용하였는가?
⑦ 쌓기가 끝난 후 줄눈누르기를 하였는가?
⑧ 쌓은 벽체는 날씨에 따라 적당한 보양을 하였는가?
⑨ 공구를 정리하고 주변을 정돈하였는가?

VIII ▶ 실습명 : 개구부쌓기

1. 실습 목표

① 개구부 주위의 구조를 이해한다.
② 창문틀세우기를 하는 방법을 익힌다.
③ 창문틀 옆쌓기와 창대쌓기를 하는 방법을 익힌다.
④ 창문틀세우기를 하는 기능을 기른다.
⑤ 창문틀 옆쌓기와 창대쌓기를 하는 기능을 기른다.

2. 재료

창문틀, 목재(버팀대, 작은 말뚝, 귀잡이대, 꿰나무), 못, 연결 철물, 벽돌, 모르타르

3. 기계 및 기구

수준기, 다림추, 톱, 망치, 벽돌 망치, 흙손, 모르타르통, 물통, 받침판, 솔

4. 관계 지식

개구부 주위의 벽체는 틀을 튼튼히 고정하고 틀과 완전히 밀착되어 빗물이 스며들지 않아야 하며, 외관이 좋도록 쌓아야 한다.

또한, 개구부의 위치와 크기는 되도록 토막 벽돌을 사용하지 않고 쌓을 수 있도록 벽돌의 치수를 고려하여 정한다.

(1) 창문틀세우기

창문틀은 창대나 하부의 벽체를 쌓은 후 하루 정도 지나서 모르타르가 굳은 다음에 세운다. 창문틀세우기에는 창문틀을 먼저 세운 다음에 창문틀 옆쌓기를 하는 방법과, 가설틀을 세우거나 또는 창문틀을 고정할 나무 벽돌이나 연결 철물을 묻어가면서 옆쌓기를 한 다음에 창문틀을 끼워 대는 방법이 있다.

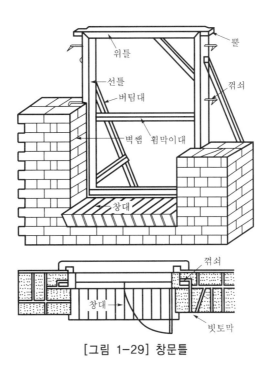

[그림 1-29] 창문틀

① 먼저세우기

  ㉠ 창문틀의 위틀과 밑틀은 좌우의 끝을 6~9cm 정도 내밀어 옆쌓기할 때 묻어 쌓고, 선틀에는 60cm마다 꺾쇠나 큰 못 2개씩을 줄눈 위치에 박아 벽에 묻어 창문틀을 고정한다.

  ㉡ 옆쌓기할 때, 사춤 모르타르를 다져 넣어도 선틀이 휘지 않도록 휨막이대를 양쪽 선틀 사이에 댄다.

  ㉢ 창문틀을 대는 위치는 일반적으로, 외벽에서는 벽면의 안쪽과 일치시키고, 간막이벽에서는 벽의 중심에 세운다.

② 나중세우기

  ㉠ 고급 창문틀을 세울 경우에는 가설틀을 세워 옆벽을 쌓은 다음 가설틀에 본틀을 끼워 넣는데, 이 때에는 먼저세우기에서와 같은 방법으로 가설틀을 세우고 쌓는다.

  ㉡ 가설틀을 세우지 않고 옆쌓기부터 할 때에는, 창문틀을 세울 수 있는 여유를 두고 수평 실과 수직 실을 치고 정확히 쌓아서, 나중에 끼워 넣을 때 지장이 없도록 한다. 이 때, 창문틀을 연결, 고정하는 철물이나 나무 벽돌은 빠지지 않도록 모르타르로 충분히 사춤하여 가며 묻어 쌓고, 그 간격은 창문틀의 네 모서리 및 선틀의 중간 60cm 이내마다 배치한다.

(2) 창문틀 옆쌓기

① 옆쌓기할 때에는 이오토막 등의 잔 토막 벽돌을 사용하지 않도록 벽돌나누기를 한다.

② 옆벽은 좌우에서 같은 높이로 쌓아 올리고, 선틀에 연결 철물을 박을 때에는 창문틀이 변형되거나 이동하지 않도록 주의한다.

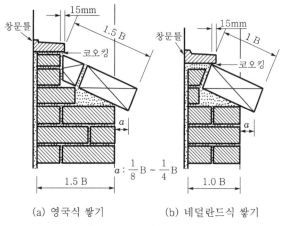

(a) 영국식 쌓기   (b) 네덜란드식 쌓기

[그림 1-30] 창문틀

(3) 창대쌓기

창대는 빗물을 흘려 보내고 물끊기를 하여 하부의 벽체를 보호하며, 창문의 미관을 좋게 하는 것으로서, 벽돌 옆세워 쌓기를 하는 것이 보통이나, 석재와 테라코타, 콘크리트 등의 창대를 설치하기도 한다.

① 창대의 윗면은 15~30° 정도 경사를 주어 옆세워쌓기로 하고, 앞 끝의 밑은 벽면에 일치시키든지 $\frac{1}{8} \sim \frac{1}{4} B$ 정도 내쌓으며, 위 끝은 창 밑틀에 1.5cm 정도 물리게 한다.

② 창대의 좌우 끝은 옆벽에 맞대거나, $\frac{1}{8} \sim \frac{1}{4} B$ 정도 물려 쌓는다.

③ 창대 윗면의 줄눈은 모르타르를 빈틈이 없이 사춤하여 수밀하게 하고, 특히 창대와 창 밑틀 사이는 코킹이나 함석판을 대어 방수가 완전하게 되도록 한다.

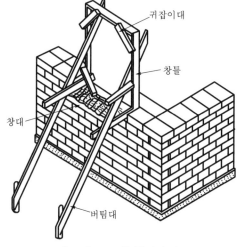

[그림 1-31] 창대쌓기

5. 안전 및 유의 사항

① 창문틀의 벽체와 접촉되는 부분에는 방부제를 칠하여 건조시킨다.

② 버팀대는 벽돌을 쌓을 때 장애가 되지 않도록 쌓는 반대쪽에 설치하고, 창문틀이 움직이지 않도록 튼튼히 고정하되, 제거하기 쉽고 되도록 창문틀에 홈이 생기지 않도록 못박는다.

③ 창문틀에 연결 철물을 박은 다음에는 반드시 다림추를 대 본다.

④ 창문틀의 주위는 모르타르로 충분히 사춤하고, 필요한 경우 코킹으로 채워 수밀하게 한다.

⑤ 창대의 윗면은 특히 면이 바르고 줄눈이 고르게 되도록 쌓는다.

6. 실습 순서

(1) 창문틀세우기

① 벽돌을 쌓을 때 방해되지 않는 곳에 작은 말뚝을 단단히 박고, 여기에 버팀대를 못박는다.

② 도면에 따라 창문틀의 위치와 높이를 잡아서 굄목을 받치고 창틀을 세운 다음, 버팀대로 가볍게 고정한다.

③ 수준기와 다림추를 보아 가며, 굄목과 창틀 사이에 쐐기를 꽂아서 높이와 수직 및 수평을 정확히 잡고 버팀대에 확실히 못질한다.

④ 창문틀이 움직이지 않도록 버팀대와 창문틀 사이를 가로지른다.

⑤ 창문틀을 옆쌓기할 때, 창문틀이 변형되지 않도록 귀잡이대를 댄다.

⑥ 창문틀의 위치와 높이, 수평, 수직을 검사하여 조정한다.

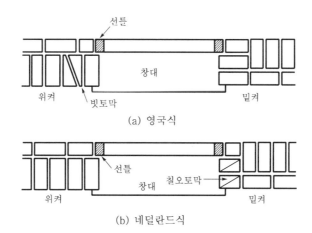

[그림 1-32] 창문틀세우기

(2) 창문틀 옆쌓기

① 세로 규준틀을 검사하고 수평실을 친다.

② 벽돌 나누기도를 그리고, 벽돌을 마름질해 둔다.

③ 하부 벽체를 청소하고 물축이기를 한다.

④ 창 밑틀 좌우의 뿔이 충분히 묻히도록 하면서, 좌우에서 같은 높이로 60cm(9켜) 정도 쌓아올린다.

그리고 매 켜마다 창문틀과 벽돌 사이를 모르타르로 사춤한다.

⑤ 창선틀에 연결 철물을 박는다.

이 때, 창문틀이 이동하거나 변형되지 않도록 하고, 박은 다음에는 다림추를 내려 창문틀의 수직을 검사한다.

⑥ 연결 철물의 주위에는 모르타르를 충분히 사춤해 넣고 정해진 높이까지 쌓는다.

(3) 창대쌓기

① 창대 끝의 나옴, 윗면의 기울기, 옆세워 쌓는 벽돌의 장수, 줄눈의 너비 등을 정한다.

② 옆벽이 충분히 굳은 다음, 쐐기를 가만히 빼내고 굄목을 들어낸다.

③ 창대의 끝에 맞추어 수평 실을 친다.

④ 기울기에 맞추어 깔 모르타르를 비스듬히 깔아 놓는다.

⑤ 벽돌면에 붙임 모르타르를 붙여서 창대의 끝이 줄바르고 줄눈이 고르게 되도록 옆세워 쌓는다.

⑥ 모르타르를 충분히 사춤하고 벽돌면을 물걸레로 닦는다.

⑦ 공구를 정리하고 주변을 정돈한다.

7. 공사 후 이해 및 점검 사항

(1) 다음 사항을 잘 이해하고 있는지 확인해 보자.

① 창문틀 먼저세우기와 나중세우기를 하는 방법을 확인해 보자.

② 창문틀 옆쌓기할 때 주의할 점을 확인해 보자.

③ 창대의 역할과 구조를 확인해 보자.

(2) 다음 사항에 대하여 점검해 보자.

① 작은 말뚝과 버팀대는 벽돌을 쌓을 때 방해되지 않는 곳에 설치하였는가?

② 버팀대는 제거하기 쉬우면서도 창문틀이 움직이지 않도록 튼튼히 고정하였는가?

③ 창문틀은 위치, 높이, 수평, 수직을 정확하게 세웠는가?

④ 창 밑틀과 위틀 좌우의 뿔 주위에는 모르타르를 충분히 사춤하였는가? 또한, 연결 철물의 주위에도 모르타르를 충분히 사춤하였는가?

⑤ 창문틀 좌우의 벽은 같은 높이로 쌓아올리고, 매 켜마다 창문틀과 벽돌 사이에는 모르타르로 사춤하였는가?

⑥ 연결 철물은 창문틀이 이동하거나 변형되지 않도록 박고, 박은 다음에는 창문틀의 수직을 검사하였는가?

⑦ 창대를 쌓기 전에 벽돌나누기를 하여 벽돌의 장수와 줄눈의 너비 등을 정하였는가?

⑧ 창대의 윗면은 알맞은 경사를 주어 면바르게 옆세워 쌓았는가?

⑨ 창대 윗면의 위 끝은 창 밑틀에 1.5cm 정도 물리게 쌓고, 아래 끝은 일매지게 맞추었는가?

⑩ 창대 윗면의 줄눈에는 모르타르를 빈틈 없이 사춤하였는가?

⑪ 창대와 창 밑틀 사이에는 코킹이나 함석판을 대어 수밀하게 하였는가?

Ⅸ 실습명 : 아치쌓기

1. 실습 목표

① 아치를 쌓는 방법을 익힌다.
② 아치를 쌓는 기능을 기른다.

2. 재료

목재, 합판, 못, 벽돌, 모르타르

3. 기계 및 기구

수준기, 다림추, 톱, 망치, 벽돌 망치, 흙손, 모르타르통, 물통, 받침판, 솔

4. 관계 지식

(1) 아치의 형태

아치는 개구부 상부의 하중을 개구부 옆의 벽이나 기둥에 분산시키기 위하여 줄눈이 일정한
방향을 향하도록 쌓은 구조물로서, 아치 각부의 명칭과 아치의 형태는 각각 그림 1-33 및
그림 1-34와 같다.

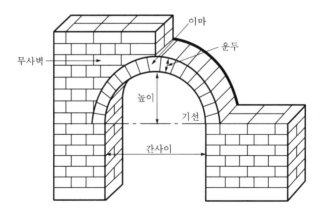

[그림 1-33] 아치 각부의 명칭

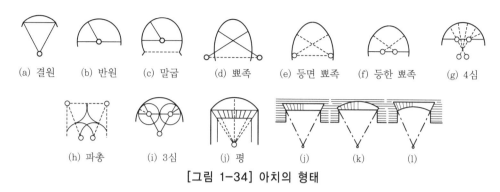

| (a) 결원 | (b) 반원 | (c) 말굽 | (d) 뾰족 | (e) 등면 뾰족 | (f) 등한 뾰족 | (g) 4심 |

| (h) 파총 | (i) 3심 | (j) 평 | (j) | (k) | (l) |

[그림 1-34] 아치의 형태

(2) 아치 구조의 작도법

아치를 쌓을 때에는 도면에 지정된 아치의 형태와 간 사이, 높이 등에 따라 아치를 작도한 다음, 벽돌나누기를 하여 벽돌의 장수와 치수, 줄눈의 너비를 정확히 결정하여야 한다.

아치는 옆세워쌓기나 길이세워쌓기로 하는 것이 보통이며, 줄눈의 방향은 반드시 아치의 중심점을 향하도록 한다.

아치에는 특별히 만들어진 아치 벽돌을 사용하여 줄눈의 너비가 일정하도록 쌓는 본 아치와, 보통 벽돌을 사용하여 줄눈을 쐐기 모양이 되도록 쌓는 거친 아치가 있는데, 본 아치의 줄눈의 너비는 3~6mm 정도가 보통이다.

① 평아치

개구부의 너비가 1.2m 이내일 때에나 아치의 뒤에서 인방보로 보강할 때 사용되는 아치로서, 줄눈이 한 점에 모이게 할 때와 수직으로 나란하게 할 때가 있다.

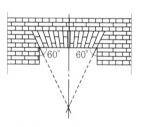

[그림 1-35] 평아치

㉠ 평아치의 시작면 경사는 60° 정도로 하며, 중간이 처져 보이는 착시 현상을 막기 위하여 간 사이의 $\frac{1}{100}$ 정도 중간을 치올린다.

㉡ 운두의 윗면은 무사벽의 가로 줄눈과 일치하게 하고, 운두는 벽돌 켯수의 정수배로 하는 것이 편리하다.

㉢ 아치 벽돌의 두께는 운두의 윗면에서 벽돌의 두께와 같게 잡아서 한 점에 모이도록 하여 크기를 정하고, 벽돌의 장수는 홀수가 되게 하는 것이 보기에 좋고 줄눈을 맞추기가 쉽다.

② 결원 아치

쌓는 방법과 모양 및 시작면의 경사는 평아치와 비슷하다. 그림 1-36의 (a)와 같이 본 아치로 할 때에도 아치 벽돌의 종류가 많지 않아 평아치보다 간단하며, 그림 (b)와 같이 아치를 겹으로 쌓는 층두리 아치로 하면 외관은 별로 좋지 않으나, 구조가 튼튼하며 시공이 용이하다.

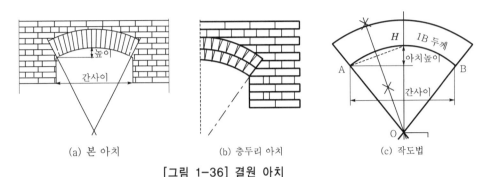

(a) 본 아치　　　　　　(b) 층두리 아치　　　　　　(c) 작도법

[그림 1-36] 결원 아치

결원 아치는 다음과 같이 작도한다.

㉠ 개구부의 간 사이 AB를 잡고 중심선을 긋는다. 중심선 위에 아치 높이 H점을 잡고 AH를 수직 이등분하여 중심선과 만나는 점 O가 아치의 중심이다.

㉡ O를 중심으로 하여 아치의 안둘레와 바깥둘레를 그린다.

㉢ 중심선 위에 이마 벽돌을 정하고, 바깥둘레를 따라 벽돌나누기를 하여 벽돌의 치수와 줄눈의 너비를 정한다.

③ 반원 아치

반원 아치에서 사용하는 벽돌은 모양과 치수가 일정하므로, 공장에서 생산된 아치 벽돌을 많이 사용하여 본 아치로 하나, 간 사이가 클 때에는 거친 층두리 아치로도 한다. 반원 아치는 모양이 좋고 구조가 튼튼하며 시공이 용이하나, 개구부의 높이가 불필요하게 높아진다.

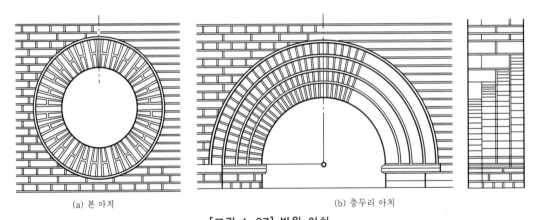

(a) 본 아치　　　　　　　　　　　　　　(b) 층두리 아치

[그림 1-37] 반원 아치

④ 뾰족 아치

뾰족 아치는 2개의 중심점을 가지는 아치로서, 아치의 반지름이 간 사이보다 클 때에는 높은 뾰족 아치, 같을 때에는 등변 뾰족 아치, 작을 때에는 낮은 뾰족 아치가 된다. 뾰족 아치도 거친 아치로 할 수 있으나, 일반적으로 본 아치로 하며, 줄눈이 반드시 중심

점을 향하도록 하여야 한다.

뾰족 아치는 아치의 높이가 커서 필요 이상으로 가구부의 높이가 높아지게 되고, 상부에 큰 하중을 실을 수 없어 불리하나, 외관이 아름답다.

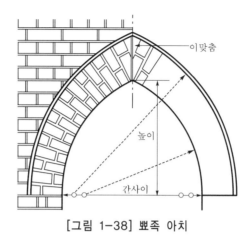

[그림 1-38] 뾰족 아치

⑤ 3심 아치

아치의 곡선을 그릴 때, 3개의 중심을 잡아서 근사적으로 타원이 되게 한 타원 아치의 일종이다. 3심 아치는 다음과 같이 작도한다.

아치의 간 사이와 높이를 잡은 다음 AH를 잇는다. B점을 중심으로 BH를 반지름으로 하는 호를 그리고 AH와의 만나는 점 C를 잡는다. AC의 수직 이등분선을 그려 간 사이의 중심선 및 AH와의 만나는 점을 각각 O_1, O_2라 하면, O_1, O_2는 각각 호 DH, AD의 중심점이 된다. 이것을 좌우 대칭으로 그린다.

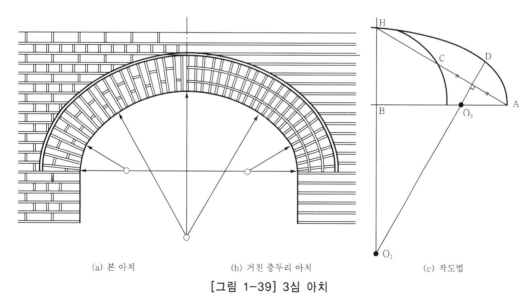

(a) 본 아치   (b) 거친 층두리 아치   (c) 작도법

[그림 1-39] 3심 아치

(3) 아치틀

아치틀은 모양과 치수를 정확하게 짜서, 상부의 하중을 충분히 지지할 수 있도록 견고하면 서도 떼어 내기 쉽게 설치한다.

아치틀을 지주에 받칠 때에는 그림 1-40의 (b)와 같이 쐐기 2개를 어긋하게 괴어, 아치틀의 위치와 수평을 조정하기 편리하고 해체가 쉽도록 하는데, 작업할 때에는 물러나지 않도록 못으로 임시 고정해 둔다.

지주는 옆벽에 대어서 세우고 움직이지 않도록 버팀대를 가로지른다.

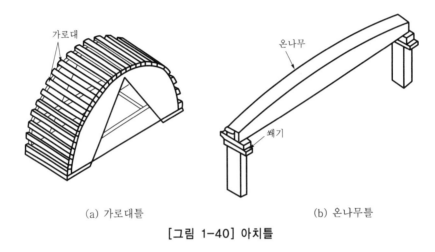

[그림 1-40] 아치틀

5. 안전 및 유의 사항

① 아치는 실척도를 그려 벽돌나누기를 정확히 한다.
② 아치의 운두의 윗면은 무사벽의 가로 줄눈과 일치하게 하고, 벽돌의 장수는 홀수가 되게 하는 것이 좋다.
③ 아치 쌓기용 모르타르는 1 : 2의 비율로 배합하며, 거친 아치와 충두리 아치는 줄눈을 특히 잘 채워 넣는다.
④ 아치틀은 떼어 내기 쉽도록 지지하고, 틀의 처짐, 좌우의 기울기 등을 수시로 점검한다.
⑤ 아치틀은 모르타르가 충분히 굳은 다음에 떼어 낸다.

6. 실습 순서

① 아치를 실척으로 작도한다.
② 아치의 바깥둘레를 따라 이마 벽돌을 중심으로 하여 벽돌나누기를 한 다음, 벽돌의 장수와 치수, 줄눈의 너비를 정한다.
③ 본 아치로 할 때에는 형판을 만들어 벽돌을 마름질한다.

④ 아치틀을 만들어 설치한다.

⑤ 벽돌의 접착면에 붙임 모르타르를 발라 양 끝에서부터 대칭으로 쌓는다. 층두리 아치는 한 켜를 다 쌓은 다음 줄눈을 충분히 사춤하고, 정확한 두께로 깔모르타르를 깔면서 다음 켜를 쌓는다.

⑥ 줄눈파기를 하고 치장줄눈을 만든다.

7. 공사 후 이해 및 점검 사항

(1) 다음 사항을 잘 이해하고 있는지 확인해 보자.

① 각종 아치의 구조와 특징을 확인해 보자.

② 각종 아치의 작도법을 확인해 보자.

(2) 다음 사항에 대하여 점검해 보자.

① 아치는 실척으로 바르게 작도하였는가?

② 아치의 벽돌나누기는 이마 벽돌을 중심으로 하여 바깥둘레를 따라서 하였는가?

③ 아치틀은 견고하면서도 떼어 내기 쉽도록 설치하였는가?

④ 벽돌의 접착면에는 붙임 모르타르를 충분히 발랐는가?

⑤ 아치 벽돌은 벽의 양 끝에서부터 대칭으로 쌓아 올렸는가?

⑥ 아치 벽돌은 바르게 가공하였는가?

X ▶ **실습명 : 단순 블록벽쌓기 실습**

1. 실습 목표

① 단순 블록조 벽체를 쌓는 방법을 익힌다.
② 단순 블록조 벽체를 쌓는 기능을 기른다.

2. 재료

블록, 시멘트, 모래, 물, 목재, 못, 실

3. 기계, 기구 및 기타

먹통, 다림추, 수준기, 벽돌 망치, 벽돌 정, 쌓기용 블로 흙손, 줄눈용 흙손, 줄자, 흙받이, 실습용 설계 도서, 단순 블록벽 쌓기용 실습 도면, 시방서

4. 실습 도면

단순 블록벽쌓기

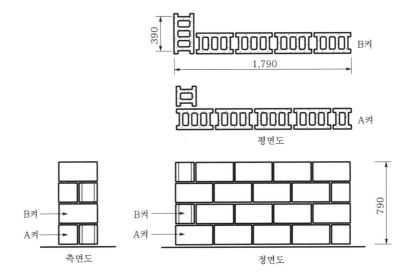

5. 안전 및 유의 사항

① 블록은 무거우므로 운반할 때에 손상되지 않도록 하고 취급에 주의한다.

② 블록을 쌓을 때 살의 두께가 두꺼운 쪽이 위로 향하도록 쌓는다.

③ 블록은 모르타르와 닿는 부분에 알맞게 물을 축여 쌓는다.

④ 공구류의 자루는 꼭 박혀져 있어야 한다.

⑤ 조적식 블록 구조는 블록을 단순히 모르타르로 접착하여 대개 막힌 줄눈으로 쌓는 구조로서 내력벽에 속한다.

⑥ 블록은 단단하므로 가공할 때 조각물이 흩어지는 것에 유의하면서 쌓기 작업을 한다.

6. 실습 순서

① 실습 재료와 공구 및 기구를 확인한다.

② 평면도, 입면도를 읽고 전체 구조물의 규모와 모양을 이해하고 전체 길이와 벽 높이를 확인한다.

③ 실습 전에 미리 블록을 물에 담가 기포가 생기지 않을 때까지 물축임을 하고, 블록 쌓을 바탕을 청소한다.

④ 블록나누기 자를 이용하여 블록나누기와 먹줄치기를 한다.

⑤ 세로 기준대의 첫째 켜에 맞추어 수평실을 띄우고 벽의 모서리에 블록을 한두 장 놓을 정도의 깔 모르타르를 편 다음, 면이 바르고 치수가 정확한 블록을 골라 누르듯이 놓고, 높이와 위치를 수평실에 정확히 맞춘다.

⑥ 첫째 켜의 수평 상태를 확인하고, 둘째 켜를 깔기 위해 모르타르를 깔며, 첫째 켜 쌓는 방법으로 쌓는다.

⑦ 같은 방법으로 반복하여 정해진 높이까지 쌓는다. 이 때, 벽의 수평과 수직 상태를 수시로 확인하고 세로줄눈과 가로줄눈이 바르게 되어야 한다.

⑧ 쌓기가 끝난 벽면은 모르타르가 적당히 굳은 다음, 줄눈을 10mm 정도 긁어 내고, 벽면은 비로 쓸어 낸다.

⑨ 치장줄눈용 모르타르를 잘 혼합하여 받침판에 올려놓고, 줄눈용 흙손으로 정해진 치장줄눈을 만든다.

⑩ 벽면은 솔로 청소하고, 통이나 기구에 묻은 모르타르를 제거한다.

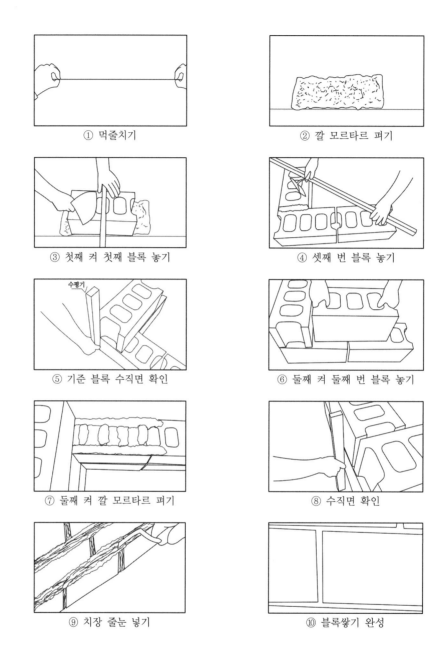

① 먹줄치기   ② 깔 모르타르 퍼기

③ 첫째 켜 첫째 블록 놓기   ④ 셋째 번 블록 놓기

⑤ 기준 블록 수직면 확인   ⑥ 둘째 켜 둘째 번 블록 놓기

⑦ 둘째 켜 깔 모르타르 퍼기   ⑧ 수직면 확인

⑨ 치장 줄눈 넣기   ⑩ 블록쌓기 완성

7. 공사 후 이해 및 점검 사항

(1) 다음 사항을 잘 이해하고 있는지 확인해 보자.

① 블록조의 특징과 종류를 확인해 보자.

② 각종 블록의 종류와 치수를 확인해 보자.

③ 블록나누기도에 표시해야 할 사항을 확인해 보자.

(2) **다음 사항에 대하여 점검해 보자.**

① 블록나누기도는 바르게 작성하였는가?

② 블록은 살이 두꺼운 쪽이 위로 가도록 놓고, 수평, 수직을 정확히 맞추었는가?

③ 채움 콘크리트는 3켜를 쌓을 때마다 부어 넣었는가? 또한 1켜에 채움 양만큼씩 나누어 부어 넣은 다음 충분히 다졌는가?

④ 벽체에 묻어야 할 연결 출물 등을 제자리에 묻고 채움 콘크리트로 충분히 사춤하였는가?

⑤ 쌓기가 끝난 후 줄눈누르기를 하고 블록면을 청소하였는가?

XI ▶ 실습명 : 보강 블록조 벽체쌓기

1. 실습 목표

① 보강 블록조 벽체를 쌓는 방법을 익힌다.
② 보강 블록조 벽체를 쌓는 기능을 기른다.

2. 재료

각종 철근, 결속선, 각종 블록, 모르타르, 실

3. 기계 및 기구

철근대, 철근 절단기, 철근 절곡기, 쇠메, 결속기, 규준틀, 수준기, 곱자, 다림추, 쌓기용 흙손, 줄눈용 흙손, 받침판, 다짐 막대, 모르타르통, 물통

4. 관계 지식

(1) 블록조

블록조는 블록을 쌓아 구조물의 벽체를 구성하는 조적조의 일종으로서, 시공이 특히 간편하다. 블록조는 조적식 블록조, 보강 블록조, 블록 장막벽, 거푸집 블록조의 네 가지로 크게 나눌 수 있으며, 이 중 보강 블록조는 블록의 빈 속에 철근을 배근하고 콘크리트를 채워 보강한 이상적인 구조이다.

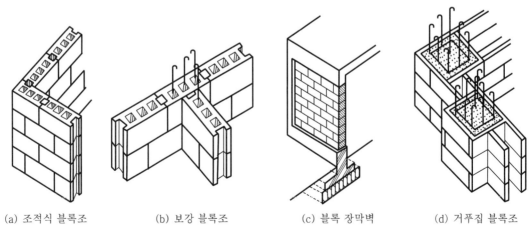

| (a) 조적식 블록조 | (b) 보강 블록조 | (c) 블록 장막벽 | (d) 거푸집 블록조 |

[그림 1-41] 블록조

(2) 블록의 종류와 치수

블록은 형상에 따라 기본 블록과 이형 블록으로 나누어지며, 그 치수는 표 1-7과 같다.

보강 철근을 삽입하는 빈 속은 콘크리트를 부어 넣기에 지장이 없도록 충분히 크게 하면서도 살 두께도 충분해야 한다. 블록은 살이 두꺼운 부분이 위로 가도록 쌓고, 빈 속에 사춤하는 콘크리트 자갈은 최대 지름이 20mm 이하이어야 한다.

[표 1-7] 블록의 치수

형상	치수(mm)		
	길이	높이	두께
기본 블록	390	190	190 150 100
이형 블록	길이, 높이 및 두께의 최소 치수를 90mm 이상으로 한다.		

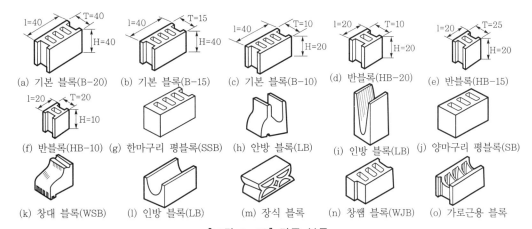

(a) 기본 블록(B-20)　(b) 기본 블록(B-15)　(c) 기본 블록(B-10)　(d) 반블록(HB-20)　(e) 반블록(HB-15)

(f) 반블록(HB-10)　(g) 한마구리 평블록(SSB)　(h) 안방 블록(LB)　(i) 인방 블록(LB)　(j) 양마구리 평블록(SB)

(k) 창대 블록(WSB)　(l) 인방 블록(LB)　(m) 장식 블록　(n) 창쌤 블록(WJB)　(o) 가로근용 블록

[그림 1-42] 각종 블록

(3) 철근의 이음과 정착 및 배치

① 갈고리

철근의 끝에는 갈고리를 만들어야 한다. 갈고리의 구부림각은 블록 부분에서는 180°로 하고, 블록 벽체의 기초나 테두리보의 철근 콘크리트 부분에서는 135°나 90°로 한다.

② 이음

세로근은 원칙적으로 잇지 않고 기초에서 테두리보까지 직통되게 한다. 가로근의 이음 길이는 철근 지름의 25배 이상으로 하며, 인장력이 큰 곳이나 벽체의 모서리에서는 40배 이상으로 한다.

③ 철근의 지름과 배치 간격

세로근의 지름은 벽의 끝이나 모서리에서는 12mm 이상으로 하고, 기타 부분에서는 9mm 이상으로 하여 60~80cm 간격으로 배치한다.

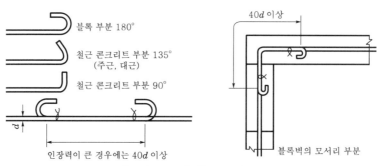

블록 부분 180°

철근 콘크리트 부분 135°
(주근, 대근)

철근 콘크리트 부분 90°

인장력이 큰 경우에는 40d 이상

40d 이상

블록벽의 모서리 부분

[그림 1-43] 철근의 가공

(4) 블록나누기도

블록쌓기에 앞서 블록나누기도를 그린다.

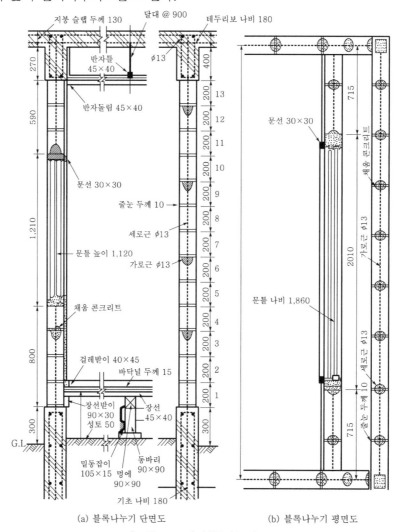

지붕 슬랩 두께 130   달대 @ 900   테두리보 나비 180

반자틀 45×40 ϕ13

반자돌림 45×40

문선 30×30

줄눈 두께 10

세로근 ϕ13

문틀 높이 1,120

가로근 ϕ13

채움 콘크리트

걸레받이 40×45   바닥널 두께 15

장선받이 90×30   장선 45×40   성토 50

밑동잡이 105×15 멍에   동바리 90×90   멍에 90×90

기초 나비 180

문선 30×30

채움 콘크리트

가로근 ϕ13

문틀 나비 1,860

세로근 ϕ13   줄눈 두께 10

270   590   1,210   800   300   G.L

400   200 13 12 11 10 9 8 7 6 5 4 3 2 1   300

715   2010   715

(a) 블록나누기 단면도   (b) 블록나누기 평면도

[그림 1-44] 블록나누기도

252

블록나누기도에는 블록의 배치, 필요한 블록의 종류, 철근의 지름과 배치, 개구부의 위치 및 창문틀과 블록과의 아무림 등을 나타낸다. 이 밖에도 나무 벽돌, 배관, 볼트 등의 위치를 표시하여 공사를 쉽게 진행시킬 수 있게 한다.

(5) 철근의 가공

철근은 보통 현장에서 인력으로 가공한다. 철근의 가공이 정확하지 못하면 구조에 미치는 영향이 크므로, 공작도를 작성하여 절단, 구부리기 등을 해야 한다. 지름 25mm 미만의 철근은 상온에서 가공하고, 25mm 이상은 적당히 가열하여 구부린다.

① 절단

지면 위에 그림 1-45와 같이 절단 용구를 수평으로 설치한다. 2인 1조로 하여 한 사람은 철근을 고정하고 절단 정을 절단 위치에 대면, 다른 사람은 쇠메로 쳐서 자른다.

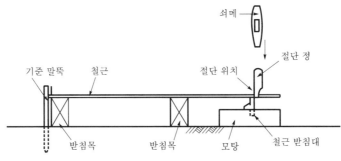

[그림 1-45] 절단 작업

② 구부리기

철근 구부리기는 철근 지름 25mm 이하는 상온에서, 28mm 이상은 적당히 가열하여 절곡기로 치수를 정확하게 구부린다. 그림 1-46과 같이 허리 높이의 철근대에 절곡판을 설치한 다음, 절곡기를 힘주어 잡아당겨 갈고리를 만든다.

지름과 길이 및 구부림각이 같은 철근을 여러 개 구부려야 할 경우에는 철근의 끝을 표시해 두거나, 철근 멈치를 만들어 두면 능률적이다.

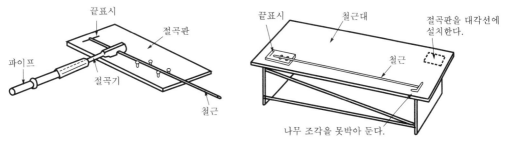

[그림 1-46] 절곡 작업

(6) 철근의 결속

가로근과 세로근이 만나는 곳은 결속선으로 묶는다. 결속선은 #18(지름 1.245mm), #20(지름 0.889mm), #22(지름 0.71mm)의 불에 달군 철선을 사용한다.

(7) 철근의 피복 두께

철근은 콘크리트가 알칼리성인 상태에서는 녹이 슬지 않으나, 공기 중의 이산화탄소 등에 의하여 콘크리트가 중성화되면 부식한다. 또, 철근은 높은 열을 받으면 강도가 현저하게 떨어진다. 따라서, 보강한 철근의 내화, 내구성을 유지하려면 철근의 피복 두께를 충분히 유지하여야 하는데, 피복 두께는 도면이나 시방서의 지정이 없으면 내력벽 2cm, 테두리보 3cm, 기초 4cm, 기초의 밑면에서는 6cm 이상으로 한다.

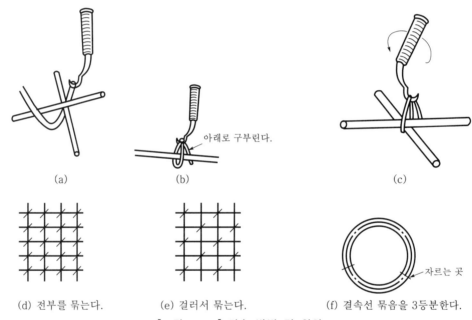

(a)   (b) 아래로 구부린다.   (c)

(d) 전부를 묶는다.   (e) 걸러서 묶는다.   (f) 결속선 묶음을 3등분한다. 자르는 곳

[그림 1-47] 결속 방법 및 위치

5. 안전 및 유의 사항

① 철근은 녹이 슬지 않도록 잘 보관하고, 끝에는 반드시 갈고리를 만들며 이음 길이를 정확히 유지한다.

② 블록은 모르타르와 접하는 부분에 알맞게 물을 축인다.

③ 블록은 살이 두꺼운 쪽이 위로 가도록 하며, 하루에 쌓는 높이는 6켜 이내로 한다.

④ 세로근의 위치를 바로 잡을 때에는 급하게 구부리지 않는다.

⑤ 채움 콘크리트는 한꺼번에 부어 넣지 않고 충분히 다진다.

⑥ 정착물이나 매설물은 제때에 정확히 설치하도록 하고, 블록이 지나치게 손상되지 않도록 블록을 가공한다.

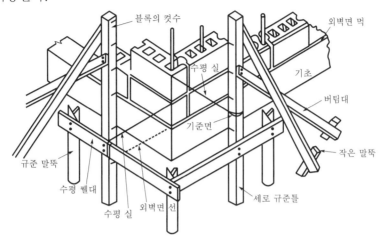

[그림 1-48] 세로 규준틀 세우기와 블록쌓기

6. 실습 순서

① 블록을 쌓을 곳의 바탕고르기를 해 둔다.

② 세로 규준틀을 세우고 바탕의 먹줄과 수평 실을 친다.

③ 블록나누기도를 그린다.

④ 바탕을 청소하고 물을 축여 둔다.

⑤ 깔 모르타르를 편다.

블록의 살이 두꺼운 쪽을 위로 하여, 그림 1-49와 같이 수평 실에 맞추어 블록을 놓은 다음, 윗면에 수준기를 놓아서 수평과 수직을 정확히 잡는다.

두 번째 블록부터는 붙임 모르타르를 붙여 같은 방법으로 첫째 켜를 쌓는다.

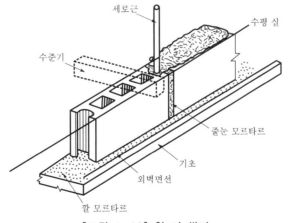

[그림 1-49] 첫 켜 쌓기

⑥ 같은 방법으로 셋째 켜까지 쌓은 다음에 가로근을 배근한다.

이 때, 가로근과 세로근의 결속은 가로근의 피복 두께를 충분히 유지할 수 있도록 그림 1-50과 같이 위치를 정확히 잡아, 세로근과 가로근이 만나는 곳마다 결속선으로 묶는다. 특히, 벽의 모서리에서는 채움 콘크리트를 충분히 사춤할 수 있도록 해 둔다.

세로근의 위치가 잘못되어 바로 잡을 때에는 그림 1-51과 같이 블록의 살을 3켜 정도 깨뜨려 철근을 직선적으로 구부린다.

⑦ 채움 콘크리트를 다져 넣는다.

채움 콘크리트는 시멘트와 모래, 잔 자갈을 1 : 2.5 : 3.5 정도의 비율로 배합한다. 한 번에 채우는 높이는 3켜 이내로 하되, 한꺼번에 채우지 않고 1켜에 채울 양만큼씩 부어 넣은 다음, 세로근의 위치를 바르게 유지하면서 다짐 막대로 충분히 다져서 채운다.

⑧ 같은 방법으로 넷째 켜 이상을 쌓는다.

하루에 쌓는 높이는 블록은 최고 6켜(1.2m)로 하며, 줄눈 모르타르의 경화 상태를 검사하여 그림 1-52와 같이 줄눈누르기를 하고 블록면을 청소한다. 필요한 경우에는 가마니 등을 덮는다.

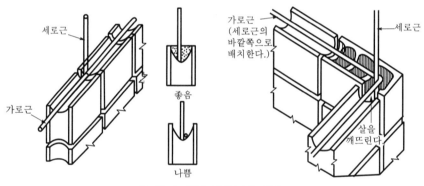

[그림 1-50] 가로근의 결속

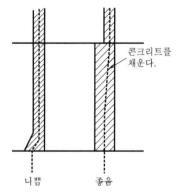

[그림 1-51] 세로근 바로 잡기

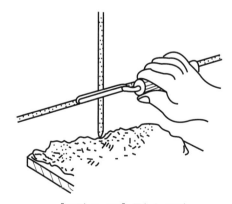

[그림 1-52] 줄눈누르기

7. 공사 후 이해 및 점검 사항

(1) 다음 사항을 잘 이해하고 있는지 확인해 보자.

① 블록조의 특징과 종류를 확인해 보자.

② 각종 블록의 종류와 치수를 확인해 보자.

③ 철근의 이음과 정착 및 배치를 할 때 지켜야 할 사항을 확인해 보자.

④ 블록나누기도에 표시해야 할 사항을 확인해 보자.

⑤ 철근의 가공과 결속 방법을 확인해 보자.

(2) 다음 사항에 대하여 점검해 보자.

① 블록나누기도는 바르게 작성하였는가?

② 블록은 살이 두꺼운 쪽이 위로 가도록 놓고, 수평, 수직을 정확히 맞추었는가?

③ 가로근은 3켜마다 배근하였는가? 또한, 가로근과 세로근이 만나는 곳마다 정확한 위치에서 결속하였는가?

④ 채움 콘크리트는 3켜를 쌓을 때마다 부어 넣었는가? 또한, 1켜에 채움 양만큼씩 나누어 부어 넣은 다음 충분히 다졌는가?

⑤ 벽체에 묻어야 할 연결 철물 등을 제자리에 묻고 채움 콘크리트로 충분히 사춤하였는가?

⑥ 세로근의 위치를 바로 잡을 때에는 직선적으로 구부리고 콘크리트를 채워서 다졌는가?

⑦ 쌓기가 끝난 후 줄눈누르기를 하고 블록면을 청소하였는가?

CHAPTER 02
미장 공사

미장은 건식 공법의 등장으로 그 이용도가 다소 줄었다고는 하지만, 건축물의 외관을 최종적으로 결정하는 중요한 마감 공사의 하나이다. 미장 공사는 대부분 현장 작업에 의존하므로, 특히 작업자의 기능이 품질을 좌우한다.

미장은 그 재료와 시공법이 매우 다양하다. 건설 교통부에서 제정한 건축 공사 표준 시방서에 따라 표준적인 재료와 기계, 기구의 사용법 및 시공 방법을 익히도록 하였다. 미장과 타일의 전반적인 작업 공정을 먼저 익히고, 바름 바탕을 조성하는 방법, 시멘트 모르타르와 인조석을 바르는 방법을 붙이는 방법을 배운다.

미장 기능은 초보자가 습득하기에 비교적 어려우며, 기능의 숙달 정도가 뚜렷이 구분되는 분야이다. 미장 기능을 익히기 위해서는 기본 기능을 현장 실무를 통해서 연마해 나아가야 할 것이다.

I ▶ 실습명 : 바름 바탕 조성

1. 실습 목표

① 각종 바름 바탕을 조성하는 방법을 익힌다.
② 콘크리트 바탕을 조성하는 기능을 기른다.

2. 재료

모르타르

3. 기계 및 기구

삽, 양동이, 흙손, 정, 망치, 쇠빗, 솔, 비빔 철판, 모르타르 통

4. 관계 지식

(1) 바탕의 일반적 조건

미장 바름의 바탕은 일반적으로 아래 사항을 만족하는 것을 원칙으로 한다.

① 미장 바름을 지지하는 데 필요한 강도와 강성이 있어야 한다.

② 사용 조건 및 지진 등의 환경 조건에서 미장 바름을 지지하는 데 필요한 접착 강도를 유지할 수 있는 재질과 형상이어야 한다.

③ 미장 바름의 종류 및 마감 두께에 알맞은 표면 상태로서, 유해한 요철, 접합부의 어긋남, 균열 등이 없어야 한다.

④ 미장 바름의 종류에 화학적으로 적합한 재질로서, 녹물에 의한 오손, 화학 반응, 흡수 등에 의한 바름층의 약화가 생기지 않아야 한다.

⑤ 미장 바름에 적합한 바탕은 내외벽 등의 부위별 시공 조건 및 사용 조건을 고려하여 선택한다.

(2) 콘크리트 바탕

① 거푸집을 완전히 제거한 상태로서, 부착상 유해한 잔류물이 없어야 한다.

② 콘크리트는 균열, 오물, 과도한 요철 등이 없어야 하며, 쪼아 내야 할 곳은 쪼아 내어야 한다.

③ 설계 변경과 기타의 요인으로 바름 두께가 커져서 손질 바름의 두께가 25mm를 초과할 때에는 철망 등을 긴결시켜 콘크리트를 덧붙여 바탕을 조정한다.

④ 미장 바름에 지장을 주는 철근 간격재나 나무 부스러기 등은 제거하고, 구멍 등은 모르타르 등으로 메운다.

⑤ 콘크리트의 이어붓기 또는 부어넣기 시간의 차이로 이어 부은 부분에서 누수의 원인이 될 우려가 있는 곳은 적절한 방법으로 미리 방수 처리를 한다.

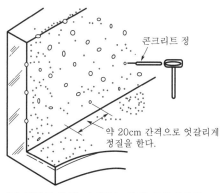

(a) 평활하게 된 면에서는 붙임 모르타르의 부착이 탈락된다.

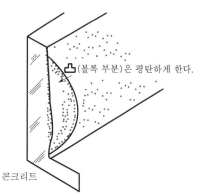

(b) 볼록 부분은 평탄하게 하고, 그 후에 나무 조각이나 콘크리트 조각, 기타의 먼지를 제거하고 물로 씻는다.

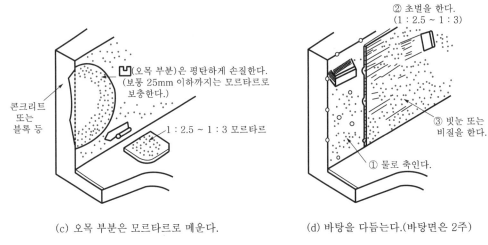

(c) 오목 부분은 모르타르로 메운다.　　　　　(d) 바탕을 다듬는다.(바탕면은 2주)

[그림 2-1] 콘크리트 바탕의 조성

⑥ 콘크리트 표면에 경화 불량 부분, 기타 강도가 현저히 낮은 부분의 두께가 2mm 이하일 때에는 담당원의 지시에 따라 적절한 대책을 강구한다.

(3) 콘크리트 블록 및 벽돌 바탕

① 콘크리트 블록 및 벽돌쌓기의 줄눈 형상은 적용된 미장 바름의 종류 및 바름두께에 적합한 것으로 한다.

② 콘크리트 블록은 적용된 미장 바름과 비교하여 강도, 강성이 우수한 것으로 줄눈 나누기 등에 의한 균열을 방지하기 위해 건습에 따른 신축이 작은 것으로 한다.

③ 물뿌리기는 미장 재료의 경화 과정, 보습성, 흡수율 등을 고려하여 실시한다.

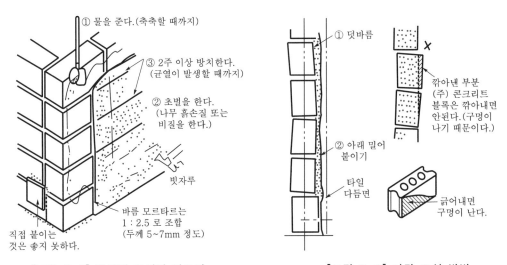

[그림 2-2] 바탕에 문질러 바르기　　　[그림 2-3] 바탕 조성 방법

(4) 메탈 라스 바탕

① 재료

ㄱ 메탈 라스는 KS 제품으로서, 종류는 도면이나 특기 시방에 따른다. 도면이나 특기 시방에 지정이 없을 때에는 평메탈 라스로 한다.

ㄴ 방수지는 KS 규정에 적합한 아스팔트 펠트나 아스팔트 루핑으로서, 도면이나 특기 시방에 따라 선택한다.

ㄷ 메탈 라스의 힘살은 지름 2.6mm 이상의 강선으로 한다.

ㄹ 갈고리못은 지름 1.6mm(#16), 길이 25mm 정도의 철선으로 한다.

ㅁ 강제 철망의 단위 면적당 중량은 외벽 및 피난과 안전상 중요한 부위 등으로 3m를 초과하는 층고의 내벽에서는 $700g/m^2$ 이상으로 한다.

ㅂ 우수에 노출되는 외부 등의 라스 시멘트 모르타르 벽에 사용하는 강제 철망 및 스테이플, 못 등의 부착 철물은 아연 도금 등 부식을 방지하는 유효한 표면 처리가 된 것으로 한다.

② 공법

ㄱ 방수지를 칠 때의 이음은 가로, 세로 90mm 이상 겹치고, 약 300mm 간격으로, 기타 부분에서는 적절한 간격으로 갈고리 못치기로 고정하고, 우글거리거나 주름이 생기지 않도록 한다. 방수지에 손상된 곳이나 찢김이 생긴 곳이 있을 때에는 물이 새지 않도록 잘 겹쳐 댄다.

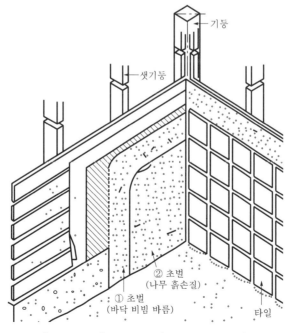

[그림 2-4] 붙임 바탕(목골 라스 바탕)

      ⓛ 메탈 라스는 가로, 세로 300mm 정도, 특히 천장은 150mm 정도로 갈고리 못치기로 하고 접합부는 450mm 이상 겹치도록 한다.

      ⓒ 힘살을 사용할 때에는 세로의 단부는 기둥 또는 샛기둥받이에 닿게 하고, 가로는 간격 450mm 정도로 겹쳐 대어 교차하는 부분과 중간의 1개소씩에 갈고리 못을 치고, 또한 힘살에 둘러싸인 라스 부분 중앙의 1개소에 갈고리 못치기로 한다.

      ⓔ 리브 라스는 리브를 바탕쪽으로 하여 지름 1.2mm 이상의 철선으로 얽어매거나 갈고리 못으로 고정하되, 리브에 교차하는 받이재마다 끝은 리브를 따라 300mm 정도의 간격으로 연결 조정한다. 접합부는 세로 45mm 이상 겹치고, 가로는 리브와 리브를 겹친다. 4장이 겹치는 곳에는 2장을 모서리 자르기로 한다.

      ⓜ 메탈 라스 고정용 부속품의 깊이, 치수는 마감재의 두께와 바름 횟수에 따라 고정한다.

5. 실습 순서

콘크리트 바탕을 조성한다.

① 평활한 면은 정으로 약 20cm 간격으로 쪼아 자국을 내어 모르타르의 부착을 쉽게 한다. (그림 2-1의 (a))

② 볼록한 부분은 쪼아서 평탄하게 하고, 그 후에 나뭇조각이나 콘크리트 조각, 그 밖의 먼지를 제거하고 물로 씻는다.(그림 2-1의 (b))

③ 오목한 부분은 모르타르로 덧발라 고른다. 약 25mm 이하까지는 모르타르로 보충한다. 이 때의 모르타르는 1 : 2.5~3의 배합비로 한다.

④ 바탕 바르기를 한다.(그림 2-1의 (c))

      ㉠ 오목한 부분에 덧바른 모르타르가 충분히 경화한 2주 후에 바탕 바르기를 한다.(그림 2-1의 (d))

      ㉡ 바탕을 깨끗이 청소하고 물축이기를 한 다음 바탕 바르기를 한다.

      ㉢ 바탕 바르기를 편평하게 하고, 비나 솔로 자국을 내어 거칠게 한다.

6. 공사 후 이해 및 점검 사항

(1) 다음의 사항을 잘 이해하고 있는지 확인해 보자

① 바름 바탕이 갖추어야 할 일반적인 조건을 확인한다.

② 콘크리트 바탕을 조성하는 과정을 확인한다.

③ 콘크리트 블록과 벽돌 바탕을 조성하는 과정을 확인한다.

④ 메탈 라스 바탕을 조성하는 과정을 확인한다.

⑤ 각종 바름 바탕의 특징을 확인한다.

(2) 다음 사항에 대하여 점검해 보자.

① 콘크리트 바탕에 유해한 잔류물을 깨끗이 제거하였는가?

② 콘크리트 바탕의 오목하거나 볼록한 부분을 편평하게 골랐는가?

③ 누수의 원인이 되는 곳은 방수 처리를 하였는가?

④ 바탕 바르기는 편평하게 바른 뒤 표면을 솔로 문질러 거칠게 만들었는가?

II ▶ 실습명 : 시멘트 모르타르 바르기

1. 실습 목표

① 모르타르 바름 공법을 익힌다.
② 콘크리트 바탕에 모르타르를 바르는 기능을 기른다.

2. 재료

모르타르

3. 기계 및 기구

고정자, 고름자 막대, 다림추, 수준기, 모르타르 통, 흙손, 흙손받이, 비, 삽, 솔, 갈퀴, 체, 탕치, 물뿌리개, 미터자, 곱자

4. 관계 지식

(1) 미장 공법 일반

① 시공 계획 및 안전 관리
ㄱ 시공자는 시공 계획서를 작성하고, 작업조 편성, 작업 공정, 작업용 가설 공사, 보양 및 안전 관리 조치를 한다.
ㄴ 공법에 적합한 공사 기간을 확보하고, 다른 공사와의 시공 순서를 고려하여 서로 지장을 주지 않도록 공사를 진행한다.
ㄷ 미장 공사용 가설 통로와 작업 발판은 산업 안전 보건법의 규정에 적합해야 한다.
ㄹ 추락의 위험이 있는 높은 곳의 작업에는 적절한 추락 방지 설비를 설치하고 작업자는 필요한 보호구를 착용한다.

② 기구와 재료
ㄱ 흙손 및 반죽용 도구, 규준대, 솔 등은 용도에 적합한 것을 사용한다.
ㄴ 양중 기계나 운반용 기계 · 기구는 충분한 용량의 것을 사용하고, 정기적으로 점검하여 운전 중의 사고를 예방한다.
ㄷ 압송 뿜질 기계의 기종과 대수는 공사량과 현장 조건에 적합한 것을 선정한다.

  ㉣ 재료의 견본품을 사전에 제시하며, 시멘트와 석고 플라스터와 같이 습기에 약한 재료
   는 지면보다 30cm 이상 마룻바닥에 건조 상태로 보관한다.

  ㉤ 작업에 착수하기 전에 견본판을 시공하여 현장에 비치한다.

③ 배합과 비빔

  ㉠ 재료의 배합은 마무리의 종류, 바름층 등에 따라 다르지만, 원칙적으로 바탕에 가까
   운 바름층일수록 부배합하고, 정벌 바름에 가까울수록 빈배합한다.

  ㉡ 분말이나 입자 상태의 재료는 고루 섞은 후 물을 부어서 잘 섞는다. 액체 상태의 혼화
   재료 등은 미리 물과 섞어 둔다.

  ㉢ 석고 플라스터에 시멘트, 소석회, 돌로마이트 플라스터 등을 혼합하여 사용하면 안
   된다.

④ 바름 공법

  ㉠ 흙손 바름

   • 초벌 바름은 강도와 부착성을 고려하여 적합한 흙손을 선택하여 흙손으로 충분히
    누르고, 눈에 뜨일 정도의 틈이 생기지 않도록 한다.

   • 흙손은 바름면의 각 방향으로 균등하게 조작하며, 바름면이 갈라지거나 들뜨지 않
    도록 바름층이 굳기 전에 끝낸다.

   • 바름 표면의 흙손 바름과 흙손 누름은 물기가 걷힌 상태와 부착 상태를 보아가며
    작업한다.

  ㉡ 뿜칠 바름

   • 뿜칠 바름은 얼룩, 흘러내리기, 기포 등의 결합이 생기지 않도록 작업한다. 노즐
    의 구경이나 분사 거리 등은 재료나 무늬에 따라 다르므로, 제조업자의 지시에 따
    른다.

   • 압송 뿜칠 기계로 20mm를 넘게 두껍게 바를 때에는 초벌, 정벌의 3회로 나누어
    바르고, 바름 두께 20mm 이하에서는 재벌 뿜칠을 생략한 2회 뿜칠 바름을 하고,
    두께 10mm 정도는 정벌 뿜칠만을 밑바름과 윗바름으로 나누어 계속해서 바른다.

⑤ 보양

  ㉠ 기계 운전 등으로 인한 진동이 없는 상태에서 작업한다.

  ㉡ 근접한 다른 부재가 오손되지 않도록 널대기, 종이 붙임, 포장 덮기 등을 미리 한 다
   음에 작업을 시작한다.

(2) 시멘트 모르타르 바름 공법

① 배합

모르타르의 용적 배합비는 표 2-1을 표준으로 한다.

[표 2-1] 시멘트 모르타르의 용적 배합비

바탕	바름 부분	초벌 바름 시멘트 : 모래	라스 꺾임 시멘트 : 모래	고름질 시멘트 : 모래	재벌 바름 시멘트 : 모래	정벌 바름 시멘트 : 모래 : 소석회
콘크리트, 콘크리트 블록 및 벽돌면	바닥	–	–	–	–	1 : 3 : 0
	내벽	1 : 3	1 : 3	1 : 3	1 : 3	1 : 3 : 0.3
	천장	1 : 3	1 : 3	1 : 3	1 : 3	1 : 3 : 0
	차양	1 : 3	1 : 3	1 : 3	1 : 3	1 : 3 : 0
	외벽	1 : 2	1 : 2	–	–	1 : 2 : 0.5
	기타	1 : 2	1 : 2	–	–	1 : 2 : 0.5
각종 라스 바탕	내벽	1 : 3	1 : 3	1 : 3	1 : 3	1 : 3 : 0.3
	천장	1 : 3	1 : 3	1 : 3	1 : 3	1 : 3 : 0.5
	차양	1 : 3	1 : 3	1 : 3	1 : 3	1 : 3 : 0.5
	외벽	1 : 2	1 : 2	1 : 3	1 : 3	1 : 3 : 0
	기타	1 : 3	1 : 3	1 : 3	1 : 3	1 : 3 : 0

[표 2-2] 바름 두께의 표준(단위 : mm)

바탕	바름 부분	바름 두께					
		초벌	라스 먹임	고름질	재벌	정벌	합계
콘크리트, 콘크리트 블록 및 벽돌면	바닥	–	–	–	–	24	24
	내벽	7	7	–	7	4	8
	천장	6	6	–	6	3	15
	차양	6	6	–	6	3	15
	외벽	9	9	–	9	6	24
	기타	9	9	–	9	6	24
각종 라스 바탕	내벽	라스 두께보다 2mm 가량 두껍게 바른다.		7	7	4	18
	천장			6	6	3	15
	차양			6	6	3	15
	외벽			0~9	0~9	6	24
	기타			0~9	0~9	6	24

② 바름 두께

　㉠ 바름 두께는 표 2-2를 표준으로 한다.

　㉡ 마무리 두께는 천장, 차양은 15mm 이하, 기타는 15mm 이상으로 한다. 바름 두께에 라스 먹임의 바름 두께는 포함하지 않는다.

     © 1회의 바름 두께는 바닥의 경우를 제외하고는 6mm를 표준으로 한다. 다만 라스 먹임의 경우는 제외한다.

③ 바름 공법

     ㉠ 초벌 바름과 라스 먹임

- 흙손으로 충분히 누르고 눈에 뜨이는 빈틈이 없도록 한다. 바른 후에는 쇠갈퀴 등으로 긁어 거칠게 한다.
- 2주일 이상 되도록 장기간 방치하여 바름면에 생기는 흠이나 균열을 충분히 노출시키고, 심한 틈새가 생기면 덧먹임을 한다.

     ㉡ 고름질 : 바름 두께가 너무 두껍거나 얼룩이 심할 때에는 고름질을 한다. 초벌 바름에 이어서 고름질을 한 경우에는 초벌 바름과 같은 방치 기간을 둔다.

     ㉢ 재벌 바름 : 재벌 바름에 앞서 구석, 모퉁이, 개구부 주위 등은 규준대를 대고, 재벌 바름은 규준대 바름과 병행하여 평탄한 면으로 바르고 다시 잣대고르기를 한다.

     ㉣ 정벌 바름 : 재벌 바름의 경화 정도를 보아 정벌 바름은 개탕 주위를 주의하여 얼룩, 처짐, 들뜸이 없도록 바른다.

     ㉤ 마무리 : 시방서에 따라 쇠흙손 마무리, 나무 흙손 마무리, 솔질 마무리, 색 모르타르 바름 마무리, 긁어 만든 거친 면 마무리 등으로 한다.

     ㉥ 줄눈 : 모르타르의 수축에 따른 갈라짐을 고려하여 적당한 바름 면적의 줄눈을 둔다. 줄눈대를 쓸 때에는 미리 줄눈 나누기를 하여 줄눈대를 설치한다. 각진 면이나 모서리, 구석 등을 보호하기 위하여 비드를 설치하기도 한다.

5. 안전 및 유의 사항

① 미장 작업은 먼지가 발생하기 쉽고, 높은 곳에서 작업하는 경우가 많으므로, 안전 설비를 충분히 갖춘다.

② 다른 작업 때문에 재시공하는 일이 없도록 시공 순서를 적절히 계획한다.

③ 초벌 바름 후 충분한 방치 기간을 둔다.

④ 고름질 모르타르의 바름 두께가 너무 두꺼우면 균열이 생긴다(9mm 이하로 하는 것이 좋다.)

6. 실습 순서

① 긴 막대나 다림추, 수준기 등을 써서 바닥의 편평도, 수평도, 수직도를 점검한다.

② 바름 바탕을 고른다.

③ 초벌 바름한다.

④ 충분한 방치 기간을 둔 다음 재벌 바름한다.

⑤ 경화 정도를 보면서 정벌 바름한다.

⑥ 표면 마무리를 한다.

⑦ 바름면을 점검한다. 주변을 정돈하고 기계·기구를 정비한다.

7. 공사 후 이해 및 점검 사항

(1) 다음의 사항을 잘 이해하고 있는지 확인해 보자.

① 시공 계획을 할 때 고려하여야 할 점을 확인한다.

② 작업 안전을 위해서 특히 주의하여야 할 점을 확인한다.

③ 미장 바름의 전반적인 공정을 순서대로 확인한다.

④ 모르타르의 배합비와 바름 두께를 확인한다.

(2) 다음 사항에 대하여 점검해 보자.

① 바탕 고르기를 충실히 하였는가?

② 흙손을 조작하는 방법을 숙달하였는가?

③ 수직도, 수평도, 평탄도를 점검하면서 작업하였는가?

III ▶ **실습명 : 인조석 바르기**

1. 실습 목표

① 인조석 바르기와 테라초 바르기의 공법을 익힌다.
② 콘크리트 바탕에 인조석 바름 씻어내기를 하는 기능을 기른다.

2. 재료

시멘트, 모래, 물, 안료, 종석, 줄눈대, 수평 실

3. 기계 및 기구

고정자, 고름자 막대, 다림추, 수준기, 모르타르 통, 흙손, 흙손받이, 비, 삽, 솔, 갈퀴, 체, 망치,
분무기, 미터자, 곱자, 먹통

4. 관계 지식

(1) 배합 및 바름 두께

용적 배합비와 바름 두께는 표 2-3을 표준으로 한다. 여기에서 인조석 바름의 초벌 바름과
재벌 바름의 배합과 바름 두께는 시멘트 모르타르의 배합과 바름 두께를 따른다.

[표 2-3] 배합(용적비) 및 바름 두께

종별		바름층	시멘트	모래	시멘트, 백색 시멘트 또는 착색 시멘트	종석	바름 두께 (mm)	
인조석 바름		정벌 바름	–	–	1	1.5	7.5	
바닥 테라초 바름	접착 공법	초벌 바름	1	3	–	–	20	35
		정벌 바름	–	–	1	3	15	
	유리 공법	초벌 바름	1	4	–	–	45	60
		정벌 바름	–	–	1	3	15	

(2) 인조석 바름 공법

① 벽에 인조석 바르기를 할 때에는 재벌 바름까지는 시멘트 모르타르 바름에 따른다. 정벌
바름은 재벌 바름의 경화 정도를 살펴서 미리 시멘트풀이나 배합비 1 : 1인 모르타르를
3mm 정도 바르고 실시한다.

② 바닥에 인조석 바르기를 할 때에는 시멘트풀을 문질러 칠한 후, 이어서 배합비 1 : 3 모르타르로 두껍게 15mm 정도 초벌 바름하고 정벌 바름한다.

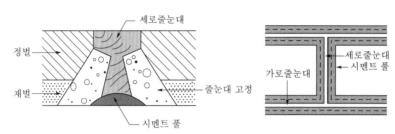

[그림 2-5] 줄눈대 넣는 법

③ 줄눈은 줄눈 나누기를 하여 시멘트풀이나 모르타르로 고정한다.
④ 마감
　　㉠ 인조석 바름 씻어내기 : 정벌 바름 후 솔로 2회 이상 씻어 내고, 돌의 배열을 조정하여 흙손으로 누른다. 그 후 물기가 걷힌 정도를 보아 맑은 물로 씻어 내고 마감한다.
　　㉡ 인조석 바름 갈아내기 : 정벌 바름 후 시멘트의 경화 정도를 보아 초벌갈기, 재벌갈기를 하고 눈먹임 칠을 한 후 경화되면 마감갈기를 한다. 광내기 마감할 때에는 220번 금강사 숫돌로 갈고 마감 숫돌로 마감한 후 왁스 등으로 광을 낸다.
　　㉢ 인조석 바름 잔다듬 : 경화 정도를 보아 도드락 망치로 두드려 마감한다.
⑤ 치장줄눈 · 마감
　　인조석 바름면의 마감면이 긁히지 않도록 줄눈대를 살며시 빼낸다. 줄눈은 시멘트와 모래 또는 한수석분 1 : 1의 모르타르를 잘 밀어 넣어 마감한다.

(3) 테라초 바름 공법

① 줄눈 나누기
　　테라초 바르기의 줄눈으로 구획되는 넓이는 1.2m² 이내로 하며, 최대 줄눈 간격은 2m로 한다.
② 재료의 비빔
　　테라초 바름 재료는 초벌 바름이나 정벌 바름이나 다 같이 잘 혼합하여 된비빔으로 갠다. 바닥용은 쌓아 놓아도 흘러내리지 않는 것으로 한다. 특히, 알이 굵은 종석을 혼합할 때에는 그만큼의 양을 후에 다져 넣어도 좋다.
③ 줄눈대의 설치
　　바닥 테라초의 줄눈 마감을 달리할 때에는 경계 문양 등에는 황동제의 앵커가 붙은 줄눈대를 사용하고, 술눈대의 앵커에는 미리 선 길이에 대하여 졸내 등을 끼워 줄눈 나누기에 따라 초벌 바름 전에 앵커 고정 모르타르로 고정시킨다.

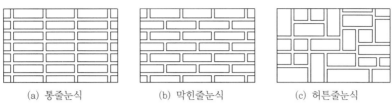

(a) 통줄눈식   (b) 막힌줄눈식   (c) 허튼줄눈식

[그림 2-6] 줄눈대의 배치법

④ 초벌 바름

ㄱ 접착 공법 : 바탕을 미리 청소하고, 실러(sealer) 바름이나 물축이기를 한 후 시멘트 풀을 문질러 바르고, 이어서 초벌 바름 모르타르를 바른다. 바닥일 때에는 되도록 된 비빔의 것을 쇠흙손으로 힘껏 눌러 바르고 긁어 놓는다.

ㄴ 절연 공법 : 테라초 바름의 마감 두께가 일정하게 되도록 바탕 고르기를 하고, 줄눈 나누기에 따라 줄눈대를 고정시킨다. 건조한 모래를 두께 5mm 정도로 평활하게 깔고, 그 위에 아스팔트 펠트나 아스팔트 루핑을 깔아 바닥과 분리시킨다. 초벌바름용 모르타르를 두께 30mm 정도로 깔아 바르고 용접 철망을 깐다. 그 위를 테라초 정벌 바름 두께만큼을 남기고 바탕 모르타르를 눌러 바른 다음, 그 표면을 긁어 놓는다.

⑤ 정벌 바름

초벌 바름의 물기가 걷힌 정도를 보아 이어서 정벌 바름을 한다. 정벌 바름은 갈아내기 마감 후 돌의 배열이 균등하게 되도록 갈아내기 두께를 고려하여 평활하게 마감한다. 바닥일 때에는 된비빔의 것을 나무 망치로 두드려 다지거나 롤러 또는 진동기를 사용하여 다지고 쇠흙손으로 고른다. 벽면일 때에는 정벌 바름과 같은 색깔의 시멘트풀을 칠한 후 뒤따라 정벌 바름한다. 이 때에도 되도록 된 비빔의 재료를 쇠흙손으로 힘껏 눌러 바른다.

⑥ 마감

ㄱ 테라초를 바른 후, 시공 시기, 배합에 따라 손갈기일 때에는 2일 이상, 기계갈기일 때에는 5~7일 이상 경과한 후 경화 정도를 보아 갈아내기를 한다.

ㄴ 벽면 이외에는 기계갈기로 하고 돌의 배열이 균등하게 될 때까지 갈아 낮춘다.

ㄷ 눈먹임과 문지르기를 수회 반복하되, 숫돌은 점차 눈이 고운 것을 쓴다.

ㄹ 최종 마감은 마감 숫돌로 광택이 날 때까지 갈아 낸다. 수산으로 때를 벗겨 내고, 헝겊으로 문질러 손질한 후, 바탕이 오염되지 않게 육송이나 미송 톱밥을 3mm 정도 깔아 보양한다. 마지막으로 왁스 등을 발라 마감한다.

⑦ 양생

비닐 시트 등으로 덮고 때때로 살수하여 양생한다. 양생은 마감이 끝날 때까지 계속한다.

5. 안전 및 유의 사항

① 바름 바탕은 미장 전에 잘 청소한다. 콘크리트, 콘크리트 블록 바탕 등은 미리 물로 습윤하게 하고, 바탕의 물걸기를 봉 초벌 바름한다.

② 시멘트와 안료는 지정색이 되도록 분말 상태로 정확히 개량하여 충분히 혼합하여 둔다.

③ 인조석 바름의 줄눈을 치장줄눈으로 마감할 때에는 목제 줄눈대를 주의 깊게 빼어 낸 다음, 용적 배합비 1 : 1의 시멘트와 모래 또는 한수석분의 모르타르를 밀어 넣어 마감한다.

6. 실습 순서

바닥에 인조석 바름 씻어내기를 한다.

① 재료를 배합한다.

② 바탕면을 청소하고 시멘트풀을 바른 뒤 고름 모르타르를 바른다.

③ 초벌 바름을 한다. 초벌 바름 면에 줄눈대를 배치해야 하므로, 평탄하게 바르고 표면을 나무 흙손으로 문질러 거칠게 한다.

④ 목제 줄눈대를 미리 물에 담가 흠뻑 젖게 한다. 가로 줄눈이 지나가는 곳에 수평 실을 띄우고 시멘트풀을 줄눈대의 위치에 바른다. 줄눈대를 배치하고 줄눈대의 양 옆을 시멘트풀로 비스듬히 눌러 발라 줄눈대를 고정한다.

⑤ 나무 흙손으로 거친 면이 되도록 재벌 바름한다.

⑥ 재벌 바름에 곧 이어서 정벌 바름한다. 반죽을 된비빔하여 구석구석에 충분히 밀어 넣고 쇠흙손으로 고르게 문지른다.

⑦ 수분이 급격히 증발하지 않도록 기름종이를 전면에 바른다. 어느 정도 굳은 뒤 부드러운 솔에 물을 적시어 표면을 문지르고 시멘트 가루를 어느 정도 씻어 내면 이후의 씻어내기를 쉽게 할 수 있다.

⑧ 분무기로 물을 뿜어서 표면에 종석만을 남기고 시멘트풀을 씻어 낸다.

⑨ 정벌이 경화한 다음 줄눈대를 빼어 낸다.

⑩ 주변을 정돈하고 기구를 정리한다.

7. 공사 후 이해 및 점검 사항

(1) 다음 사항을 잘 이해하고 있는지 확인해 보자.

① 인조석 바르기의 전반적인 바름 공정을 확인해 보자.

② 테라초 바르기의 전반적인 바름 공정을 확인해 보자.

③ 인조석 바르기의 배합과 바름 두께를 확인해 보자.

④ 인조석 바르기의 세 가지 마감 방법을 확인해 보자.

⑤ 인조석 바르기의 줄눈대를 설치하는 방법을 확인해 보자.

(2) 다음 사항에 대하여 점검해 보자.

① 바탕고르기를 충실히 해서 이후의 작업 공정이 순조롭게 진행되도록 하였는가?

② 재료를 배합비에 따라 계량하여 충분히 혼합하였는가?

③ 초벌 바름면을 평탄하면서 표면을 거칠게 처리하였는가?

④ 줄눈대의 배치 간격을 알맞게 잡았는가? 또, 줄눈대는 수평이 유지되도록 배치하여 이후의 바름에 기준이 되도록 하였는가?

⑤ 정벌 바름은 재벌 바름 바탕에 잘 부착되도록 하였는가?

⑥ 씻어내기를 할 때 물을 충분히 뿌려 표면에 시멘트풀이 걷히고 종석만이 도드라지게 마감하였는가?

⑦ 충격을 받지 않도록 적절히 보양하였는가?

Ⅳ ▶ 실습명 : 기본 동작 실습(밀어올리기 및 구석바르기)

1. 실습 목표

① 시멘트 모르타르 바름재를 직접 만들고, 흙손을 사용하여 바름 작업을 할 수 있다.

② 시멘트 모르타르 바르기의 시공 방법과 순서를 익힐 수 있다.

③ 현장 미장 시공 도면을 작성할 수 있다.

2. 재료

시멘트, 모래, 물

3. 기계 및 기구

삽, 양동이, 흙손, 정, 망치, 쇠빗, 비빔 철판, 모르타르 통, 다림추, 먹통, 수평계, 기준자, 줄자, 콘크리트못, 수평 호스, 흙받이 실, 솔 등

4. 실습 도면

밀어올리기 및 구석바르기

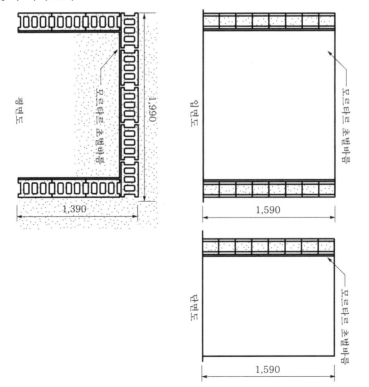

274

5. 안전 및 유의사항

① 실습 전에 주변을 청소하고 필요한 기계·기구를 정리 정돈한다.

② 부적당한 곳이 있으면 안전하게 보수하고 작업하는 습관을 가져야 한다.

③ 바닥에 공구를 아무렇게나 놓아 두어 발이 걸리지 않도록 한다.

④ 작업할 때에는 안전화를 신고 복장을 간편하게 입는다.

⑤ 공구는 일정한 자리에 놓아두고 밟지 않도록 한다.

⑥ 작업 전에 작업 순서를 생각하여 작업의 완성도를 높일 수 있도록 한다.

⑦ 실습 후에 주변을 청소하고 필요한 기계·기구를 정리 정돈한다.

6. 실습 순서

(1) 작업 준비

① 작업에 필요한 공구 및 기구를 준비하고 바탕을 손질한다.

② 시멘트 모르타르 바름재를 만든다.

(2) 모르타르 뜨기

① 흙손으로 적당량의 모르타르를 흙받이에 뜬다.

[그림 2-7] 모르타르 뜨기

(3) 모르타르 밀어올리기

① 두 발을 자기 어깨 너비만큼 벌리고 자연스럽게 선다.

② 흙손 아래쪽은 벽에서 5~6mm 정도 띄우고 위쪽은 약간 벌린다.

③ 모르타르를 눌러 일정하게 밀착시키며, 평활하게 밀어올린다.

④ 먼저 바름면에 연결하여 왼쪽에서 오른쪽으로 옮겨 가면서 정해진 지점까지 계속 밀어올린다.

⑤ 밀어올리기 한 바름면에 같은 방법으로 밀어올리기를 반복한다. 흙손질 높이는 90~150cm 정도로 한다.

⑥ 반복하여 평활하게 시멘트 모르타르 바름면을 완성한다.

[그림 2-8] 미장 바르기

(4) 구석 부분 바르기

① 흙손으로 모르타르를 뜬 후 흙손의 우측을 위로 약간 벌려 좌측에서 우측으로 밀면서 바른다.

② 구석 부분에 흙손이 닿으면 흙손의 좌측을 위로 약간 벌려 밀면서 마무리한다.

③ 반복하여 위에서 아래로 평활하게 바름면을 완성한다.

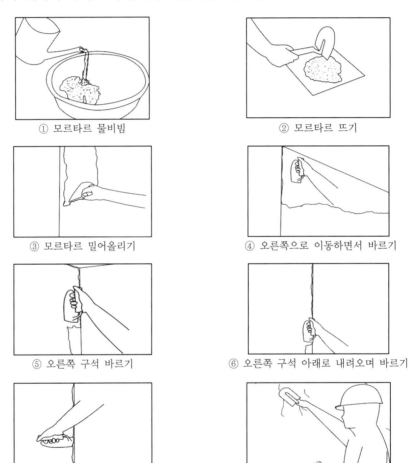

① 모르타르 물비빔   ② 모르타르 뜨기

③ 모르타르 밀어올리기   ④ 오른쪽으로 이동하면서 바르기

⑤ 오른쪽 구석 바르기   ⑥ 오른쪽 구석 아래로 내려오며 바르기

⑦ 아랫부분 밀어올리기   ⑧ 반복하여 완성하기

실습명 : 벽체바르기 실습

1. 재료

시멘트, 모래, 물

2. 기계 및 기구

삽, 양동이, 흙손, 정, 망치, 쇠빗, 비빔 철판, 모르타르 통, 다림추, 먹통, 수평계, 기준자, 줄자, 콘크리트못, 수평 호스, 흙받이 실, 솔 등

3. 실습 도면

벽체바르기

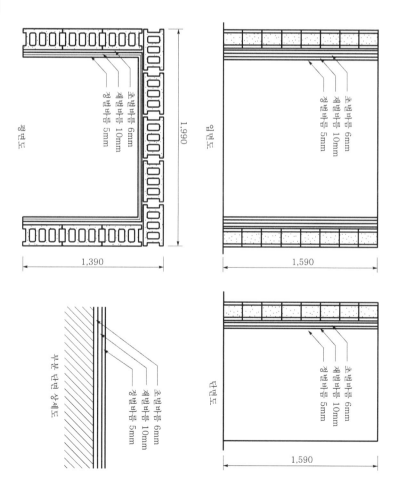

4. 안전 및 유의 사항

① 실습 전에 주변을 청소하고 필요한 기계·기구를 정리 정돈한다.
② 부적당한 곳은 안전하게 보수하고 작업하는 자세를 가져야 한다.
③ 공구는 일정한 자리에 놓아 밟지 않도록 하고, 항상 깨끗하게 닦아 녹스는 것을 방지한다.
④ 작업 전에 작업 순서를 생각하여 작업의 완성도를 높일 수 있도록 한다.
⑤ 재료의 성질을 파악하여 박리, 균열 등을 방지할 수 있도록 한다.
⑥ 표면 마무리할 때 흙손 자국이나 모래 알갱이가 많이 나타나면 안 된다.
⑦ 고름질 모르타르 바름의 두께가 너무 두꺼우면 균열이 생긴다.
⑧ 실습 후에 주변을 청소하고 필요한 기계·기구를 정리 정돈한다.

5. 실습 순서

(1) 바름 바탕 정리

① 튀어나온 부분을 깎아 내고, 와이어 브러시로 문지른 후 빈 솔로 먼지를 쓴다.
② 물로 깨끗이 청소하고, 바탕 표면에 물을 적신다.
③ 바탕의 들어간 공극 및 구멍 부분을 1 : 2 배합비의 모르타르로 채워 평평하게 고른다.
④ 초벌바름재와의 접착성을 좋게 하기 위하여 바탕면에 물을 적시고 시멘트 풀을 칠한다.

(2) 초벌바르기

① 먼저 시멘트 풀 바름면의 물기가 걷히기를 보아 1 : 3 배합비의 모르타르로 6mm 두께의 초벌바름을 한다.
② 물기가 있는 동안 나무 흙손으로 문질러 흙손 자국을 없앤다.
③ 재벌바름재와의 접착성을 좋게 하기 위하여 초벌바름면을 갈퀴로 그어 거칠게 하고 보양한다.

(3) 재벌바르기

① 초벌바름면을 물로 적신다.
② 초벌바름을 너무 두껍게 바른 곳이 있으면 고름질을 한다. 여기서도 표면은 거친 면으로 바른다.
③ 1 : 3 배합비의 모르타르로 전체를 바르고, 나무 흙손으로 표면을 문지른다.

(4) 정벌바르기

① 재벌바름이 경화하기를 기다린다.
② 재벌바름면에 물을 적시고, 정벌바르기를 한다.

(5) 표면 마무리 방법

솔질 마무리와 쇠흙손 문지르기의 방법이 있고, 다음과 같은 단계로 실시한다.

① 솔질 마무리

   ㉠ 정벌바르기에서 표면의 물기가 어느 정도 걷히기를 기다린다.

   ㉡ 물기가 걷히면 마른 솔로 위에서부터 아래로 일정한 힘으로 솔질한다.

[그림 2-9] 솔질 마무리

② 쇠흙손 문지르기

   ㉠ 정벌바르기를 편평하고 고르게 한다.

   ㉡ 표면을 쇠흙손으로 흙손 자국이 생기지 않고 표면이 매끄럽게 되도록 여러 번 문질러서 표면을 매끄럽게 한다.

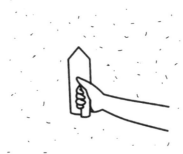

[그림 2-10] 쇠흙손 문지르기

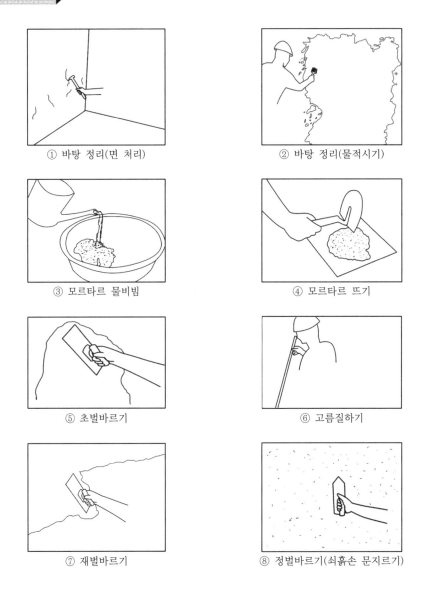

① 바탕 정리(면 처리)

② 바탕 정리(물적시기)

③ 모르타르 물비빔

④ 모르타르 뜨기

⑤ 초벌바르기

⑥ 고름질하기

⑦ 재벌바르기

⑧ 정벌바르기(쇠흙손 문지르기)

7. 공사 후 이해 및 점검 사항

(1) 다음 사항을 잘 이해하고 있는지 확인해 보자.

① 시공 계획시 고려할 사항을 확인해 보자.

② 시멘트 모르타르 바름의 전반적인 공정을 순서대로 확인해 보자.

③ 모르타르의 배합비와 바름 두께를 확인해 보자.

④ 작업 준비와 안전을 위하여 주의해야 할 사항을 확인해 보자.

⑤ 모르타르 뜨기, 모르타르 밀어올리기 및 구석 부분 바르기 방법을 확인해 보자.

⑥ 바름 바탕의 정리, 초벌·재벌 및 정벌 바르기 방법을 확인해 보자.

(2) 다음 사항에 대하여 점검해 보자.

① 바탕 고르기를 충실히 하였는가?

② 흙손 조작 방법을 숙달하였는가?

③ 수직도, 수평도 및 평활도를 점검하면서 작업을 하였는가?

타일 공사

　건축 분야에서 타일은 내·외장 마감 재료 중 하나로 인식되어 왔으며, 건축 시공의 한 분야로만 이해되어 왔으나, 타일을 이용한 모자이크 붙이기 방법으로서 건축의 아름다움을 추구하는 타일 모자이크가 새로운 영역으로 관심을 갖게 되었는데, 이 분야는 오랫동안 계속되어 온 것으로 그 가치가 부각된 것이라고 할 수 있다. 미술가에 의해 예술로서의 타일 모자이크가 다루어져 있고, 그들의 창의성을 마음껏 발휘하고, 다양한 소재를 이용하여 디자인을 추구하였던 반면에 건축인들은 생산된 타일과 관련된 기능을 중심으로 일정한 형식을 추구한 점에서 그 갈림질이 되었다고 할 수 있다.

　건축인들은 건축물의 외부 또는 내부의 마감재료로 인식하여 타일의 종류 및 시공법과 같은 기술적 해결에만 관심을 갖는 사이에, 미술가는 건축물의 외부 장식뿐 아니라 다양한 조형물의 형상화까지도 타일을 사용하고 있는 상황이다.

　이 단원에서는 타일 줄눈 나누기, 타일 붙이기 등의 기본 실습을 할 수 있도록 하였다.

 Ⅰ ▶ **실습명 : 타일 줄눈 나누기**

1. 실습 목표

　① 각종 줄눈의 종류를 이해하고 줄눈 나누기를 하는 방법을 익힌다.
　② 줄눈 나누기에 따라 실띄우기를 하는 기능을 익힌다.

2. 재료

　먹물, 실, 타일용 바늘, 못, 타일, 모르타르

3. 기계 및 기구

　다림추, 송곳, 곱자, 먹통, 먹칼, 망치, 흙손, 줄눈 나누기 자, 수준기, 모르타르 통, 비

4. 관계 지식

(1) 줄눈 나누기

① 일반 사항

㉠ 줄눈 나누기는 외관에 직접 영향을 주는 것이므로 세밀하게 계획해야 한다. 줄눈 나누기는 도면에 따라 수준기, 레벨 및 다림추 등을 사용하여, 기준선을 정확히 정하고 될 수 있는 대로 온장을 사용하도록 계획한다.

㉡ 줄눈 나누기를 할 때에는 붙이는 면의 중심에서 좌우 대칭으로 나누는 심나누기가 원칙이다. 타일의 치수에 맞지 않은 나머지 부분은 가공 타일을 붙이는데, 되도록 제 치수의 $\frac{3}{4}$ 이상 되는 큰 치수가 되도록 줄눈을 나눈다. 가공 타일은 중심에 배치하거나 될 수 있는 대로 눈에 띄지 않게 양쪽 끝에 배치한다.

② 줄눈 너비

표 3-1을 표준으로 한다. 다만, 창문선과 문선 등 개구부 둘레와 설비 기구류와의 마무리 줄눈 너비는 10mm 정도로 한다.

[표 3-1] 줄눈 너비의 표준 (단위 : mm)

타일 구분	대형 벽돌형(외부)	대형(내부 일반)	소형	모자이크
줄눈 너비	9	6	3	2

③ 줄눈 나누기의 보기

너비 980mm의 바탕에 108mm의 세라믹 타일을 붙이는 경우에 줄눈을 나누는 방법을 살펴본다. 이 때 줄눈 너비는 2mm로 한다.

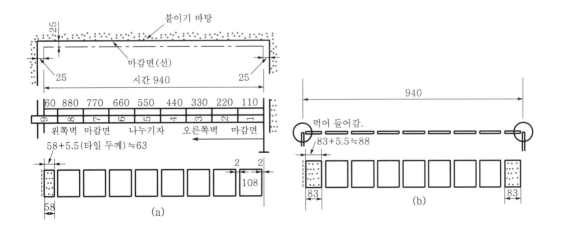

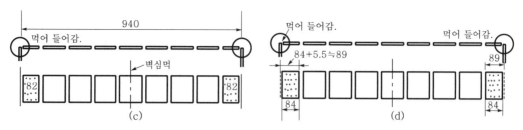

[그림 3-1] 줄눈나누기의 보기

㉠ 한쪽 끝에만 줄눈을 넣는 편나누기(그림 3-1의 (a))

　　타일은 오른쪽에서부터 붙여 나가 왼쪽 끝에는 가공 타일로 마무리한다.

　　가공 타일의 치수＝60-1줄눈(2mm)＝58

　　타일 두께 5mm를 더하면 약 63mm

㉡ 한쪽 끝에만 줄눈을 넣는 심나누기(그림 3-1의 (b))

　　가공 타일의 치수＝(110+60)÷2-1줄눈(2mm)＝83

　　오른쪽은 83mm 그대로이나 왼쪽의 가공 타일은 겹치므로 타일 두께 5mm를 더하면 약 88mm

㉢ 양 끝에 줄눈을 넣는 심나누기(그림 3-1의 (c))

　　가공 타일의 치수＝(110+60)÷2-1.5줄눈(3mm)＝82

　　이것으로 양 끝을 마무리한다.

㉣ 양 끝에 모두 줄눈을 넣지 않는 심나누기(그림 3-1의 (d))

　　가공 타일의 치수＝(110+60)÷2-0.5줄눈(1mm)＝84(양쪽의 가공 타일이 모두 겹치므로 타일 두께 5mm를 더하면 약 89mm)

　　이것으로 양 끝을 마무리한다.

④ 치장줄눈

　㉠ 타일을 붙인 후 3시간이 경과했을 때 줄눈 파기를 하고 줄눈 부분을 청소한다. 24시간이 경과한 뒤 붙임 모르타르의 경화 정도를 보아 치장줄눈을 넣되, 작업 직전에 줄눈 바탕에 물을 뿌려 습윤하게 한다.

　㉡ 치장줄눈의 너비가 5mm 이상일 때에는 고무 흙손으로 충분히 눌러 빈틈이 생기지 않게 하며, 2회로 나누어 줄눈을 채운다.

⑤ 신축 줄눈

　㉠ 이질 바탕의 접합 부분이나 콘크리트를 수평으로 이어붓기한 부분 등 수축 균열이 생기기 쉬운 곳과 붙임 면이 넓은 곳은 신축 줄눈을 설치한다.

　㉡ 개구부나 바탕 모르타르에 신축 줄눈을 둘 때에는 적절한 실링(sealing)재를 채워 빈틈이 생기지 않도록 한다.

(2) 실띄우기

실띄우기란 송곳에 실을 묶고 줄눈 나누기에 맞추어 가로, 세로로 당기는 타일붙이기의 준비 작업으로, 실띄우기가 정확하고 능률적이어야 타일붙이기 작업의 결과가 좋다.

각 타일은 가로, 세로의 실에 따라 붙여, 수평과 수직을 정확히 유지하여야 한다.

실띄우기는 그 장소에 따라 여러 가지로 당기는 방법이 있다.

실을 묶는 방법은 그림 3-2와 같다.

(a) 두 가닥 묶기　　　(b) 두 가닥 비틀기　　　(c) 한 가닥 묶기

[그림 3-2] 실묶기

① 세로실 당기기

㉠ 그림 3-3의 (a)와 같이 붙이기 바탕에 직접 송곳이나 타일용 바늘을 박는 방법

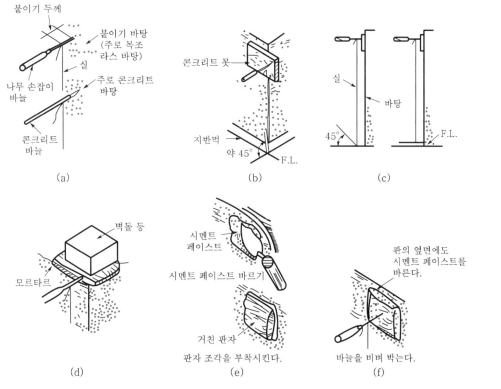

[그림 3-3] 세로실 당기기

   ⓛ 그림 3-3의 (b)와 같이 판자 등을 가설해서 박는 방법

   ⓒ 바닥에 못을 박을 때에는 그림 3-3의 (c)와 같이 45° 또는 수평으로 박는 방법

   ⓔ 모르타르를 깔고 그림 3-3의 (d)와 같이 판자를 놓은 다음 벽돌로 안정시키고 박는 방법

   ⓜ 방수 바탕일 때에는 바탕에 직접 바늘이나 송곳을 박을 수 없으므로, 시멘트 풀로 그림 3-3의 (e)와 같이 판자를 부착하고 핀을 고정시킨다.

② 가로실 당기기

  가로실은 세로실의 나누기 눈금에 정확하게 합치시켜 강하게 당긴다.

5. 안전 및 유의사항

타일을 가공할 때에는 다음과 같은 사항을 주의한다.

① 흰 타일은 가공하지 않는다.

② 본래 길이의 $\frac{3}{4}$ 이상으로 하여 되도록 눈에 띄지 않게 한다.

③ 가공 타일의 치수는 2종 이내로 한다.

④ 가공 타일은 중심이나 양 끝에 넣어 마무리한다.

⑤ 가공한 면을 연삭하여 평탄하게 마무리한다.

6. 실습 순서

(1) 줄눈 나누기용 자를 만든다.

줄눈 나누기 작업에는 줄눈 나누기용 자를 만들어 사용하는 것이 편리하다.
자는 다음과 같은 순서로 만든다.

① 반듯한 자를 선정해서 타일의 모듈나누기 치수 또는 낱장의 치수에 줄눈 너비를 더해서 치수를 산정한다.

② 자 위에 곱자 또는 스케일을 대고, 연필로 점을 표시해 나간다.

③ 곱자를 2점에 정확하게 90°로 대고 줄눈 나누기선을 긋는다.

④ 나누기선을 그은 다음 나누기를 곱자 또는 스케일로 점검한다.

⑤ 숫자를 기입한다.

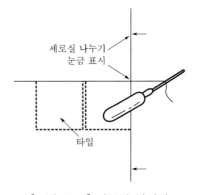

[그림 3-4] 가로실 당기기

(2) 붙이기 바탕에 A~B 간의 지간 나누기 먹을 그림 3-7과 같이 구한다.

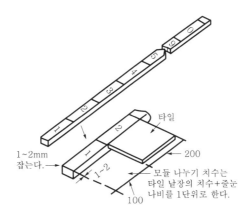

[그림 3-5] 단위 줄눈 나누기의 치수잡기

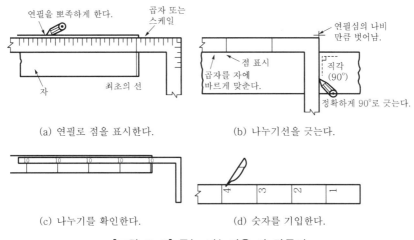

(a) 연필로 점을 표시한다.　　　　(b) 나누기선을 긋는다.

(c) 나누기를 확인한다.　　　　(d) 숫자를 기입한다.

[그림 3-6] 줄눈 나누기용 자 만들기

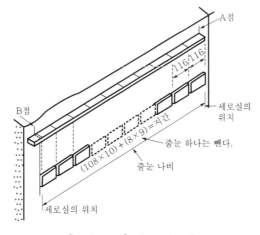

[그림 3-7] 가로 나누기

① A점을 표시한 다음, 나누기용 자를 A점에 대고 왼쪽 끝의 나누기선(10장째의 왼쪽 끝선)에 임시먹을 친다.

② 임시먹에서 한 줄눈의 너비는 8mm 떨어진 곳에 정확하게 먹치고 이곳을 B점이라 한다. 이 결과 A~B 간에 세로실을 바르게 내리면 무가공 타일 10장(세로 줄눈은 9개)으로 가로 나누기를 할 수 있다.

(3) 가공 타일을 사용할 때의 줄눈 나누기는 그림 3-8과 같이 한다.

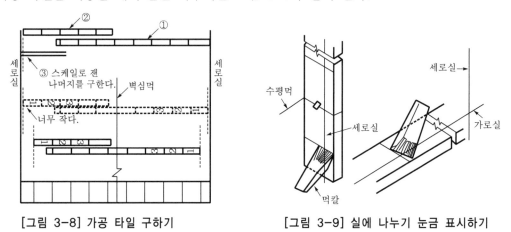

[그림 3-8] 가공 타일 구하기   [그림 3-9] 실에 나누기 눈금 표시하기

① 줄눈 나누기용 자로 측정한다. 양쪽 어느 곳에서 측정해도 좋다. 나머지 부분은 자로 측정해서 구한다.

② 줄눈을 벽심먹에 맞추고 심나누기를 해 본다. 그 결과, 가공 타일이 너무 작아 좋지 않다.

③ 타일심을 벽심먹에 맞추고 자로 나누어 본다. 이 때, 가공 타일이 양 끝에 배치되어 바른 나누기가 된다.

④ 실에 나누기 눈금을 먹칼로 그림 3-9와 같이 표시한다.

　　이것은 세로실과 가로실에 전부 눈금을 표시하는 수도 있고, 또는 세로실에만 표시하고 가로실은 표시를 생략하는 수도 있다.

　　눈금을 표시할 때에는 반드시 실 쪽에 자를 대고 단단히 고정시킨다.

(4) 세로실에서 가로실까지 실 띄우기의 기본 작업 순서는 그림 3-10과 같다.

① 정해진 위치에 먹 표시를 한다.

② 다림추로 B점을 구한다.(그림 3-10의 (a) 참고)

③ 붙이기 두께를 고려하여 수평 실을 당긴다. 바늘은 바탕면에 직각이 되게 한다.(그림 3-10의 (b) 참고)

④ 세로먹에 맞추어 세로실을 당긴다.(그림 3-10의 (c) 참고)

⑤ 세로실을 수직으로 고정한다.(그림 3-10의 (d) 참고)

⑥ 가로실을 당긴다.

ⓐ 세로실에 나누기 눈금 표시를 한다.(그림 3-10의 (e)의 ① 참고)
ⓑ 가로실을 당긴다. 첫 켜가 당겨지면 다음 켜로 옮긴다.(그림 3-10(e)의 ② 참고)

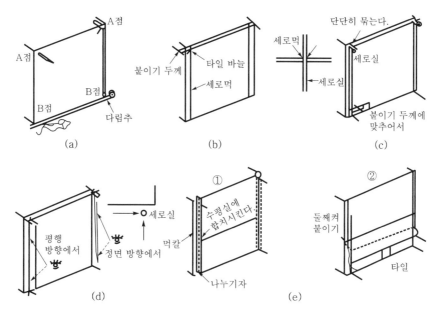

[그림 3-10] 세로실에서 가로실까지 실 띄우기

7. 공사 후 이해 및 점검 사항

(1) 다음 사항을 잘 이해하고 있는지 확인해 보자.

① 타일 줄눈의 너비를 확인해 보자.
② 치장줄눈과 신축 줄눈의 필요성과 만드는 방법을 확인해 보자.
③ 타일 줄눈 나누기의 방법을 확인해 보자.
④ 실띄우기를 하는 방법을 확인해 보자.

(2) 다음 사항에 대하여 점검해 보자.

① 타일의 종류에 적합한 줄눈 너비를 선정할 수 있는가?
② 심나누기를 하여 가공 타일을 양 끝에 배치할 수 있는가?
③ 편나누기를 하여 가공 타일을 한 끝에 배치할 수 있는가?
④ 타일 줄눈 나누기를 하여 가공 타일의 치수를 정확하게 계산할 수 있는가?
⑤ 줄눈 나누기 자에 기본 모듈을 정확하게 표시할 수 있는가?
⑥ 실당기기는 정확한 위치에 작업 중 이동하지 않도록 하였는가?

Ⅱ ▶ 실습명 : 타일 붙이기

1. 실습 목표

① 여러 가지 타일 붙이기 공법을 이해한다.
② 여러 가지 공법의 타일 붙이기 기능을 익힌다.

2. 재료

시멘트, 모래, 물, 각종 타일

3. 기계 및 기구

삽, 흙손, 송곳, 모르타르 통, 곱자, 실, 수준기

4. 관계 지식

(1) 재료

① 타일

㉠ 품질

- 타일은 KS L 1001(도자기질 타일)의 규격품을 사용한다. 타일의 종류, 등급, 형상, 치수 및 시유약의 색깔과 광택은 견본품을 제출하여 승인을 받아 사용한다.
- 타일은 뒷굽이 충분히 붙어 있는 것을 사용하고, 뒷면에는 유약이 묻지 않고 거칠 어야 한다.

㉡ 재질과 용도

- 외장용 타일은 자기질이나 석기질로 하고 내동해성이 우수한 것을 쓴다. 내장용 타일은 도기질, 석기질 또는 자기질로 하고, 추운 곳은 외장타일과 비슷한 재질을 쓴다.
- 바닥용 타일의 재질은 원칙적으로 자기질이나 석기질의 무유 타일로 한다.
- 모자이크 타일은 자기질로 한다.

② 붙임 재료

㉠ 현장 조합 모르타르

- 시멘트와 모래는 KS 규정에 합격한 것을 쓴다. 물은 청정하고 유해한 불순물이 함

유되지 않은 것을 쓴다.

- 배합은 표 2-1에 따라 표준 배합하고, 모르타르는 건비빔한 후 3시간 이내에 사용하며, 물반죽한 모르타르는 1시간 이내에 사용한다.

ⓒ 기성 조합 모르타르(pre-mixed mortar)나 접착제는 담당원의 승인을 받아 사용한다.

ⓒ 혼화제로는 모르타르의 경화를 지연시켜 보수성을 높이는 부수제와 모르타르의 성능을 향상시켜 접착력을 높이는 합성 수지 에멀션계 혼화재가 쓰인다.

(2) 타일 붙임 공법

타일 바탕은 모르타르 바름 바탕을 조성하는 것과 같은 방법으로 조성한다. 타일을 붙일 때 붙임 모르타르에 시멘트 가루를 뿌리면 시멘트의 수축이 커서 타일이 떨어지거나 백화가 생기기 쉬우므로 삼간다.

타일 붙임 공법은 타일 뒷면에 붙임 모르타르를 바르는 공법, 바탕면에 바르는 공법 및 타일 뒷면과 바탕의 양쪽에 바르는 공법이 있는데, 타일의 백화, 탈락, 동결 융해 등의 결함에 대하여 충분히 검토하여 선정한다. 타일 공법은 위치에 따라 벽과 바닥, 천장으로 구분한다.

① 벽붙이기

내외장 타일 붙임 공법별 타일의 크기와 바름 두께는 표 3-2를 표준으로 한다.

[표 3-2] 공법별 타일 크기 및 바름 두께

공법 구분		타일 크기(mm)	붙임 모르타르의 두께(mm)
외장	떠붙이기	108×60 이상	12~24
	압착 붙이기	108×60 이상	5~7
		108×60 이상	3~5
	개량 압착 붙이기	108×60 이상	바탕 쪽 3~6 타일 쪽 3~4
	판형 붙이기	50×50 이하	3~5
	동시 줄눈 붙이기	108×60 이상	5~8
내장	떠붙이기	108×60 이상	12~24
	낱장 붙이기	108×60 이상	3~5
		108×60 이상	3
	판형 붙이기	100×100 이하	3
	접착제 붙이기	100×100 이하	–

ⓐ 떠붙이기

타일 뒷면에 붙임 모르타르를 바르고 빈틈이 생기지 않게 바탕에 눌러 붙인다.

ⓑ 압착 붙이기

- 붙임 모르타르의 두께는 원칙적으로 타일 두께의 $\frac{1}{2}$ 이상으로 하고, 5~7mm 정도를 표준으로 붙임 바탕에 바르고 자막대로 눌러 표면을 고른다.

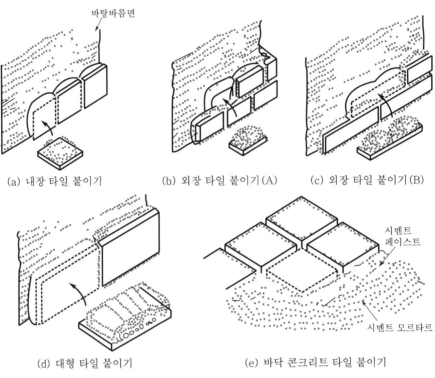

(a) 내장 타일 붙이기　　(b) 외장 타일 붙이기(A)　　(c) 외장 타일 붙이기(B)

(d) 대형 타일 붙이기　　　(e) 바닥 콘크리트 타일 붙이기

[그림 3-11] 떠붙이기

- 타일의 1회 붙임 면적은 모르타르의 경화 속도 및 작업성을 고려하여 $1.2m^2$ 이하로 하고, 붙임 시간(open time)은 15분 이내로 한다.
- 타일을 1장씩 붙이고 반드시 나무 망치 등으로 충분히 두드려 타일이 붙임 모르타르 안에 박혀, 타일의 줄눈 부위에 모르타르가 타일 두께의 $\frac{1}{3}$ 이상 올라오도록 한다.

ⓒ 개량 압착 붙이기

- 붙임 모르타르를 바탕면에 3~6mm 두께로 바르고 자막대로 평탄하게 고른다.
- 바탕면 붙임 모르타르의 1회 바름 면적은 $1.0m^2$ 이하로 하고, 붙임 시간은 30분 이내로 한다.
- 타일 뒷면에 붙임 모르타르를 3~4mm 정도로 바르고 즉시 타일을 붙이며, 반드시 나무 망치 등으로 충분히 두드려 타일의 줄눈 부위에 모르타르가 타일 두께의 $\frac{1}{2}$ 이상 올라오도록 한다.

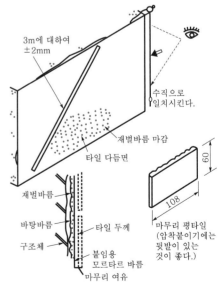

[그림 3-12] 자막대로 눌러 고르기

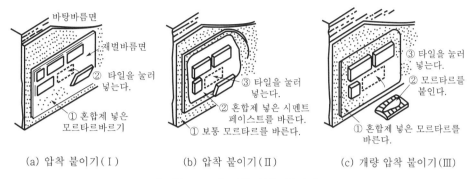

(a) 압착 붙이기(Ⅰ)　　　　(b) 압착 붙이기(Ⅱ)　　　(c) 개량 압착 붙이기(Ⅲ)

[그림 3-13] 각종 압착 붙이기

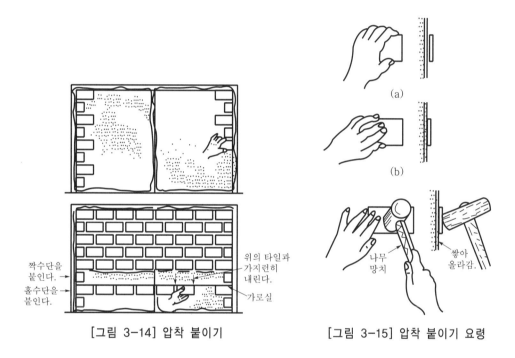

[그림 3-14] 압착 붙이기　　　　　　[그림 3-15] 압착 붙이기 요령

ㄹ 판형 붙이기

- 낱장 붙이기와 같은 방법으로 하되, 타일 뒷면의 표시와 모양에 따라 그 위치를 맞추어 순서대로 붙이고, 모르타르가 줄눈 사이로 스며 나오도록 표본 누름판을 사용하여 압착한다.
- 줄눈 고치기는 타일을 붙인 후 15분 이내에 실시한다.

ㅁ 접착 붙이기

- 내장 마무리에 한한다.
- 붙임 바탕면을 충분히 건조시킨다. 여름에는 1주 이상, 그 밖의 계절에는 2주 이상 건조시킨다.

- 바탕이 고르지 않을 때에는 접착제에 적절한 충전재를 혼합하여 바탕을 고른다.
- 접착제의 1회 바름 면적은 $2m^2$ 이하로 하여 접착제용 흙손으로 눌러 바른다.
- 접착제의 표면 점착성이나 경화 정도에 대해 승인을 받은 후 타일을 붙이며, 붙인 후에는 충분히 환기를 한다.
- 접착 붙이기에 쓰이는 타일의 무게는 장당 200g 이하, 또는 관형의 경우에는 관형당 1300g 이하로 한다.

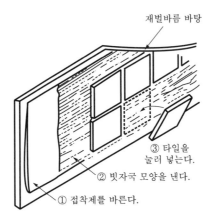

재벌바름 바탕

③ 타일을
눌러 넣는다.

② 빗자국 모양을 낸다.

① 접착제를 바른다.

[그림 3-16] 접착 붙이기

ⓑ 동시 줄눈 붙이기
- 1회 붙임 면적은 $1.2m^2$ 이하로 하고, 붙임 시간은 15분 이내로 한다.
- 붙임 모르타르는 5~8mm 두께로 평탄하게 바른다.
- 타일은 1장씩 붙이고 반드시 충격 공구를 써서 좌우와 중앙의 3점에 타일면에 수직으로 충격을 가해 붙임 모르타르에 타일이 박히도록 한다. 타일의 줄눈 부위에 붙임 모르타르가 타일 두께의 $\frac{2}{3}$ 가량 올라오도록 한다.

② 바닥 붙이기
㉠ 바닥 타일 붙이기
- 바탕 고르기를 한 뒤 된비빔 모르타르를 약 10mm 두께로 깔며, 필요에 따라 물매를 잡는다.
- 붙임 모르타르의 1회 깔기 면적은 5~8m²로 한다.
- 타일을 붙일 때에는 타일에 시멘트풀을 3mm 두께로 발라 붙이고, 가볍게 두드려 편평하게 한다.

ⓛ 판형 붙이기

* 바닥 타일 붙이기와 같은 방법으로 바탕 처리를 하여 타일을 붙이고, 줄눈 부분에서 모르타르가 올라올 정도로 가볍게 두드려 편평하게 한다.

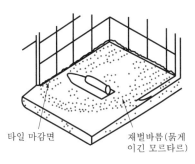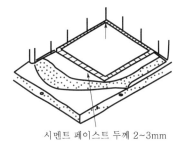

타일 마감면 재벌바름(묽게 이긴 모르타르)

시멘트 페이스트 두께 2~3mm

[그림 3-17] 바닥 타일 붙이기

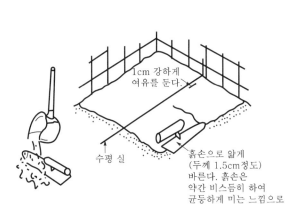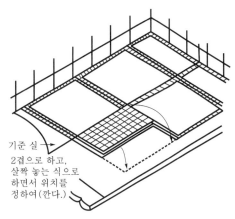

1cm 강하게 여유를 둔다.

수평 실

흙손으로 얇게 (두께 1.5cm정도) 바른다. 흙손은 약간 비스듬히 하여 균등하게 미는 느낌으로

기준 실

2겹으로 하고, 살짝 놓는 식으로 하면서 위치를 정하여 (깐다.)

[그림 3-18] 시멘트 페이스트를 흘려보내기   [그림 3-19] 모자이크 타일 깔기

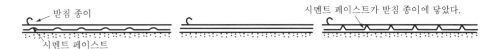

받침 종이

시멘트 페이스트

시멘트 페이스트가 받침 종이에 닿았다.

(a) 타일 두께의 $\frac{1}{2}$ ~ $\frac{1}{3}$ 정도 올라오게 하다. (b) 두들기기 부족(밀착 불량).   (c) 지나치게 두들긴다.

[그림 3-20] 모자이크 타일 두들기기

* 표지 붙임 모자이크 타일을 사용할 때에는 붙임 작업이 끝난 즉시 헝겊이나 스펀지로 물을 축여 표지를 뗀 후 줄눈을 교정한다.
* 붙임 작업이 끝난 지 3시간쯤 지나 적절한 기구로 줄눈 갓둘레와 기타 부분의 모르타르를 제거하고, 헝겊이나 톱밥 등으로 타일면의 더러움을 닦아 낸다.

ⓒ 클링커 타일 붙이기
- 된비빔 모르타르를 편평하게 깔며, 필요에 따라 물매를 잡는다.
- 바닥 모르타르의 1회 깔기 면적은 6~8m²를 표준으로 한다. 타일에 시멘트 풀을 3mm 두께로 발라 붙이고, 가볍게 두들겨 편평하게 한다.

ⓔ 접착붙이기
1회의 바름 면적을 3m²로 하며, 그 밖은 벽의 접착붙이기와 같은 방법으로 붙인다.

(3) 천장붙이기

① 바탕 처리를 한 뒤 바탕면의 상태에 따라 알맞은 습기를 가지도록 한다.
② 표 2-3과 표 3-2에 따라 타일의 종류와 공법에 적합한 붙임 모르타르를 선정하여 타일을 붙인다.
③ 타일은 줄눈 나누기에 따라 귀모서리를 잘 맞추고, 적절한 기구로 가볍게 두드려 모르타르가 솟아나올 정도로 붙인다.

5. 안전 및 유의 사항

① 여름에 외장 타일을 붙일 경우에는 하루 전에 바탕면에 물을 충분히 축여 둔다. 또, 타일 바탕의 건조 상태에 따라 뿜칠이나 솔질하여 물을 골고루 뿌린다.
② 흡수성이 있는 타일은 적당량의 물을 뿌려 사용한다.
③ 타일면은 우수가 침투하지 않도록 완전히 밀착시키며, 일정한 간격으로 신축 줄눈을 두어 백화, 탈락, 동결, 융해 등의 결함을 방지한다.
④ 타일을 붙이고 3일 동안은 진동이나 보행을 금한다.
⑤ 타일 공사 중에는 붙임 모르타르가 충분히 채워졌는지 육안으로 검사한다. 또, 모르타르가 경화된 후에는 검사봉으로 전면적을 두드려 본다.
⑥ 접착력 시험은 600m²당 1장씩 검사하는데, 4주 접착 강도가 4kg/cm² 이상인지 확인한다.

6. 실습 순서

내장 타일 떠붙이기를 실습한다.
① 먹줄치기를 한다.
② 줄눈 나누기를 한다. 마감먹에 따라 벽의 바깥 모서리, 안 모서리, 출입구 등에 세로실을 당기고, 이 세로실에 줄눈 나누기 자의 눈금을 옮긴다. 세로실의 눈금에 의해서 수평으로 가로실을 당겨 밑부분의 구석에서 가로 방향으로 당겨 나간다.

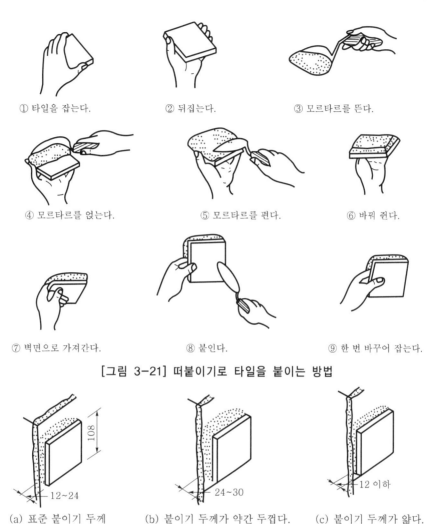

① 타일을 잡는다. ② 뒤집는다. ③ 모르타르를 뜬다.

④ 모르타르를 얹는다. ⑤ 모르타르를 편다. ⑥ 바꿔 쥔다.

⑦ 벽면으로 가져간다. ⑧ 붙인다. ⑨ 한 번 바꾸어 잡는다.

[그림 3-21] 떠붙이기로 타일을 붙이는 방법

(a) 표준 붙이기 두께 (b) 붙이기 두께가 약간 두껍다. (c) 붙이기 두께가 얇다.

[그림 3-22] 떠붙이기 두께의 표준 치수

③ 그림 3-21과 같은 방법으로 타일 위에 모르타르가 흘러 떨어지지 않도록 얹고, 가로실과 세로실에 맞추어 벽으로 가져간다. 이 때, 그림 3-22와 같이 타일 뒷면에 붙이는 붙임 모르타르의 두께는 12~24mm 정도로 한다.

④ 타일을 좌우로 비벼 넣듯이 누르며 가로실과 세로실에 맞추어 붙인다. 이 때, 그림 3-24의 ①, ②, ③을 차례로 확인하면서 세 곳에 정확하게 맞춘다. 최초의 한 장은 타일 붙이기의 시작에서 특히 중요하다.

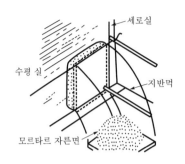

[그림 3-23] 타일을 벽으로 가져가기

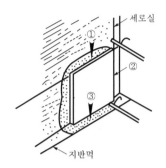

[그림 3-24] 타일을 실에 맞추어 붙이기

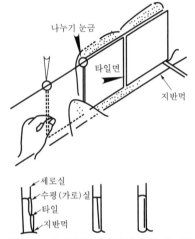

[그림 3-25] 오른쪽 타일에 맞추어 붙이기

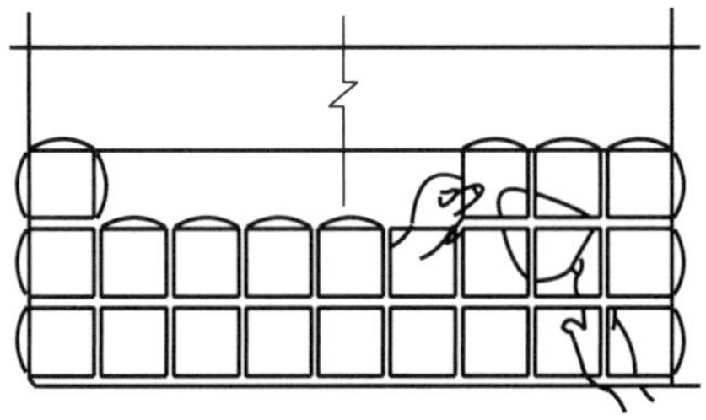

[그림 3-26] 가로실을 옮기며 차례로 위켜로 붙이기

⑤ 오른쪽의 타일에 맞추면서 차례로 붙여 나간다. 이 때, 나누기 눈금과 타일면과 지반먹에 정확하게 맞춘다.

⑥ 가로실을 옮기면서 차례로 위로 붙여 나간다. 특히, 세로 줄눈 2켜부터는 눈짐작에 의해 판단하게 되므로 주의해야 한다.

⑦ 흙손 끝으로 줄눈에 나온 모르타르를 긁어낸다.

⑧ 윗부분은 흙손으로 긁어 올린다.
　이것은 붙임 모르타르를 벽면에 밀착시키기 위해서 하는 일이다. 다만, 제일 위켜는 이렇게 하지 않아도 된다.

⑨ 공간에 모르타르를 채운다. 그림 3-29와 같은 방법으로 모르타르를 붓는다.

⑩ 모르타르의 물빠지기를 확인하고 줄눈파기를 한다. 그 시기는 붙이기가 대략 끝나고 모르타르 경화 후 2~3시간 이내로 한다. 송곳으로 3~4mm 정도의 깊이로 판다.

⑪ 줄눈파기와 줄눈씻기가 불완전하면 치장줄눈 채우기를 했을 경우 줄눈 부분이 깨끗하게 마무리되지 않는다.

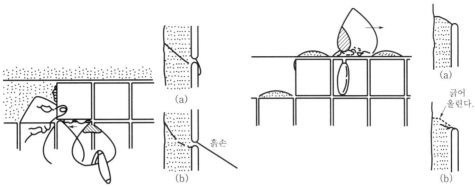

[그림 3-27] 빠져나온 모르타르 긁어내기　　　　[그림 3-28] 윗부분 긁어 올리기

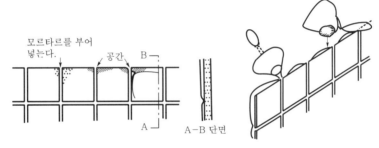

[그림 3-29] 공간에 모르타르 부어넣기

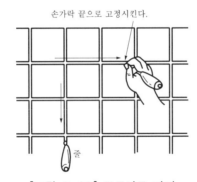

[그림 3-30] 모르타르 파기

⑫ 붙이기가 끝나면 평면 검사자로 점검한다. 남은 모르타르를 제거한다. 줄눈과 줄눈 너비의 불일치, 평면의 정밀도 등이 불량한 것은 고친다.

⑬ 젖은 솔로 물씻기를 한다. 가로, 세로의 줄눈을 먼저 깨끗하게 씻은 다음, 전면을 깨끗하게 닦는다. 솔로 1, 2회마다 물로 씻는다. 작업 중 3~4시간마다 적절하게 가세척을 하여두면, 굳은 다음 물 세척하기가 편해진다.

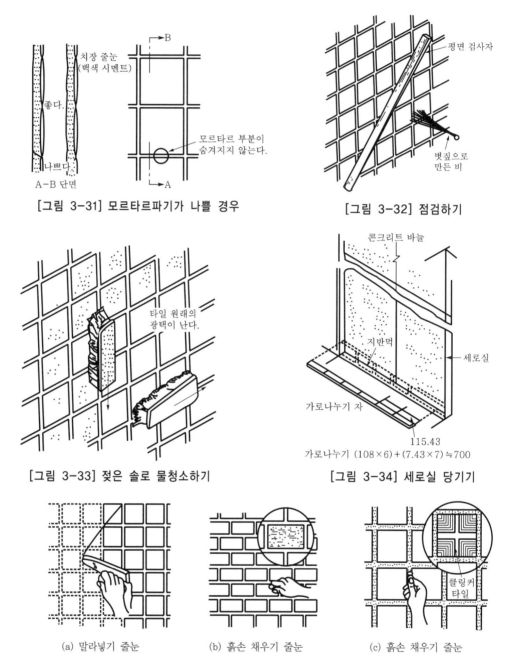

[그림 3-31] 모르타르파기가 나쁠 경우

[그림 3-32] 점검하기

[그림 3-33] 젖은 솔로 물청소하기

[그림 3-34] 세로실 당기기

가로나누기 (108×6)+(7.43×7)≒700

(a) 말라넣기 줄눈   (b) 흙손 채우기 줄눈   (c) 흙손 채우기 줄눈

[그림 3-35] 치장줄눈 마감

⑭ 타일의 경화 정도를 살펴 줄눈을 채운다. 줄눈 채우기 방법은 타일 전면에 줄눈재를 바르고 고무 흙손으로 발라 넣는 것이 능률이 좋다. 그러나 발라넣기 줄눈으로는 곤란한 요철면이나 깊은 곳의 줄눈에는 흙손 채우기 줄눈이 쓰인다.

⑮ 주변을 청소하고, 공구를 정리한다.

7. 공사 후 이해 및 점검 사항

(1) 다음 사항을 잘 이해하고 있는지 확인해 보자.

① 각종 타일 공사용 재료를 열거하고, 갖추어야 할 성질을 확인해 보자.

② 각종 타일붙이기 공법을 붙이는 장소별로 확인해 보자.

③ 떠붙이기 공법의 특징과 공정을 확인해 보자.

④ 압착붙이기 공법의 특징과 공정을 확인해 보자.

⑤ 접착붙이기 공법의 특징과 공정을 확인해 보자.

⑥ 타일 붙임면을 점검할 때 중점을 두어야 할 사항을 확인해 보자.

(2) 다음 사항에 대하여 점검해 보자.

① 바탕면의 지간과 타일의 치수, 줄눈의 치수를 고려하여 줄눈 나누기를 바르게 하였는가?

② 모르타르를 타일 뒷면에 알맞은 두께로 바르게 얹었는가?

③ 첫째 번 타일을 세로실과 가로실에 맞추어 정확한 위치에 붙였는가?

④ 타일을 힘을 주어 비비듯이 밀착시키며 붙여 나갔는가?

⑤ 줄눈파기를 하고, 치장줄눈을 빠짐없이 채웠는가?

Ⅲ ▶ 실습명 : 타일 떠붙이기 실습

1. 실습 목표

① 타일 바탕면의 줄눈 나누기를 할 수 있으며, 현척도에 따라 타일 떠붙이기 작업을 할 수 있다.

② 타일 공사 세부 상세도에 따라 바탕면에 타일 압착 붙이기를 할 수 있다.

2. 재료

200×250 도기질 타일, 건조 시멘트 모르타르(일반 미장용, 타일 떠붙임용), 줄눈용 백색 포틀랜드 시멘트, 고무 장갑, 줄눈용 고무판, 못, 타일실 등

3. 기계 및 기구

타일 흙손, 미장 흙손, 나무 흙손, 타일 망치, 고름자, 줄자, 철자, 물통 수평기, 타일 절단기, 먹통, 망치, 정, 철판, 삽, 체, 다림추, 수평기 등

4. 실습 도면

타일 떠붙이기

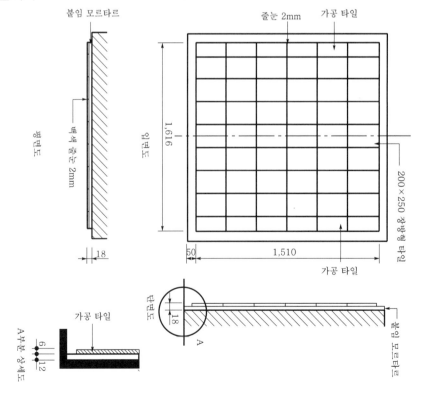

5. 안전 및 유의 사항

① 안전화와 안전모를 착용한다.

② 높은 장소의 작업을 위한 받침대는 넘어지지 않게 설치되어야 하고 안전띠를 착용한다.

③ 타일은 깨지지 않도록 조심해서 다룬다.

④ 못을 칠 때에는 튕겨 나오지 않도록 종이나 나무조각을 대고 친다.

⑤ 전동 절단기를 사용할 때에는 안전 수칙을 지킨다.

⑥ 재료와 공구는 작업 용도에 맞게 배열한다.

6. 실습 순서

(1) 작업 준비

① 붙임 바탕을 깨끗이 청소한다.

② 바탕에 물을 뿌려 적당한 습기를 유지한다.

③ 유약면의 균열 유무, 색상 및 광택의 균일도, 대변과 대각선의 일치도를 점검하여 실습에 사용될 타일을 선별한다.

(2) 타일 나누기

줄눈 나누기 작업은 줄눈 나누기용 기준자를 만들어 사용하는 것이 편리하다.

① 반듯한 자를 선정하고 타일을 모듈나누기 치수 또는 타일 낱장의 치수에 줄눈 너비를 더하여 치수를 계산한다.

② 기준자 위에 곱자 또는 스케일을 대고 연필로 점을 표시한다.

③ 직각자를 표시점에 정확하게 90°로 대고 줄눈 나누기 선을 긋는다.

④ 나누기 선을 그은 다음, 곱자나 스케일로 치수를 점검하고 숫자를 기입한다.

⑤ 도면의 치수를 확인한 후 벽면의 타일나누기를 한다.

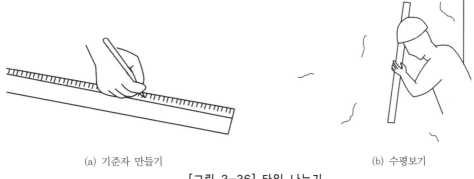

(a) 기준자 만들기   (b) 수평보기

[그림 3-36] 타일 나누기

(3) 현척도 작성 및 가공하기

① 바닥이 평평한 도판 위에 켄트지를 붙인다.

② 줄눈을 포함한 실제 크기 타일을 켄트지 위에 그린다.

③ 가공 부분을 그려 현척도를 완성한다.

④ 타일을 현척도 위에 올려놓고 타일 위에 옮겨 그린다.

⑤ 타일을 가공하여 도면과 같은 치수의 타일을 만든다.

(4) 기준실 치기

① 정해진 위치에 먹줄넣기를 한다.

② 세로먹에 맞추어 세로실을 당긴다.

③ 세로실을 수직으로 고정한다.

④ 가로실도 동일하게 고정한다.

⑤ 실에 나누기 눈금을 먹칼로 표시한다. 세로실과 가로실 전부에 표시하거나, 세로실에만 표시하고 가로실에는 생략할 수도 있다.

(5) 모르타르 만들기

① 적당량의 건조 시멘트 모르타르를 모르타르통에 붓는다.

② 물을 부어 물비빔을 한다.

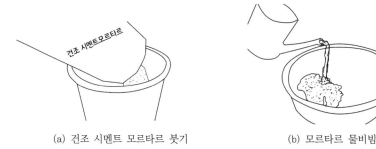

(a) 건조 시멘트 모르타르 붓기   (b) 모르타르 물비빔

[그림 3-37] 모르타르 만들기

(6) 타일 붙이기

① 타일에 흙손으로 적당량의 모르타르를 떠서 올려놓는다.

② 흙손을 오른손에 든 채로 왼손은 타일의 한쪽 중앙부를 잡고 흙손자루를 타일 하단에 대면서 벽면 오른쪽 하단에 기준실에 맞춰 타일을 누르며 붙인다.

③ 타일을 두세 번 두들겨 누른 후, 타일과 시공 바탕면과의 공간을 줄이기 위해 비빔 모르타르로 충진한다.

④ 벽면 하단 오른쪽에서 왼쪽으로 같은 동작으로 붙여 나가 제일 아래켜를 완성한다.

⑤ 오른쪽 세로 기준 타일을 아래에서부터 위로 올려 붙인다.

⑥ 왼쪽 세로 기준 타일도 마찬가지로 아래에서 위로 올려 붙여 기준타일 붙임을 완성한다.

⑦ 둘째 번 켜부터 세로 기준 타일과 아래 기준 타일을 기준으로 수평실을 띄워 붙여 나간다.

⑧ 줄눈 상태가 나쁘거나 타일의 평활도가 나쁜 것은 수정하면서 붙인다.

⑨ 줄눈 작업을 위하여 작업면을 깨끗이 닦아 놓는다.

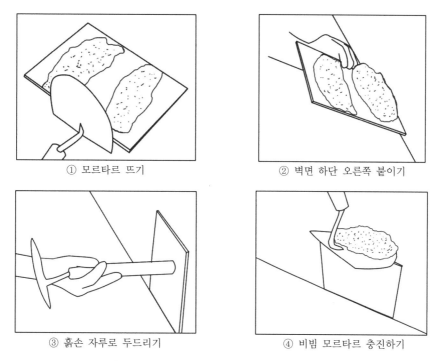

① 모르타르 뜨기   ② 벽면 하단 오른쪽 붙이기

③ 흙손 자루로 두드리기   ④ 비빔 모르타르 충진하기

[그림 3-38] 타일 떠붙이기 과정

(7) 줄눈 마감하기

① 시멘트와 물을 혼합하여 적당량의 시멘트풀을 만든다

② 고무 흙손을 사용하여 줄눈 사이에 시멘트풀을 밀어넣는다.

③ 환봉 등으로 줄눈을 잘 눌러 채우고 타일면의 시멘트풀을 스펀지로 닦아 낸다.

④ 완전히 경화시킨 후 광택제를 이용하여 타일에 광을 낸다.

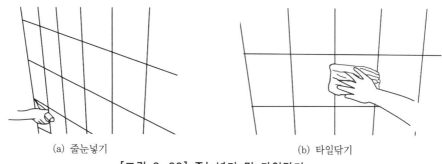

(a) 줄눈넣기   (b) 타일닦기

[그림 3-39] 줄눈넣기 및 타일닦기

Ⅳ 실습명 : 타일 압착 붙이기 실습

1. 재료

200×250 도기질 타일, 건조 시멘트 모르타르(미장용), 압착 시멘트, 줄눈용 백색 포틀랜드 시멘트, 고무장갑, 줄눈용 고무판, 못, 타일실 등

2. 기계 및 기구

타일 흙손, 미장 흙손, 나무 흙손, 타일 망치, 고름자, 줄자, 철자, 물통 수평기, 타일 절단기, 먹통, 망치, 정, 철판, 삽체, 다림추, 수평기 등

3. 실습 도면

타일 압착 붙이기

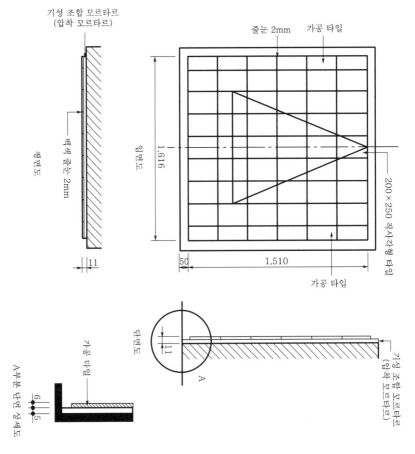

4. 안전 및 유의 사항

① 안전화와 안전모를 착용한다.
② 높은 장소의 작업을 위한 받침대는 넘어지지 않게 설치되어야 하고 안전띠를 착용한다.
③ 타일은 깨지지 않도록 조심해서 다룬다.
④ 못을 칠 때에는 튕겨 나오지 않도록 종이나 나무 조각을 대고 친다.
⑤ 전동 절단기를 사용할 때에는 안전 수칙을 지킨다.
⑥ 재료와 공구는 작업 용도에 맞게 배열한다.

5. 실습 순서

(1) 작업 준비

① 붙임 바탕을 깨끗이 청소한다.
② 바탕에 물을 뿌려 적당한 습기를 유지한다.
③ 유약면의 균열 유무, 색상 및 광택의 균일도, 대변과 대각선의 일치도를 점검하여 실습에
  사용될 타일을 선별한다.

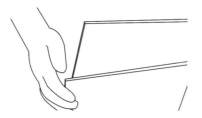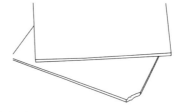

[그림 3-40] 타일 선별 작업

(2) 타일 나누기

줄눈 나누기 작업은 줄눈 나누기용 기준자를 만들어 사용하는 것이 편리하다.

① 반듯한 자를 선정하고 타일을 모듈 나누기 치수, 또는 타일
  낱장의 치수에 줄눈 너비를 더하여 치수를 계산한다.
② 기준자 위에 곱자 또는 스케일을 대고 연필로 점을 표시한다.
③ 직각자를 표시점에 정확하게 90°로 대고 줄눈 나누기 선을
  긋는다.
④ 나누기 선을 그은 다음, 곱자나 스케일로 치수를 점검하고 숫
  자를 기입한다.
⑤ 도면의 치수를 확인한 후 벽면의 타일 나누기를 실시한다.

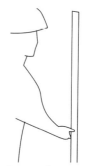

[그림 3-41] 타일 나누기

(3) 현척도 작성 및 가공하기

타일 떠붙이기 실습 (3)과 같이 한다.

(4) 기준실치기

① 정해진 위치에 먹줄넣기를 한다.

② 세로먹에 맞추어 세로실을 당긴다.

③ 세로실을 수직으로 고정한다.

④ 가로실도 동일하게 고정한다.

⑤ 실에 나누기 눈금을 먹칼로 표시한다. 세로실과 가로실 전부에 표시하거나 세로실에만 표시하고 가로실에는 생략할 수도 있다.

(5) 모르타르 만들기

① 압착 시멘트의 적당량을 흙손으로 모르타르통에 떠담는다.

② 압착 시멘트에 적당량의 물을 부어 물비빔을 한다.

(6) 타일 붙이기

① 온장 타일을 왼쪽 상단의 귀 부분부터 기준실에서 2~3mm 위로 붙인다.

② 고무 망치로 두들기면서 정확한 위치까지 비벼 내리며 붙여 댄다.

③ 모르타르가 줄눈상에 타일 두께의 $\frac{1}{2} \sim \frac{1}{3}$쯤 솟아오르도록 붙인다.

④ 둘째 타일을 왼쪽에서 오른쪽으로 같은 방법으로 붙여 상단 첫 켜를 완성한다.

⑤ 기준 타일에 맞추어 중앙에도 같은 순서로 붙인다.

⑥ 타일 뒷부분에 공간이 없도록 밀착시킨다.

⑦ 줄눈 상태가 나쁜 곳은 수정한다.

(7) 줄눈 마감하기

타일 떠붙이기 실습 (7)과 같이 한다.

실습 순서

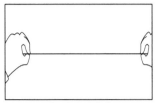
① 기준실치기

② 압착 모르타르 물비빔

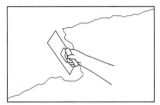
③ 압착 모르타르 바르기

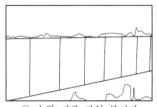
④ 수평 기준 타일 붙이기

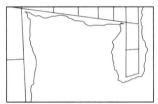
⑤ 세로 기준 타일 붙이기

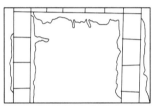
⑥ 기준 타일 완성

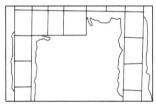
⑦ 중간 타일 붙이기

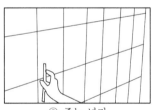
⑧ 줄눈 넣기

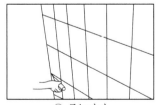
⑨ 줄눈파기

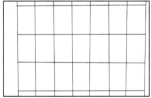
⑩ 압착 타일 붙이기 완성

7. 공사 후 이해 및 점검 사항

(1) 다음 사항을 잘 이해하고 있는지 확인해 보자.

① 각종 타일 공사용 재료를 열거하고, 갖추어야 할 사항을 확인해 보자.

② 각종 타일 붙이기 공법을 붙이는 장소별로 구분하여 확인해 보자.

③ 떠붙이기 공법의 특징과 공정을 확인해 보자.

④ 타일 압착 붙이기 공법의 특징과 공정을 확인해 보자.

⑤ 타일 붙임면을 점검할 때, 중점을 두어야 할 사항을 확인해 보자.

(2) 다음 사항에 대하여 점검해 보자.

① 바탕면의 지간과 타일의 치수, 줄눈의 치수를 고려하여 줄눈 나누기를 바르게 하였는가?

② 모르타르를 타일 뒷면에 알맞은 두께로 바르게 얹었는가?

③ 첫 번째 타일을 가로실과 세로실에 맞추어 정확한 위치에 붙였는가?

④ 타일에 힘을 주어 비비듯이 밀착시키며 붙여 나갔는가?

⑤ 줄눈 파기를 하고, 치장줄눈을 빠짐없이 채웠는가?

부록 필답형 최근 과년도 출제문제

001

다음 [보기]에서 품질관리(Q.C)에 의한 검사 순서를 나열하시오.

보기

① 검토(Check) ② 실시(Do) ③ 조치(Action) ④ 계획(Plan)

✔ 정답 및 해설 품질관리(Q.C)에 의한 검사 순서

계획(Plan) → 실시(Do) → 검토(Check) → 조치(Action)의 순이다. 즉, ④ → ② → ① → ③이다.

002

석재의 가공순서를 나열하시오.

✔ 정답 및 해설 석재가공의 표면 마무리

① 혹두기(메다듬, 쇠메) → ② 정다듬(정) → ③ 도드락다듬(도드락 망치) → ④ 잔다듬(양날 망치) →
⑤ 물갈기(숫돌, 기타) 순이다.

003

다음 아래 벽돌쌓기법에 대하여 설명하시오.

① 영식 쌓기 :
② 화란식 쌓기 :

✔ 정답 및 해설 벽돌쌓기 방법

① 영식 쌓기 : 서로 다른 아래·위 켜(입면상으로 한 켜는 마구리쌓기, 다음 한 켜는 길이쌓기로 번갈
아)로 쌓고, 통줄눈이 생기지 않으며 내력벽을 만들 때에 많이 이용되는 벽돌쌓기법이다. 특히, 모
서리 부분에 반절, 이오토막 벽돌을 사용하며 통줄눈이 생기지 않게 하려면 반절을 사용하여야 한
다. 가장 튼튼한 쌓기 방법이다.
② 화란(네덜란드)식 쌓기 : 한 면의 모서리 또는 끝에 칠오토막을 써서 길이쌓기의 켜를 한 다음에 마구
리쌓기를 하여 마무리하고 다른 면은 영국식 쌓기로 하는 방식으로, 영식 쌓기 못지않게 튼튼하다.

004

실제로 타일의 총 길이가 4m인 경우, 축척이 1/100인 도면에서의 길이는 얼마로 나타내는가?

✔ **정답 및 해설**

축척은 실제길이를 도면에 맞도록 줄여서 도면상에 나타낸다.

∴ 길이 4m를 1/100로 줄인 경우이므로 $4,000\text{mm} \times \dfrac{1}{100} = 40\text{mm}$ 이다.

005

다음 공정표를 보고 주공정선(CP)을 찾으시오.

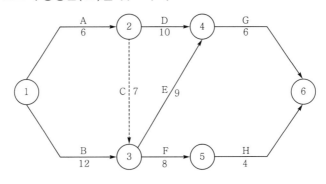

✔ **정답 및 해설** **공정표의 주공정선**

CP(Critical Path)는 네트워크 상의 전체 공기를 규제하는 작업 과정으로, 시작에서 종료 결합점까지의 가장 긴 소요일수의 경로이다.

㉠ ① → ② → ④ → ⑥ : 6+10+6=22일

㉡ ① → ② → ③ → ④ → ⑥ : 6+7+9+6=28일

㉢ ① → ③ → ④ → ⑥ : 12+9+6=27일

㉣ ① → ③ → ⑤ → ⑥ : 12+8+4=24일

또한, 일정 계산에 의해서 주공정선을 구하면 다음 공정표와 같다.

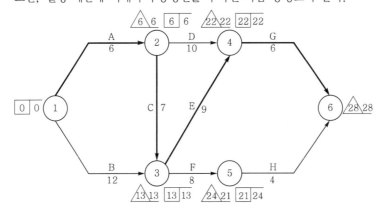

006

다음 설명에 알맞은 도급 방식을 쓰시오.

① 공사비가 확정되고 책임한도도 명료하여 공사관리가 양호하나 말단 노무자 지불 금이 과소하게 되어 조잡한 공사가 되는 경우도 있다. (   )
② 전체 공사의 수량을 예측하기 곤란한 경우와 공사를 빨리 착공하고자 할 때 채용 되는 방식으로 단위 공사 부분에 대한 단가만을 확정하고, 공사가 완료되면 실시 수량에 따라 청산하는 도급 방식이다. (   )
③ 건설업자는 주문자가 필요로 하는 모든 요소, 즉 자금, 토지, 설계, 시공, 기계 설비 및 시운전 등의 모든 요소를 조달하여 주문자에게 인도하는 도급 방식이다. (   )

✔ 정답 및 해설

① 정액 도급
② 단가 도급
③ 턴키 도급

007

다음에서 설명하는 도면의 명칭을 쓰시오.

① 건축물의 외관을 나타낸 직립 투상도(건축물의 외형 또는 외관을 각 면에 대하여 정투상법으로 투상한 도면)로서 동, 서, 남, 북측 입면도 또는 정면도, 측면도, 배 면도 등으로 나타낸다. (   )
② 대지 안에 건물이나 부대 시설의 배치를 나타낸 도면으로 위치, 간격, 축척, 방 위, 경계선 등을 나타낸다. (   )
③ 건축물을 주요 부분을 수직으로 절단한 것을 상상하여 그린 것으로서 기초, 지반, 바닥, 처마, 층높이 등의 높이와 지붕의 물매, 처마의 내민 길이 등을 표시하며, 특히, 평면도만으로 이해하기 힘든 부분, 전체 구조의 이해를 필요로 하는 부분, 설계자의 강조 부분 등을 그려야 한다. (   )

✔ 정답 및 해설

① 입면도
② 배치도
③ 단면도

008

콘크리트 바탕에 시멘트 모르타르 바름에 있어서 내벽의 초벌, 재벌, 정벌의 배합비(시멘트 : 모래)를 쓰시오.

✔ **정답 및 해설** 모르타르의 현장배합(용적비)

바탕	바르기부분	초벌바름 시멘트 : 모래	라스먹임 시멘트 : 모래	고름질 시멘트 : 모래	재벌바름 시멘트 : 모래	정벌바름 시멘트 : 모래
콘크리트, 콘크리트블록 및 벽돌면	바닥	–	–	–	–	1 : 2
	내벽	1 : 3	1 : 3	1 : 3	1 : 3	1 : 3
	천장	1 : 3	1 : 3	1 : 3	1 : 3	1 : 3
	차양	1 : 3	1 : 3	1 : 3	1 : 3	1 : 3
	바깥벽	1 : 2	1 : 2	–	–	1 : 2
	기타	1 : 2	1 : 2	–	–	1 : 2
각종 라스바탕	내벽	1 : 3	1 : 3	1 : 3	1 : 3	1 : 3
	천장	1 : 3	1 : 3	1 : 3	1 : 3	1 : 3
	차양	1 : 3	1 : 3	1 : 3	1 : 3	1 : 3
	바깥벽	1 : 2	1 : 2	1 : 2	1 : 2	1 : 2
	기타	1 : 3	1 : 3	1 : 3	1 : 3	1 : 3

주 1) 와이어라스의 라스먹임에는 다시 왕모래 1을 가해도 된다. 다만, 왕모래는 2.5~5mm 정도의 것으로 한다.
　　2) 모르타르 정벌바름에 사용하는 소석회의 혼합은 담당원의 승인을 받아 가감할 수 있다. 소석회는 다른 유사재료로 바꿀 수도 있다.
　　3) 시공상 필요할 경우는 라스먹임에 섬유를 혼합할 수도 있다.

초벌 : 1 : 3, 재벌 : 1 : 3, 정벌 : 1 : 3

009

타일 붙이기 공법 중 벽타일과 바닥타일 붙이기에 공통으로 사용되는 공법을 나열하시오.

✔ **정답 및 해설** 타일 붙이기 공법

㉠ 벽타일 붙이기 : 떠붙이기, 압착붙이기, 개량압착붙이기, 판형붙이기, 접착붙이기, 동시줄눈붙이기, 모자이트타일 붙이기 등
㉡ 바닥타일 붙이기 : 압착붙이기, 개량압착붙이기, 접착붙이기 등
• 공통으로 사용되는 공법 : 압착붙이기, 개량압착붙이기, 접착붙이기 등

010

다음은 미장 공사의 용어를 설명한 것이다. 용어의 정의를 쓰시오.

① 바름 두께가 고르지 않거나 요철이 심할 때 초벌바름 위에 발라 면을 고르게 하는 것 (　　　)

② 메탈라스, 와이어라스 등의 바탕에 모르타르 등을 최초로 발라 붙이는 작업 (　　　)

③ 바탕의 흡수 조정, 바름재와 바탕과의 접착력 증진 등을 위하여 합성수지 에멀션 희석액 등을 바탕에 바르는 것 (　　　)

✔ 정답 및 해설 **용어 정의**

① 고름질 : 바름 두께가 고르지 않거나 요철이 심할 때 초벌바름 위에 발라 면을 고르게 하는 것

② 라스먹임 : 메탈라스, 와이어라스 등의 바탕에 모르타르 등을 최초로 발라 붙이는 작업

③ 실러바름 : 바탕의 흡수 조정, 바름재와 바탕과의 접착력 증진 등을 위하여 합성수지 에멀션 희석액 등을 바탕에 바르는 것

011

길이 10m, 높이 2.5m인 벽돌벽을 1.5B로 쌓을 경우 벽돌의 소요량과 모르타르량(m^3)을 산출하시오. (단, 벽돌 규격은 표준형이고 시멘트 벽돌이며, 할증률은 고려하지 않음)

✔ 정답 및 해설 **벽돌의 소요량과 모르타르량의 산출**

㉠ 벽돌의 소요량 산출

　㉮ 벽 면적의 산정 : 벽의 길이 × 벽의 높이 $= 10 \times 2.5 = 25m^2$

　㉯ 표준형이고, 벽 두께가 1.5B이므로 224매/m^2이고, 시멘트 벽돌의 할증률은 5%이다.

　㉮, ㉯에 의해서 벽돌의 소요량 = 224매/$m^2 \times 25m^2 \times (1 + 0.05) = 5,880$매 이다.

㉡ 모르타르의 소요량은 벽돌 1,000매당 0.35m^3이므로 $0.35 \times \dfrac{5,600}{1,000} = 1.96m^3$

그러므로, 벽돌의 소요(정미)량은 5,880매이고, 모르타르량은 1.96m^3이다.

012 다음은 네트워크 공정표에 사용되는 용어이다. 괄호 안에 해당하는 용어를 찾아 넣으시오.

보기

㉮ 결합점　　　　㉯ 더미　　　　㉰ LT　　　　㉱ ET

① 가장 늦은 결합점 시각으로 임의의 결합점에서 최종 결합점에 이르는 경로 중 가장 긴 경로를 통과하여 종료시각에 될 수 있는 개시시각이다. (　　)
② 가장 빠른 결합점 시각으로 최종 결합점에서 대상의 결합점에 이르는 경로 중 가장 긴 경로를 통과하여 가장 빨리 도달되는 결합점 시각이다. (　　)

✔ 정답 및 해설

① ㉰ LT, ② ㉱ ET

013 영식 쌓기에서 마구리켜와 길이켜 중 이오토막을 사용하여야 하는 켜는?

✔ 정답 및 해설　영식 쌓기

명칭	쌓기 방법	특징	입면 형태
영국식 쌓기	길이와 마구리쌓기를 한 켜씩 번갈아 쌓아올리는 방식으로 모서리에 반절 또는 이오토막을 사용한다.	통줄눈이 생기지 않는 가장 튼튼한 쌓기법이다.	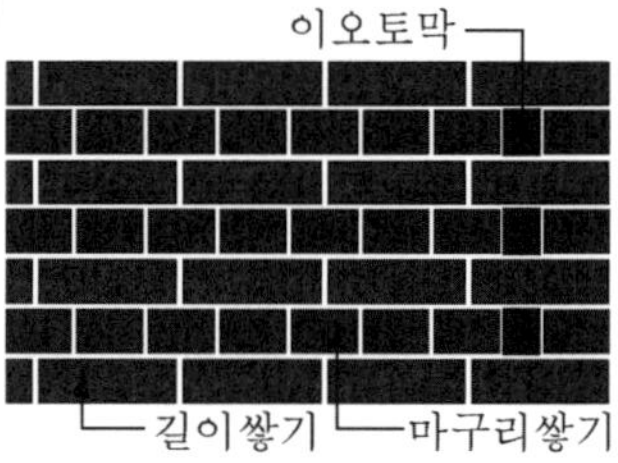 이오토막 / 길이쌓기 / 마구리쌓기

위의 그림에서 알 수 있듯이 영식 쌓기의 이오토막은 마구리켜에 사용된다.

001

품질관리(TQC)를 위한 7가지 도구 중 다음 각 설명에 알맞은 도구명을 쓰시오.

용어	설명
①	불량 등의 발생건수를 분류 항목별로 나누어 크기 순서대로 나열해 놓은 그림으로서, 발생건수(불량, 결점, 고장 등)를 분류 항목별로 구분하여 크기의 순서대로 나열해 놓은 그림으로 이 그림을 통하여 "어떤 항목에 문제가 있는가", "그 영향은 어느 정도인가"를 알아 낼 수 있다.
②	결과에 원인이 어떻게 관계하고 있는가를 한 눈에 알 수 있도록 작성한 그림으로서, 품질특성에 대한 결과와 품질특성에 영향을 주는 원인이 어떤 관계가 있는가를 한 눈에 알아 볼 수 있도록 작성한 그림이다.

✔ **정답 및 해설** **품질관리를 위한 7가지 도구**

㉠ 히스토그램

데이터가 어떤 분포를 하고 있는지를 알아보기 위해 작성하는 그림으로서, 계량치의 데이터(길이, 무게, 강도 등)가 어떠한 분포를 하고 있는가를 알아보기 위해 작성하는 그림으로 도수분포를 만든 후 이를 막대 그래프의 형태로 만든 것이다.

㉡ 파레토도

불량 등의 발생건수를 분류 항목별로 나누어 크기 순서대로 나열해 놓은 그림으로서, 발생건수(불량, 결점, 고장 등)를 분류 항목별로 구분하여 크기의 순서대로 나열해 놓은 그림으로 이 그림을 통하여 "어떤 항목에 문제가 있는가", "그 영향은 어느 정도인가"를 알아 낼 수 있다.

㉢ 특성요인도(생선뼈 그림)

결과에 원인이 어떻게 관계하고 있는가를 한 눈에 알 수 있도록 작성한 그림으로서, 품질특성에 대한 결과와 품질특성에 영향을 주는 원인이 어떤 관계가 있는가를 한 눈에 알아 볼 수 있도록 작성한 그림이다.

㉣ 체크시트

계수치의 데이터가 분류 항목의 어디에 집중되어 있는가를 알아보기 쉽게 나타낸 그림이나 표로서, 주로 계수치의 데이터(불량, 결점 등의 수)가 분류 항목별의 어디에 집중되어 있는가를 알아보기 쉽게 나타낸 그림이나 표를 의미한다.

㉤ 각종 그래프

한 눈에 파악되도록 한 각종 그래프로서, 꺾은선 그래프에서 데이터의 점에 이상이 없는가 있는가를 판단하기 위하여 중심선을 긋고 아래로 한계선(관리 상한선, 관리 하한선)을 기입하여 관리하는 그래프이다.

ⓗ 산점도(산포도, Scatter Diagram)

서로 대응하는 두 개의 짝으로 된 데이터를 그래프 용지 위에 점으로 나타낸 그림이다. 산점도로부터 상관관계를 알 수 있다.

ⓢ 층별

집단으로 구성하고 있는 데이터를 특징에 따라 몇 개의 부분 집단으로 나누는 것으로서, 측정치에는 산포가 있고, 이 산포의 원인이 되는 인자에 관하여 층별하면 산포의 발생원인을 규명할 수 있게 되고, 산포를 줄이거나, 공정의 평균을 양호한 방향으로 개선하는 등의 품질 향상에 도움이 된다.

① 파레토도, ② 특성요인도(생선뼈 그림)

---

002 건축제도 시 글자와 문자기입 시 주의사항이다. ( ) 안에 알맞은 것을 쓰시오.

> ① 글자쓰기에서 글자는 명백하게 하고, 문장은 (㉮)에서부터 (㉯)를 원칙으로 한다.
> ② 글자체는 (㉮)로 하고, (㉯) 또는 (㉰)경사로 쓰는 것을 원칙으로 한다.
> ③ 글자의 크기는 (㉮)로 하고, 11종류가 있다.

✔ 정답 및 해설 글자와 문자기입 시 주의사항

㉠ 글자쓰기에서 글자는 명백하게 하고, 문장은 왼쪽에서부터 가로쓰기를 원칙으로 한다.
㉡ 글자체는 고딕체로 하고, 수직 또는 15° 경사로 쓰는 것을 원칙으로 한다.
㉢ 글자의 크기는 높이로 하고, 11종류가 있다.
① ㉮ 왼쪽, ㉯ 가로쓰기
② ㉮ 고딕체, ㉯ 수직, ㉰ 15°
③ ㉮ 높이

---

003 다음 표의 ㉮~㉰에 들어갈 모르타르 현장배합(용적비)을 쓰시오.

바탕	바르기 부분	초벌바름, 라스먹임	정벌바름
각종 라스바탕	바깥벽	㉮	㉯
	내벽, 천장	㉰	㉱

✓ **정답 및 해설** 모르타르의 현장배합(용적비)

바탕	바르기부분	초벌바름 시멘트 : 모래	라스먹임 시멘트 : 모래	고름질 시멘트 : 모래	재벌바름 시멘트 : 모래	정벌바름 시멘트 : 모래
콘크리트, 콘크리트블록 및 벽돌면	바닥	–	–	–	–	1 : 2
	내벽	1 : 3	1 : 3	1 : 3	1 : 3	1 : 3
	천장	1 : 3	1 : 3	1 : 3	1 : 3	1 : 3
	차양	1 : 3	1 : 3	1 : 3	1 : 3	1 : 3
	바깥벽	1 : 2	1 : 2	–	–	1 : 2
	기타	1 : 2	1 : 2	–	–	1 : 2
각종 라스바탕	내벽	1 : 3	1 : 3	1 : 3	1 : 3	1 : 3
	천장	1 : 3	1 : 3	1 : 3	1 : 3	1 : 3
	차양	1 : 3	1 : 3	1 : 3	1 : 3	1 : 3
	바깥벽	1 : 2	1 : 2	1 : 3	1 : 3	1 : 3
	기타	1 : 3	1 : 3	1 : 3	1 : 3	1 : 3

주 1) 와이어라스의 라스먹임에는 다시 왕모래 1을 가해도 된다. 다만, 왕모래는 2.5~5mm 정도의 것
으로 한다.

2) 모르타르 정벌바름에 사용하는 소석회의 혼합은 담당원의 승인을 받아 가감할 수 있다. 소석회는
다른 유사재료로 바꿀 수도 있다.

3) 시공상 필요할 경우는 라스먹임에 섬유를 혼합할 수도 있다.

㉮ 1 : 2

㉯ 1 : 3

㉰ 1 : 3

㉱ 1 : 3

004

표준형 벽돌 1,000장을 가지고 1.5B 벽 두께로 쌓을 수 있는 벽면적은 얼마인가? (단, 할증률
은 고려하지 않는다.)

✓ **정답 및 해설** 벽면적의 산출

표준형이고, 벽 두께가 1.5B이므로 224매/m²이며, 벽돌의 매수는 1,000매이다.

그러므로, 벽면적 $= \dfrac{\text{벽돌의 매수}}{\text{1.5B 벽체의 정미량}} = \dfrac{1,000}{224} = 4.464\text{m}^2 ≒ 4.46\text{m}^2$

005

다음과 같은 타일의 용도별, 재질 및 크기, 두께에 따른 줄눈 폭을 기록하시오.

사용부위	재질	크기(mm)	두께(mm)	줄눈 폭(mm)
세탁실 바닥	자기질	150×150	7 이상	㉮
홀		250×250		㉯
욕실 바닥, 발코니 바닥		200×200		㉰
현관 바닥	자기질(무유색소지 또는 시유타일)	300×300		㉱
욕실벽	유색 시유도기질	200×250	6 이상	㉲
주방벽		200×200		㉳

✔ 정답 및 해설 타일의 용도별, 재질 및 크기, 두께 및 줄눈 폭

사용부위	재질	크기(mm)	두께(mm)	줄눈 폭(mm)
욕실 바닥	자기질	200×200 이상	7 이상	4
욕실벽	유색시유도기질	200×250 이상	6 이상	2
현관 바닥	자기질 (무유색소지 또는 시유타일)	300×300 이상	7 이상	5
세탁실 바닥	자기질	150×150 이상	7 이상	4
주방벽	유색시유도기질	200×200 이상	6 이상	2
발코니 바닥 (60m^2 이상 전면 발코니)	자기질	200×200 이상	7 이상	4
홀	자기질	250×250 이상	7 이상	4
외부 바닥	지정	150×150 이상	7 이상	4
외벽 타일	지정	지정크기 90×90 이상 (1변이 190 이상인 경우는 60 이상)	11 이상 (석기질 : 15 이상)	지정 크기
외부 바닥(테라스 현관)	지정	150×150 이상	11 이상	지정 크기

㉮ 4, ㉯ 4, ㉰ 4, ㉱ 5, ㉲ 2, ㉳ 2

006

다음은 벽돌 공사의 일반적인 내용이다. ( ) 안에 알맞은 것을 쓰시오.

① 가로 및 세로줄눈의 너비는 도면 또는 공사시방서에 정한 바가 없을 때에는 (　　)를 표준으로 한다. 세로줄눈은 통줄눈이 되지 않도록 하고, 수직 일직선상에 오도록 벽돌 나누기를 한다.
② 벽돌쌓기는 도면 또는 공사시방서에서 정한 바가 없을 때에는 (㉮) 또는 (㉯)로 한다.
③ 하루의 쌓기 높이는 (㉮)를 표준으로 하고, 최대 (㉯) 이하로 한다.

✔정답 및 해설 벽돌 공사

㉠ 가로 및 세로줄눈의 너비는 도면 또는 공사시방서에 정한 바가 없을 때에는 10mm를 표준으로 한다. 세로줄눈은 통줄눈이 되지 않도록 하고, 수직 일직선상에 오도록 벽돌 나누기를 한다.
㉡ 벽돌쌓기는 도면 또는 공사시방서에서 정한 바가 없을 때에는 영식 쌓기 또는 화란식 쌓기로 한다.
㉢ 하루의 쌓기 높이는 1.2m(18켜 정도)를 표준으로 하고, 최대 1.5m(22켜 정도) 이하로 한다.
① 10mm
② ㉮ 영식 쌓기, ㉯ 화란식 쌓기
③ ㉮ 1.2m, ㉯ 1.5m

007

다음 표와 같은 공정계획이 세워졌을 때 Network 공정표를 작성하시오. (단, 주공정선은 굵은 선으로 표시할 것)

작업명	작업일수	선행작업	비고
A	없음	5	
B	없음	2	결합점에서는 다음과 같이 표시한다.
C	없음	4	
D	A, B, C	4	
E	A, B, C	3	
F	A, B, C	2	

✔ 정답 및 해설 **공정표 작성**

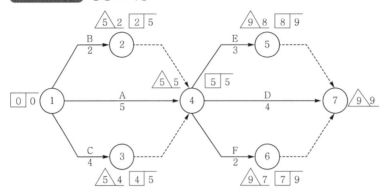

008

셀프레벨링재의 종류 2가지를 쓰시오.

✔ 정답 및 해설 **셀프레벨링재**

셀프레벨링재는 스스로 편평한 표면을 만드는 자체 유동성(liquidity)을 가진 재료로서 주로 바닥바름 재로 사용하고, 대부분 기배합 미장 재료이며 균열 및 박리에 대한 안전성이 우수하다. 또한, 셀프레벨링재는 석고계 셀프레벨링재와 시멘트계 셀프레벨링재의 2종류가 있다.

㉠ 석고계 셀프레벨링재

석고계 셀프레벨링재는 석고에 모래, 경호지연제, 유동화제 등을 혼합하여 자체 평탄성이 있게 한 것으로 물이 닿지 않는 실내에서만 사용한다.

㉡ 시멘트계 셀프레벨링재

시멘트계 셀프레벨링재는 포틀랜드시멘트에 모래, 분산제, 유동화제 등을 혼합하여 자체 평탄성이 있게 한 것으로서, 필요한 경우에는 팽창성 혼화재료를 사용하기도 한다.

① 석고계 셀프레벨링재, ② 시멘트계 셀프레벨링재

009

높이 2m 이상의 장소에서 추락의 우려가 있는 작업에 따른 경우 안전작업이 가능한 작업대를 설치하여야 하는 설비를 3가지 쓰시오.

✔ 정답 및 해설

① 비계, ② 달비계, ③ 수평 통로

010

[보기]를 보고, 모르타르 바르기 시공 순서를 바르게 나열하시오.

보기

① 모르타르 바름　　　② 규준대 밀기　　　③ 순시멘트풀 도포
④ 청소 및 물씻기　　　⑤ 나무흙손 고름질　　⑥ 쇠흙손 마감

✔ **정답 및 해설** 모르타르 바르기 순서

청소 및 물씻기 → 순시멘트풀 도포 → 모르타르 바름 → 규준대 밀기 → 나무흙손 고름질 → 쇠흙손 마감의 순이다.

④ → ③ → ① → ② → ⑤ → ⑥

011

다음과 같은 특징을 갖는 벽타일 붙이기 공법의 명칭을 쓰시오.

① 붙임 모르타르를 바탕면에 4mm~6mm로 바르고 자막대로 눌러 평탄하게 고른다.
② 바탕면 붙임 모르타르의 1회 바름 면적은 $1.5m^2$ 이하로 하고, 붙임 시간은 모르타르 배합 후 30분 이내로 한다.
③ 타일 뒷면에 붙임 모르타르를 3mm~4mm로 평탄하게 바르고, 즉시 타일을 붙이며 나무망치 등으로 충분히 두들겨 타일의 줄눈 부위에 모르타르가 타일 두께의 1/2 이상이 올라오도록 한다.
④ 벽면의 위에서 아래로 향해 붙여나가며 줄눈에서 넘쳐 나온 모르타르는 경화되기 전에 제거한다.

✔ **정답 및 해설**

개량압착붙이기 공법

012

석재의 가공순서를 [보기]에서 골라 순서대로 나열하시오.

보기

① 잔다듬　　　　　　② 정다듬　　　　　　③ 도드락다듬
④ 혹두기 또는 혹떼기　⑤ 물갈기

✓ 정답 및 해설 석재의 가공순서

혹두기 또는 혹떼기(쇠메) → 정다듬(정) → 도드락다듬(도드락망치) → 잔다듬(날망치) → 물갈기(숫돌, 기타)의 순이다.

④ → ② → ③ → ① → ⑤

013

공동도급의 정의와 장점 2가지를 쓰시오.

✓ 정답 및 해설 공동도급

공동도급이란 대규모 공사의 시공에 대하여 시공자의 기술, 자본 및 위험 등의 부담을 분산 · 감소시킬 목적으로 수 개의 건설회사가 공동출자 기업체를 조직하여 한 회사의 입장에서 공사수급 및 시공을 하는 것을 말하며, 장 · 단점은 다음과 같다.

㉠ 장점

　㉮ 융자력이 증대되고, 위험이 분산하며, 기술의 확충성이 확보된다.

　㉯ 시공의 확실성이 보장되고, 공사 관리의 합리화를 달성하며, 일시성, 임의성을 띤다.

㉡ 단점

　㉮ 도급공사 경비의 증대와 사무 관리의 복잡화

　㉯ 현장 관리의 혼란성을 유발하고, 각 회사별 방침에 따라 문제점이 야기된다.

03

기능장 CBT 기출복원문제

001

공동도급의 장점을 2가지 설명하시오.

✔ 정답 및 해설 **공동도급**

공동도급이란 대규모 공사의 시공에 대하여 시공자의 기술, 자본 및 위험 등의 부담을 분산·감소시킬 목적으로 수 개의 건설회사가 공동출자 기업체를 조직하여 한 회사의 입장에서 공사수급 및 시공을 하는 것을 말하며, 장·단점은 다음과 같다.

㉠ 장점 : ㉮ 융자력의 증대, ㉯ 위험의 분산, ㉰ 기술의 확충성, ㉱ 시공의 확실성, ㉲ 공사 관리의 합리화를 달성
㉡ 단점 : ㉮ 도급공사 경비의 증대, ㉯ 사무 관리의 복잡화, ㉰ 현장 관리의 혼란성 유발, ㉱ 각 회사별 방침에 따른 문제점 야기

002

화장실, 욕실 타일의 재질, 두께, 크기 및 줄눈의 폭에 대해서 설명하시오. (단, 건축공사표준시방서의 기준에 의함)

✔ 정답 및 해설 **욕실의 타일 기준(건축공사표준시방서의 기준)**

구분	재질	두께	크기	줄눈의 폭
기준	자기질 타일	7mm 이상	200mm×200mm 이상	4mm

003

시멘트 모르타르 배합비 1 : 3으로 $10m^3$의 모르타르를 만들 경우, 필요한 시멘트와 모래의 양을 구하시오.

✅ **정답 및 해설** 시멘트와 모래의 양 계산

시멘트 모르타르 배합비 1 : 3으로 1m³의 모르타르를 만드는 데 소요되는 시멘트는 510kg, 모래는 1.10m³가 소요되므로 다음과 같이 구할 수 있다.

㉠ 시멘트의 양 : 510×10＝5,100kg

㉡ 모래의 양 : 1.10×10＝11m³

004

다음은 타일의 접착시험에 대한 설명이다. ( ) 안에 알맞은 것을 쓰시오.

> ① 타일의 접착력 시험은 일반건축물의 경우 타일면적 (㉮)당, 공동주택은 (㉯) 당 1호에 한 장씩 시험한다. 시험 위치는 담당원의 지시에 따른다.
> ② 시험은 타일 시공 후 (㉰) 이상일 때 실시한다.
> ③ 시험결과의 판정은 타일 인장 부착강도가 (㉱) 이상이어야 한다.

✅ **정답 및 해설** 타일의 접착력 시험

㉠ 타일의 접착력 시험은 일반건축물의 경우 타일면적 200m²당, 공동주택은 10호당 1호에 한 장씩 시험한다. 시험 위치는 담당원의 지시에 따른다.

㉡ 시험할 타일은 먼저 줄눈 부분을 콘크리트 면까지 절단하여 주위의 타일과 분리시킨다.

㉢ 시험할 타일은 시험기 부속 장치의 크기로 하되, 그 이상은 180mm×60mm 크기로 타일이 시공된 바탕면까지 절단한다. 다만, 40mm 미만의 타일은 4매를 1개조로 하여 부속 장치를 붙여 시험한다.

㉣ 시험은 타일 시공 후 4주 이상일 때 실시한다.

㉤ 시험결과의 판정은 타일 인장 부착강도가 0.39N/mm² 이상이어야 한다.

㉮ 200m², ㉯ 10호, ㉰ 4주, ㉱ 0.39N/mm²

005

다음은 건축공사표준시방서의 벽돌 공사에서 창대 쌓기에 대한 설명이다. ( ) 안에 알맞은 것을 쓰시오.

> ① 창대 벽돌은 도면 또는 공사시방서에서 정한 바가 없을 때에는 그 윗면을 (㉮)° 정도의 경사로 옆세워 쌓고 그 앞 끝의 밑은 벽돌 벽면에서 (㉯)~(㉰)mm 내밀어 쌓는다.
> ② 창대 벽돌의 위 끝은 창대 밑에 (㉱)mm 정도 들어가 물리게 한다. 또한 창대 벽돌의 좌우 끝은 옆벽에 (㉲)장 정도 물린다.

✔ 정답 및 해설 창대 쌓기

㉠ 창대 벽돌은 도면 또는 공사시방서에서 정한 바가 없을 때에는 그 윗면을 15° 정도의 경사로 옆세워 쌓고 그 앞 끝의 밑은 벽돌 벽면에서 30mm~50mm 내밀어 쌓는다.

㉡ 창대 벽돌의 위 끝은 창대 밑에 15mm 정도 들어가 물리게 한다. 또한 창대 벽돌의 좌우 끝은 옆벽에 2장 정도 물린다.

① ㉮ 15, ㉯ 30, ㉰ 50

② ㉲ 15, ㉳ 2

006

치장줄눈용 모르타르의 용적배합비(잔골재/결합재)를 쓰시오.

✔ 정답 및 해설 벽돌 공사에 사용되는 모르타르의 배합비

모르타르의 종류		용적배합비(잔골재/결합재)
줄눈 모르타르	벽용	2.5~3.0
	바닥용	3.0~3.5
붙임 모르타르	벽용	1.5~2.5
	바닥용	0.5~1.5
깔 모르타르	바탕용	2.5~3.0
	바닥용	3.0~6.0
안채움 모르타르		2.5~3.0
치장줄눈용 모르타르		0.5~1.5

치장줄눈 모르타르의 용적배합비는 잔골재/결합재 = 0.5~1.5이다.

007

다음은 미장 공사의 용어 정의에 관한 설명이다. 해당하는 내용을 [보기]에서 골라 쓰시오.

보기

① 고름질　　　② 규준바름　　　③ 눈먹임
④ 라스먹임　　　⑤ 손질바름　　　⑥ 실러바름

용어	설명
㉮	콘크리트, 콘크리트 블록 바탕에서 초벌바름하기 전에 마감 두께를 균등하게 할 목적으로 모르타르 등으로 미리 요철을 조정하는 것
㉯	인조석 갈기 또는 테라조 현장갈기의 갈아내기 공정에 있어서 작업면의 종석이 빠져나간 구멍 부분 및 기포를 메우기 위해 그 배합에서 종석을 제외하고 반죽한 것을 작업면에 발라 밀어 넣어 채우는 것

✔ **정답 및 해설** 용어 정의

㉠ **고름질** : 바름 두께 또는 마감 두께가 두꺼울 때 혹은 요철이 심할 때 적정한 바름 두께 또는 마감 두께가 될 수 있도록 초벌바름 위에 발라 붙여주는 것 또는 그 바름층

㉡ **규준바름** : 미장바름 시 바름면의 규준이 되기도 하고, 규준대 고르기에 닿는 면이 되기 위해 기준선에 맞춰 미리 둑모양 혹은 덩어리 모양으로 발라 놓은 것 또는 바르는 작업

㉢ **눈먹임** : 인조석 갈기 또는 테라조 현장갈기의 갈아내기 공정에 있어서 작업면의 종석이 빠져나간 구멍 부분 및 기포를 메우기 위해 그 배합에서 종석을 제외하고 반죽한 것을 작업면에 발라 밀어 넣어 채우는 것

㉣ **덧먹임** : 바르기의 접합부 또는 균열의 틈새, 구멍 등에 반죽된 재료를 밀어 넣어 때워주는 것

㉤ **라스먹임** : 메탈라스, 와이어라스 등의 바탕에 모르타르 등을 최초로 바르는 것

㉮ ⑤ 손질바름, ㉯ ③ 눈먹임

008

건축공사표준시방서의 규정에 의하여 미장 공사의 균열 및 박리 방지를 위한 대책이다. ( ) 안에 알맞은 것을 쓰시오.

> ① 문선, 걸레받이, 두겁대 및 돌림대 등의 개탕 주위는 (㉮)의 두께만큼 띄어 둔다.
> ② 개구부의 모서리나 라스, 목모 시멘트판, 석고라스 보드, 고압증기양생 경량 기포 콘크리트 패널 접합부 등 미장면 균열이 발생하기 쉬운 곳에는 섬유 등 균열방지용 보강재를 설치하고 또한, (㉯) 벽돌쌓기 부위 등에 전선관 및 설비 배관 등으로 통줄눈이 발생한 부위 등 시멘트 모르타르 바름미장면에는 메탈라스 붙여대기 등을 한다.

✔ **정답 및 해설** 균열 및 박리 방지

㉠ 문선, 걸레받이, 두겁대 및 돌림대 등의 개탕 주위는 흙손 날의 두께만큼 띄어 둔다.

㉡ 개구부의 모서리나 라스, 목모 시멘트판, 석고라스 보드, 고압증기양생 경량 기포콘크리트 패널 접합부 등 미장면 균열이 발생하기 쉬운 곳에는 섬유 등 균열방지용 보강재를 설치하고 또한, 0.5B 벽돌쌓기 부위 등에 전선관 및 설비 배관 등으로 통줄눈이 발생한 부위 등 시멘트 모르타르 바름미장면에는 메탈라스 붙여대기 등을 한다.

① ㉮ 흙손 날, ② ㉯ 0.5B

009

다음 자료를 이용하여 네트워크(Network) 공정표를 작성하시오. (단, 주공정선은 굵은 선으로 표시한다.)

작업명	작업일수	선행작업	비고
A	2	없음	각 작업의 일정계산 표시방법을 아래 방법으로 한다.
B	1	없음	
C	4	없음	
D	3	A, B, C	
E	6	B, C	
F	5	C	

✔ **정답 및 해설** 공정표 작성

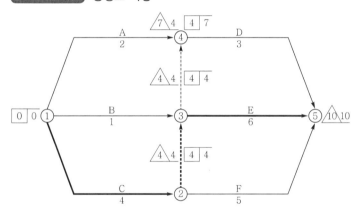

• C.P : ① → ② → ③ → ⑤

010

품질관리(TQC)를 위한 7가지 도구 중 다음 표의 설명에 알맞은 도구명을 쓰시오.

도구명	설명
①	대응되는 두 개의 짝으로 된 데이터를 그래프 용지 위에 점으로 나타낸 그림이다.
②	집단으로 구성하고 있는 데이터를 특징에 따라 몇 개의 부분 집단으로 나누는 것이다.

✔ 정답 및 해설 품질관리를 위한 7가지 도구

㉠ 히스토그램

데이터가 어떤 분포를 하고 있는지를 알아보기 위해 작성하는 그림으로서, 계량치의 데이터(길이, 무게, 강도 등)가 어떠한 분포를 하고 있는가를 알아보기 위해 작성하는 그림으로 도수분포를 만든 후 이를 막대 그래프의 형태로 만든 것이다.

㉡ 파레토도

불량 등의 발생건수를 분류 항목별로 나누어 크기 순서대로 나열해 놓은 그림으로서, 발생건수(불량, 결점, 고장 등)를 분류 항목별로 구분하여 크기의 순서대로 나열해 놓은 그림으로 이 그림을 통하여 "어떤 항목에 문제가 있는가", "그 영향은 어느 정도인가"를 알아 낼 수 있다.

㉢ 특성요인도(생선뼈 그림)

결과에 원인이 어떻게 관계하고 있는가를 한 눈에 알 수 있도록 작성한 그림으로서, 품질특성에 대한 결과와 품질특성에 영향을 주는 원인이 어떤 관계가 있는가를 한 눈에 알아 볼 수 있도록 작성한 그림이다.

㉣ 체크시트

계수치의 데이터가 분류 항목의 어디에 집중되어 있는가를 알아보기 쉽게 나타낸 그림이나 표로서, 주로 계수치의 데이터(불량, 결점 등의 수)가 분류 항목별의 어디에 집중되어 있는가를 알아보기 쉽게 나타낸 그림이나 표를 의미한다.

㉤ 각종 그래프

한 눈에 파악되도록 한 각종 그래프로서, 꺾은선 그래프에서 데이터의 점에 이상이 없는가 있는가를 판단하기 위하여 중심선을 긋고 아래로 한계선(관리 상한선, 관리 하한선)을 기입하여 관리하는 그래프이다.

㉥ 산점도(산포도)

서로 대응하는 두 개의 짝으로 된 데이터를 그래프의 용지 위에 점으로 나타낸 그림으로서, 산점도로부터 상관관계를 알 수 있다.

㉦ 층별

집단으로 구성하고 있는 데이터를 특징에 따라 몇 개의 부분 집단으로 나누는 것으로서, 측정치에는 산포가 있고, 이 산포의 원인이 되는 인자에 관하여 층별하면 산포의 발생원인을 규명할 수 있게 되고, 산포를 줄이거나, 공정의 평균을 양호한 방향으로 개선하는 등의 품질 향상에 도움이 된다.

① 산점도, ② 층별

011

다음 설명이 뜻하는 용어를 쓰시오.

① 네트워크 공정표에서 정상 표현으로 할 수 없는 작업의 상호 관계를 연결시키는 데 사용되는 점선 화살선
② 공사기간을 단축하는 경우 공사 종류별 1일 단축시마다 추가되는 공사비의 증가액

✔ 정답 및 해설 ① 더미, ② 비용구배

012

다음 [보기]의 미장 재료 중 기경성 재료를 모두 골라 번호를 쓰시오.

보기

① 시멘트 모르타르   ② 회반죽   ③ 돌로마이트 플라스터

④ 석고 플라스터   ⑤ 회사벽

✔ **정답 및 해설** 미장 재료의 구분

구분		분류	고결재
수경성	시멘트계	시멘트 모르타르, 인조석, 테라초 현장바름	포틀랜드 시멘트
	석고계 플라스터	순석고, 혼합 석고, 보드용, 크림용 석고 플라스터, 킨즈 (경석고 플라스터) 시멘트	헤미수화물, 황산칼슘
기경성	석회계 플라스터	회반죽, 돌로마이트 플라스터, 회사벽	돌로마이트, 소석회
		흙반죽, 섬유벽, 아스팔트 모르타르	점토, 합성수지 풀
특수 재료		합성수지 플라스터, 마그네시아 시멘트	합성수지, 마그네시아

② 회반죽, ③ 돌로마이트 플라스터, ⑤ 회사벽

013

바닥면적 $12m^2$에 타일 10.5cm×10.5cm, 줄눈간격 10mm를 붙일 때 필요한 타일의 수량을 정미량으로 산출하시오.

✔ **정답 및 해설** 타일의 정미량 산출

$$타일의 소요량 = 시공 면적 \times 단위 수량$$
$$= 시공 면적$$
$$\times \left(\frac{1m}{타일의\ 가로\ 길이 + 타일의\ 줄눈} \right) \times \left(\frac{1m}{타일의\ 세로\ 길이 + 타일의\ 줄눈} \right)$$
$$= 12 \times \left(\frac{1}{0.105 + 0.01} \times \frac{1}{0.105 + 0.01} \right) = 907.4 ≒ 908 매$$

014

다음에서 설명하는 타일 공법의 명칭을 쓰시오.

바탕콘크리트 위에 바탕모르타르를 30~40mm 실시하여 그 위에 붙이는 붙임모르타르를 5~7mm 바르고, 다시 비벼 넣는 것처럼 나무망치로 고르는 공법

✔ **정답 및 해설** 압착 공법

015

화란식 쌓기에서 마구리켜와 길이켜 중 칠오토막을 사용하여야 하는 켜는?

✔ **정답 및 해설** 화란식 쌓기

명칭	쌓기 방법	특징	입면 형태
화란식 쌓기	영식 쌓기의 방법과 거의 동일하나, 길이켜의 모서리에 칠오토막을 사용한다.	모서리가 다소 견고하고, 통줄눈이 생기지 않는다.	칠오토막 / 길이쌓기 / 마구리쌓기

위의 그림에서 알 수 있듯이 칠오토막은 길이켜의 모서리에 사용한다.

016

다음 ( ) 안에 알맞은 것을 쓰시오.

① 하루 벽돌의 쌓는 높이는 (㉮) 이하 보통 (㉯)정도로 하고, 모르타르가 굳기 전에 큰 압력이 가해지지 않도록 하여야 한다.
② 조적식 구조의 내력벽의 길이는 (㉰)를 넘을 수 없다.

✔ **정답 및 해설**

① 하루 벽돌의 쌓는 높이는 1.5m(20켜) 이하 보통 1.2m(17켜) 정도로 하고, 모르타르가 굳기 전에 큰 압력이 가해지지 않도록 하여야 하다.
② 조적식 구조의 내력벽의 높이와 길이는 2층 건축물에 있어서 2층 내력벽의 높이는 4m, 내력벽의 길이는 10m, 내력벽으로 둘러싸인 바닥면적은 80m^{2}를 넘을 수 없다.
㉮ 1.5m, ㉯ 1.2m, ㉰ 10m

017

다음은 벽돌 공사의 문틀세우기에 대한 건축공사표준시방서의 내용이다. ( ) 안에 알맞은 것을 쓰시오.

> 벽돌 공사의 문틀세우기에 있어서 창문틀을 (㉮) 세우기로 할 때에는 그 밑까지 벽돌을 쌓고 (㉯)시간 경과한 다음에 세운다. 창문틀의 상하 가로틀은 세로틀 밖으로 뿔을 내밀어 옆 벽면의 벽돌에 물리고 선틀의 상하 끝 및 그 중간 간격 (㉰)mm 이내마다 꺾쇠 또는 큰못(길이 75mm~100mm) 2개씩을 줄눈 위치에 박아 고정시킨다.

✔ 정답 및 해설 벽돌 공사의 문틀세우기

벽돌 공사의 문틀세우기에 있어서 창문틀을 먼저 세우기로 할 때에는 그 밑까지 벽돌을 쌓고 24시간 경과한 다음에 세운다. 창문틀의 상하 가로틀은 세로틀 밖으로 뿔을 내밀어 옆 벽면의 벽돌에 물리고 선틀의 상하 끝 및 그 중간 간격 600mm 이내마다 꺾쇠 또는 큰못(길이 75mm~100mm) 2개씩을 줄눈 위치에 박아 고정시킨다.

㉮ 먼저, ㉯ 24, ㉰ 600

018

다음은 건축공사표준시방서에 의한 보강블록구조의 벽 가로근에 대한 설명이다. ( ) 안에 알맞은 내용을 쓰시오.

> ① 가로근은 배근 상세도에 따라 가공하되 그 단부는 (㉮)°의 갈구리로 구부려 배근한다. 철근의 피복두께는 (㉯)mm 이상으로 하며, 세로근과의 교차부는 모두 결속선으로 결속한다.
> ② 모서리에 가로근의 단부는 수평방향으로 구부려서 세로근의 바깥쪽으로 두르고 정착길이는 공사시방서에 정한 바가 없는 한 (㉰)d 이상으로 한다.
>
> (d : 철근의 직경)

✔ 정답 및 해설 보강블록구조의 벽 가로근

㉠ 가로근은 배근 상세도에 따라 가공하되 그 단부는 180°의 갈구리로 구부려 배근한다. 철근의 피복두께는 20mm 이상으로 하며, 세로근과의 교차부는 모두 결속선으로 결속한다.

㉡ 모서리에 가로근의 단부는 수평방향으로 구부려서 세로근의 바깥쪽으로 두르고 정착길이는 공사시방서에 정한 바가 없는 한 40d 이상으로 한다.

① ㉮ 180°, ㉯ 20

② ㉰ 40

001

건축공사의 입찰방식 중 공개경쟁입찰의 장점을 두 가지 쓰시오.

✔ **정답 및 해설** 공개경쟁입찰의 장점

㉠ 공정한 기회를 주고, 담합의 우려가 없다.
㉡ 입찰자의 선정이 공정하고, 경쟁에 의해 공사비가 절감된다.

002

다음과 같은 벽타일 붙이기 공법의 명칭을 쓰시오.

> ① 붙임 모르타르의 두께는 타일 두께의 1/2 이상으로 하고, 5mm~7mm를 표준으로 하여 붙임 바탕에 바르고 자막대로 눌러 표면을 평탄하게 고른다.
> ② 타일의 1회 붙임 면적은 모르타르의 경화속도 및 작업성을 고려하여 $1.2m^2$ 이하로 한다. 벽면의 위에서 아래로 붙여 나가며, 붙임 시간은 모르타르 배합 후 15분 이내로 한다.
> ② 한 장씩 붙이고, 나무망치 등으로 두들겨 타일이 붙임 모르타르 속에 박히도록 하고, 타일의 줄눈 부위에 모르타르가 타일 두께의 1/3 이상 올라오도록 한다.

✔ **정답 및 해설**

압착붙이기 공법

003

다음은 타일의 용도별, 재질 및 크기, 두께 및 줄눈 폭을 기록한 표이다. ㉮, ㉯에 들어갈 알맞은 내용을 쓰시오.

사용부위	재질	크기(mm)	두께(mm)	줄눈 폭(mm)
욕실 벽	유색시 도기질	200×250 이상	6 이상	㉮
현관 바닥	자기질	300×300 이상	7 이상	㉯

✅ 정답 및 해설 타일의 용도별, 재질 및 크기, 두께 및 줄눈 폭

사용부위	재질	크기(mm)	두께(mm)	줄눈 폭(mm)
욕실 바닥	자기질	200×200 이상	7 이상	4
욕실벽	유색시유도기질	200×250 이상	6 이상	2
현관 바닥	자기질 (무유색소지 또는 시유타일)	300×300 이상	7 이상	5
세탁실 바닥	자기질	150×150 이상	7 이상	4
주방벽	유색시유도기질	200×200 이상	6 이상	2
발코니 바닥 (60m² 이상 전면 발코니)	자기질	200×200 이상	7 이상	4
홀	자기질	250×250 이상	7 이상	4
외부 바닥	지정	150×150 이상	7 이상	4
외벽 타일	지정	지정크기 90×90 이상 (1변이 190 이상인 경우는 60 이상)	11 이상 (석기질 : 15 이상)	지정 크기
외부 바닥(테라스 현관)	지정	150×150 이상	11 이상	지정 크기

㉮ 2, ㉯ 5

004

다음은 타일의 두들김 검사에 관한 내용이다. ( ) 안에 알맞은 것을 쓰시오.

벽타일 붙이기 중 떠붙임 공법의 경우는 접착용 모르타르 밀착 정도를 검사하여 중앙부를
기준으로 밀착 정도 (㉮)% 이상이면 합격처리하고, 불합격 시는 주변 (㉯)장을
다시 떼어내 확인하여 이 중 1장이라도 불합격이 있으면 시공물량을 재시공한다.

✅ 정답 및 해설 타일의 두들김 검사

벽타일 붙이기 중 떠붙임 공법의 경우는 접착용 모르타르 밀착 정도를 검사하여 중앙부를 기준으로 밀
착 정도 80% 이상이면 합격처리하고, 불합격 시는 주변 8장을 다시 떼어내 확인하여 이 중 1장이라도
불합격이 있으면 시공물량을 재시공한다.

㉮ 80, ㉯ 8

005

건축허가신청 시 제출하여야 할 설계도서를 3가지 쓰시오.

✓ 정답 및 해설 건축허가신청 시 기본설계도서의 종류

건축계획서, 배치도, 평면도, 입면도, 단면도, 구조도(구조안전 확인 및 내진설계대상 건축물), 구조계산서(구조안전 확인 및 내진설계대상 건축물), 소방설비도 등이 있다.

① 배치도, ② 평면도, ③ 단면도

006

다음은 벽돌 공사의 일반적인 내용이다. ( ) 안에 알맞은 것을 쓰시오.

① 가로 및 세로줄눈의 너비는 도면 또는 공사시방서에 정한 바가 없을 때에는 ( )를 표준으로 한다. 세로줄눈은 통줄눈이 되지 않도록 하고, 수직 일직선상에 오도록 벽돌 나누기를 한다.
② 벽돌쌓기는 도면 또는 공사시방서에서 정한 바가 없을 때에는 (㉮) 또는 (㉯)로 한다.
③ 하루의 쌓기 높이는 (㉮)m를 표준으로 하고, 최대 (㉯) 이하로 한다.

✓ 정답 및 해설 벽돌 공사

㉠ 가로 및 세로줄눈의 너비는 도면 또는 공사시방서에 정한 바가 없을 때에는 10mm를 표준으로 한다. 세로줄눈은 통줄눈이 되지 않도록 하고, 수직 일직선상에 오도록 벽돌 나누기를 한다.
㉡ 벽돌쌓기는 도면 또는 공사시방서에서 정한 바가 없을 때에는 영식 쌓기 또는 화란식 쌓기로 한다.
㉢ 하루의 쌓기 높이는 1.2m(18켜 정도)를 표준으로 하고, 최대 1.5m(22켜 정도) 이하로 한다.

① 10mm
② ㉮ 영식 쌓기, ㉯ 화란식 쌓기
③ ㉮ 1.2m, ㉯ 1.5m

007

다음 표의 ㉮, ㉯에 들어갈 모르타르 현장배합(용적비)을 쓰시오.

바탕	바르기 부분	초벌바름, 라스먹임, 정벌바름
콘크리트, 콘크리트블록, 벽돌면	바깥벽	㉮
	내벽	㉯

✔ 정답 및 해설   모르타르의 현장배합(용적비)

바탕	바르기부분	초벌바름 시멘트 : 모래	라스먹임 시멘트 : 모래	고름질 시멘트 : 모래	재벌바름 시멘트 : 모래	정벌바름 시멘트 : 모래
콘크리트, 콘크리트블록 및 벽돌면	바닥	–	–	–	–	1 : 2
	내벽	1 : 3	1 : 3	1 : 3	1 : 3	1 : 3
	천장	1 : 3	1 : 3	1 : 3	1 : 3	1 : 3
	차양	1 : 3	1 : 3	1 : 3	1 : 3	1 : 3
	바깥벽	1 : 2	1 : 2	–	–	1 : 2
	기타	1 : 2	1 : 2	–	–	1 : 2
각종 라스바탕	내벽	1 : 3	1 : 3	1 : 3	1 : 3	1 : 3
	천장	1 : 3	1 : 3	1 : 3	1 : 3	1 : 3
	차양	1 : 3	1 : 3	1 : 3	1 : 3	1 : 3
	바깥벽	1 : 2	1 : 2	1 : 3	1 : 3	1 : 3
	기타	1 : 3	1 : 3	1 : 3	1 : 3	1 : 3

주 1) 와이어라스의 라스먹임에는 다시 왕모래 1을 가해도 된다. 다만, 왕모래는 2.5~5mm 정도의 것
　　으로 한다.
　2) 모르타르 정벌바름에 사용하는 소석회의 혼합은 담당원의 승인을 받아 가감할 수 있다. 소석회는
　　다른 유사재료로 바꿀 수도 있다.
　3) 시공상 필요할 경우는 라스먹임에 섬유를 혼합할 수도 있다.
㉮ 1 : 2, ㉯ 1 : 3

008

다음에서 설명하는 용어를 아래의 [보기]에서 골라 쓰시오.

용어	설명
①	바름 두께 또는 마감 두께가 두꺼울 때 혹은 요철이 심할 때 적정한 바름 두께 또는 마감 두께가 될 수 있도록 초벌바름 위에 발라 붙여주는 것 또는 그 바름층
②	콘크리트, 콘크리트 블록 바탕에서 초벌바름하기 전에 마감 두께를 균등하게 할 목적으로 모르타르 등으로 미리 요철을 조정하는 것

보기

㉮ 고름질　　　　㉯ 규준바름　　　　㉰ 눈먹임
㉱ 덧먹임　　　　㉲ 손질바름

✓ **정답 및 해설** 미장 공사의 용어

㉠ **고름질** : 바름 두께 또는 마감 두께가 두꺼울 때 혹은 요철이 심할 때 적정한 바름 두께 또는 마감 두께가 될 수 있도록 초벌바름 위에 발라 붙여주는 것 또는 그 바름층

㉡ **규준바름** : 미장바름 시 바름면의 규준이 되기도 하고, 규준대 고르기에 닿는 면이 되기 위해 기준선에 맞춰 미리 둑모양 혹은 덩어리 모양으로 발라 놓은 것 또는 바르는 작업

㉢ **눈먹임** : 인조석 갈기 또는 테라조 현장갈기의 갈아내기 공정에 있어서 작업면의 종석이 빠져나간 구멍 부분 및 기포를 메우기 위해 그 배합에서 종석을 제외하고 반죽한 것을 작업면에 발라 밀어 넣어 채우는 것

㉣ **덧먹임** : 바르기의 접합부 또는 균열의 틈새, 구멍 등에 반죽된 재료를 밀어 넣어 때워주는 것

㉤ **손질바름** : 콘크리트, 콘크리트 블록 바탕에서 초벌바름하기 전에 마감 두께를 균등하게 할 목적으로 모르타르 등으로 미리 요철을 조정하는 것

① ㉮ 고름질, ② ㉲ 손질바름

009

석공사에 있어서 원석을 할석으로 제작하는 기계의 종류를 2가지 쓰시오.

✓ **정답 및 해설** 원석을 할석으로 제작하는 기계의 종류

㉠ 갱쇼

㉡ 와이어 톱

㉢ 다이어몬드 톱

* 할석기 : 원석을 판석 등으로 가공하는 기계

010

표준형 벽돌 2,000장으로 1.5B의 두께로 쌓을 수 있는 벽면적은 얼마인가? (단, 할증을 고려하지 않는다.)

✓ **정답 및 해설** 벽면적의 계산

㉠ 계산식 : 표준형 벽돌이고, 1.5B 두께로 $1m^2$를 쌓을 경우 224매가 소요되므로

2,000 ÷ 224 = 8.929m^2 ≒ 8.93m^2

㉡ 답 : 8.93m^2

011 석재의 가공 순서를 [보기]에서 골라 순서대로 나열하시오.

> **보기**
> ① 정을 사용하여 돌의 면을 대강 다듬는다.
> ② 쇠메나 망치로 돌의 면을 다듬는다.
> ③ 정다듬한 면을 도드락 망치로 더욱 평탄하게 한다.
> ④ 날(외날, 양날) 망치를 사용하여 표면을 더욱 평탄하게 한다.

✔ **정답 및 해설** 석재의 가공 순서

혹두기(쇠메, 망치) – 정다듬(정) – 도드락 다듬(도드락 망치) – 잔다듬(양날 망치) – 물갈기(와이어 톱, 다이아몬드 톱, 글라인더 톱, 원반 톱, 플레이너, 글라인더)의 순이다.

② → ① → ③ → ④

012 다음은 산업안전보건기준에 관한 규칙에 따른 강관비계의 구조에 관한 설명이다. ( ) 안에 알맞은 것을 쓰시오.

> ① 비계기둥의 간격은 띠장 방향에서는 (㉮)m 이하, 장선(長線) 방향에서는 (㉯)m 이하로 할 것. 다만, 선박 및 보트 건조작업의 경우 안전성에 대한 구조검토를 실시하고 조립도를 작성하면 띠장 방향 및 장선 방향으로 각각 2.7m 이하로 할 수 있다.
> ② 비계기둥 간의 적재하중은 (㉰)kg을 초과하지 않도록 할 것

✔ **정답 및 해설** 산업안전보건기준에 관한 규칙 제60조 – 강관비계의 구조

사업주는 강관을 사용하여 비계를 구성하는 경우 다음의 사항을 준수하여야 한다.
㉠ 비계기둥의 간격은 띠장 방향에서는 1.85m 이하, 장선(長線) 방향에서는 1.5m 이하로 할 것. 다만, 선박 및 보트 건조작업의 경우 안전성에 대한 구조검토를 실시하고 조립도를 작성하면 띠장 방향 및 장선 방향으로 각각 2.7m 이하로 할 수 있다.
㉡ 띠장 간격은 2.0m 이하로 할 것. 다만, 작업의 성질상 이를 준수하기가 곤란하여 쌍기둥틀 등에 의하여 해당 부분을 보강한 경우에는 그러하지 아니하다.
㉢ 비계기둥의 제일 윗부분으로부터 31m 되는 지점 밑부분의 비계기둥은 2개의 강관으로 묶어 세울 것. 다만, 브라켓(bracket, 까치발) 등으로 보강하여 2개의 강관으로 묶을 경우 이상의 강도가 유지되는 경우에는 그러하지 아니하다.
㉣ 비계기둥 간의 적재하중은 400kg을 초과하지 않도록 할 것
① ㉮ 1.85m, ㉯ 1.5m
② ㉰ 400kg

013

다음 표의 빈칸에 들어갈 타일의 할증률을 기입하시오.

품명	할증률(%)
모자이크 타일	
자기질 타일	

✔ **정답 및 해설** 할증률

품명	할증률(%)
모자이크 타일	3
자기질 타일	3

014

다음 자료를 이용하여 네트워크(Network) 공정표를 작성하시오. (단, 주공정선은 굵은 선으로 표시한다)

작업명	작업일수	선행작업	비고
A	6	없음	각 작업의 일정계산 표시방법은 아래 방법으로 한다.
B	5	없음	
C	4	A, B	
D	3	B	

✔ **정답 및 해설** 공정표의 작성

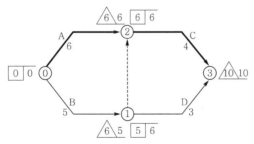

그러므로, 주공정선(CP)는 ① → ② → ③ 또는 A작업과 C작업이다.

015

품질관리(TQC)를 위한 7가지 도구 중 ①, ②의 설명에 알맞은 도구를 쓰시오.

용어	설명
①	데이터가 어떤 분포를 하고 있는지를 알아보기 위해 작성하는 그림으로서, 계량치의 데이터가 어떠한 분포를 하고 있는가를 알아보기 위해 작성하는 그림이다.
②	계수치의 데이터가 분류 항목의 어디에 집중되어 있는가를 알아보기 쉽게 나타낸 그림이나 표로서, 주로 계수치의 데이터가 분류 항목별의 어디에 집중되어 있는가를 알아보기 쉽게 나타낸 그림이나 표를 의미한다.

✔ 정답 및 해설 품질관리를 위한 7가지 도구

㉠ 히스토그램

데이터가 어떤 분포를 하고 있는지를 알아보기 위해 작성하는 그림으로서, 계량치의 데이터(길이, 무게, 강도 등)가 어떠한 분포를 하고 있는가를 알아보기 위해 작성하는 그림으로 도수분포를 만든 후 이를 막대 그래프의 형태로 만든 것이다.

㉡ 파레토도

불량 등의 발생건수를 분류 항목별로 나누어 크기 순서대로 나열해 놓은 그림으로서, 발생건수(불량, 결점, 고장 등)를 분류 항목별로 구분하여 크기의 순서대로 나열해 놓은 그림으로 이 그림을 통하여 "어떤 항목에 문제가 있는가", "그 영향은 어느 정도인가"를 알아 낼 수 있다.

㉢ 특성요인도(생선뼈 그림)

결과에 원인이 어떻게 관계하고 있는가를 한 눈에 알 수 있도록 작성한 그림으로서, 품질특성에 대한 결과와 품질특성에 영향을 주는 원인이 어떤 관계가 있는가를 한 눈에 알아 볼 수 있도록 작성한 그림으로 작성 방법은 다음과 같다.

㉣ 체크시트

계수치의 데이터가 분류 항목의 어디에 집중되어 있는가를 알아보기 쉽게 나타낸 그림이나 표로서, 주로 계수치의 데이터(불량, 결점 등의 수)가 분류 항목별의 어디에 집중되어 있는가를 알아보기 쉽게 나타낸 그림이나 표를 의미한다.

㉤ 각종 그래프

한 눈에 파악되도록 한 각종 그래프로서, 꺾은선 그래프에서 데이터의 점에 이상이 없는가 있는가를 판단하기 위하여 중심선을 긋고 아래로 한계선(관리 상한선, 관리 히한선)을 기입하여 관리하는 그래프이다.

㉥ 산점도(산포도, Scatter Diagram)

서로 대응하는 두 개의 짝으로 된 데이터를 그래프 용지 위에 점으로 나타낸 그림이다. 산점도로부터 상관관계를 알 수 있다.

㉦ 층별

집단으로 구성하고 있는 데이터를 특징에 따라 몇 개의 부분 집단으로 나누는 것으로서, 측정치에는 산포가 있고, 이 산포의 원인이 되는 인자에 관하여 층별하면 산포의 발생원인을 규명할 수 있게 되고, 산포를 줄이거나, 공정의 평균을 양호한 방향으로 개선하는 등의 품질 향상에 도움이 된다.

① 히스토그램, ② 체크시트

016

다음은 벽돌의 내쌓기에 대한 설명이다. ( ) 안에 알맞은 것을 쓰시오.

> 벽돌 벽면 중간에서 내쌓기를 할 때에는 2켜씩 (①) 또는 1켜씩 (②) 내쌓기로 하고 맨 위는 (③)켜 내쌓기로 한다.

✔ 정답 및 해설

벽돌 벽면 중간에서 내쌓기를 할 때에는 2켜씩 1/4 B 또는 1켜씩 1/8 B 내쌓기로 하고 맨 위는 2켜 내쌓기로 한다.

① 1/4B, ② 1/8B, ③ 2

017

다음 [보기]의 시설 중 추락재해 방지시설에 속하는 것을 모두 고르시오.

보기

① 방호 선반   ② 추락방지대   ③ 안전 난간
④ 수직형 추락방망   ⑤ 개구부 수평보호덮개   ⑥ 추락 방호망

✔ 정답 및 해설   추락재해 방지시설

㉠ 개구부 수평보호덮개 : 근로자 또는 장비 등이 바닥 등에 뚫린 부분으로 떨어지는 것을 방지하기 위하여 설치하는 판재 또는 철판망

㉡ 발끝막이판(toe board) : 근로자의 발이 미끄러짐이나, 작업 시 발생하는 잔재, 공구 등이 떨어지는 것을 방지하기 위하여 작업발판이나 통로 및 개구부의 가장자리에 설치하는 판재

㉢ 수직형 추락방망 : 건설현장에서 근로자가 위험장소에 접근하지 못하도록 수직으로 설치하여 추락의 위험을 방지하는 방망

㉣ 안전 난간 : 추락의 우려가 있는 통로, 작업발판의 가장자리, 개구부 주변 등의 장소에 임시로 조립하여 설치하는 수평난간대와 난간기둥 등으로 구성된 안전시설

㉤ 안전대 부착설비 : 추락할 위험이 있는 높이 2m 이상의 장소에서 근로자에게 안전대를 착용시킨 경우 안전대를 안전하게 걸어 사용할 수 있는 설비

㉥ 추락 방호망 : 고소작업 중 근로자의 추락 및 물체의 낙하를 방지하기 위하여 수평으로 설치하는 보호망. 다만, 낙하물방지 겸용 방호망은 그물코 크기가 20mm 이하일 것

② 추락방지대, ③ 안전 난간, ④ 수직형 추락방망, ⑤ 개구부 수평보호덮개, ⑥ 추락 방호망

018 셀프레벨링재의 종류를 2가지 쓰시오.

✔ **정답 및 해설**　셀프레벨링재

셀프레벨링재는 스스로 편평한 표면을 만드는 자체 유동성(liquidity)을 가진 재료로서 주로 바닥바름재로 사용하고, 대부분 기배합 미장 재료이며 균열 및 박리에 대한 안전성이 우수하다. 또한, 셀프레벨링재는 석고계 셀프레벨링재와 시멘트계 셀프레벨링재의 2종류가 있다.

㉠ 석고계 셀프레벨링재

　석고계 셀프레벨링재는 석고에 모래, 경호지연제, 유동화제 등을 혼합하여 자체 평탄성이 있게 한 것으로 물이 닿지 않는 실내에서만 사용한다.

㉡ 시멘트계 셀프레벨링재

　시멘트계 셀프레벨링재는 포틀랜드시멘트에 모래, 분산제, 유동화제 등을 혼합하여 자체 평탄성이 있게 한 것으로서, 필요한 경우에는 팽창성 혼화재료를 사용하기도 한다.

① 석고계 셀프레벨링재, ② 시멘트계 셀프레벨링재

MEMO

MEMO

건축일반시공산업기사·기능장 실기

2023. 5. 3. 초 판 1쇄 인쇄
2023. 5. 10. 초 판 1쇄 발행

지은이 │ 정하정, 정삼술
펴낸이 │ 이종춘
펴낸곳 │ BM (주)도서출판 성안당
주소 │ 04032 서울시 마포구 양화로 127 첨단빌딩 3층(출판기획 R&D 센터)
　　　│ 10881 경기도 파주시 문발로 112 파주 출판 문화도시(제작 및 물류)
전화 │ 02) 3142-0036
　　　│ 031) 950-6300
팩스 │ 031) 955-0510
등록 │ 1973. 2. 1. 제406-2005-000046호
출판사 홈페이지 │ www.cyber.co.kr
ISBN │ 978-89-315-6493-8 (13540)
정가 │ 42,000원

이 책을 만든 사람들
기획 │ 최옥현
진행 │ 김원갑
교정·교열 │ 최동진
전산편집 │ 오정은
표지 디자인 │ 박원석
홍보 │ 김계향, 유미나, 이준영, 정단비
국제부 │ 이선민, 조혜란
마케팅 │ 구본철, 차정욱, 오영일, 나진호, 강호묵
마케팅 지원 │ 장상범
제작 │ 김유석

※ 잘못된 책은 바꾸어 드립니다.

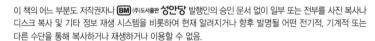